原発事故の生き物への影響

　福島県，福島第一原子力発電所から約 50km 圏内における生き物の放射性セシウム濃度（Cs-137）と，その生息場所の空間線量率をグラフ化し，平成 24 年から令和 3 年での推移を示した。それぞれ，環境省による水生生物放射性物質モニタリング調査結果および野生動植物モニタリングの測定結果をもとにしている。

――― ：空間線量率　　■■■ ：Cs-137濃度

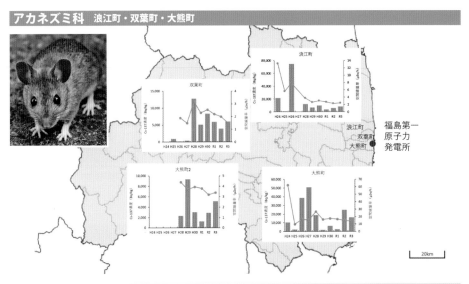

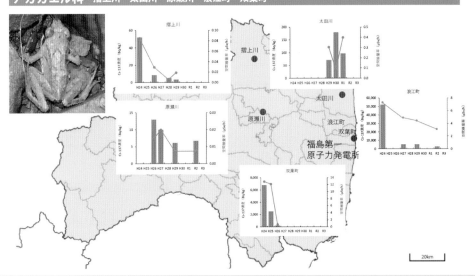

フトミミズ科　浪江町・双葉町・大熊町

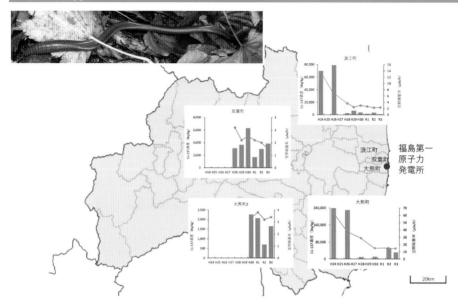

ドジョウ類　摺上川・原瀬川・浪江町・双葉町

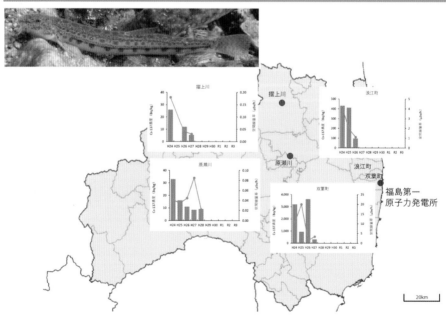

ウグイ 摺上川・真野川・新田川・太田川・原瀬川

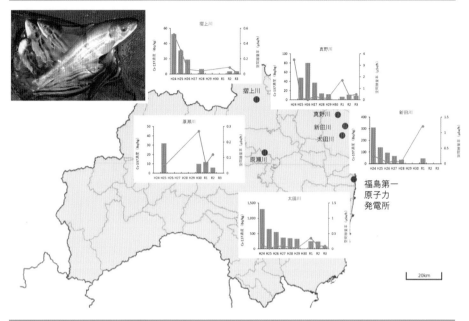

トンボ類（幼虫） 摺上川・宇多川・真野川・新田川・太田川・原瀬川

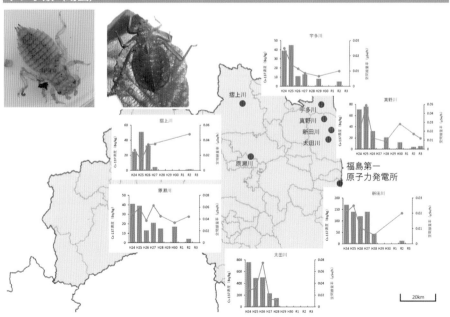

ヘビトンボ類（幼虫）　宇多川・真野川・新田川・太田川・原瀬川

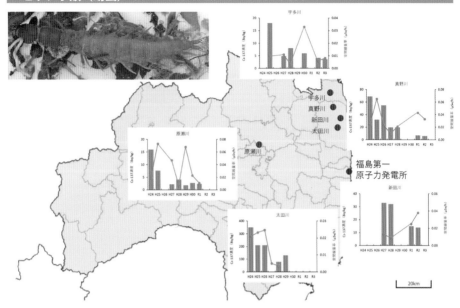

エビ類　宇多川・真野川・新田川・太田川・原瀬川

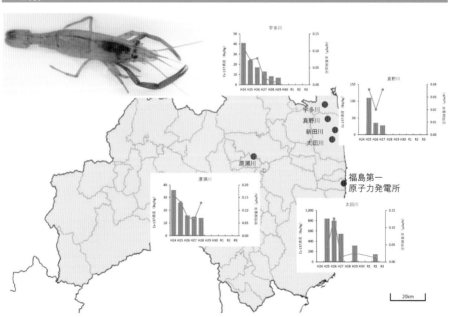

環境 Eco選書 16

放射線と生き物

編集：**吉村真由美**

（国立研究開発法人 森林研究・整備機構 森林総合研究所）

北 隆 館

Radiation and life on earth

Edited by

Dr. Mayumi YOSHIMURA
Kansai Research Center, Forestry and Forest Products
Research Institute (FFPRI)

Published by

The HOKURYUKAN CO.,LTD. Tokyo, Japan : 2023

は じ め に

　皆さんは放射性物質に対してどのようなイメージをお持ちだろうか。普段生活しているなかで，放射性物質や放射線を意識したことはあまりないのではないだろうか。太陽光線や紫外線などの光は，野外に出て日光に当たることによって，否応なしに意識することになるであろう。マイクロ波や短波などの電波は，電子レンジを使うときやラジオや無線を使うときに頭をよぎるのではないだろうか。実は，放射線にもこの紫外線や短波と同じ仲間である電磁波が含まれている。そして，放射線は紫外線や短波よりもエネルギー量が少し高いだけなのである。もちろん，放射線にはこれらの波の性質を持ったものだけでなく，放射性物質が壊変する過程で生じる粒子としての性質をもった放射線も含まれている。

　視線を山に向けると，ごつごつとした岩肌が見えることがある。岩はどっしりとしているので何も起きていないように見えるが，こういった岩からも放射線が出ていることがある。土壌からも放射線が出ている。このように，放射性物質や放射線は実は空気と同じくらい身近に存在するものなのである。

　放射線はその経路に沿って物質の原子や分子にエネルギーを与えている。経路に近いところでは電離が起こり，電子が弾き飛ばされることもある。電離によって電子を失った原子や分子は，新しい分子に変わったり他の分子と反応したりする。生き物の場合，周囲に存在する分子との化学反応によって，高分子(炭水化物・脂質・タンパク質・核酸)を形成している化学結合が切れて分子量が減少したり，別々の高分子の間に化学結合が生じて分子量が増加したりする。核酸にエネルギーが与えられると，遺伝情報が変わってしまうこともある。放射線が生き物の体の中を通過することによって，放射線のもつエネルギーが体の中の原子や分子に吸収され，その原子や分子を含むタンパク質や核酸の性質が変化し，損傷が起き，本来の反応が不可能になってしまうのである。核酸が損傷すると，突然変異が起き，細胞の機能が変化し，がんの発生を引き起こすのである。

　でも，安心してください。細胞内で多くの損傷が起きても，生き物には損傷を修復する機能が備わっているため，損傷の多くは直ちに修復される。放射線に1回当たったからといって，すぐにがんなどになるわけではない。しかし，放射線被ばくによる反応は，体の組織によって著しく異なっている。

すべての体の組織が同じように修復されるわけではないのである。そのため，障害の種類や程度は，放射線がどこを通過したかによって変わってくるのである。

　放射線のエネルギー量は太陽光線などより多い。しかし，人の中枢神経死を起こす放射線であってもそのエネルギー量は 100 J/kg 程度であるので，熱的には生き物に影響を与えるほどのものではない。放射線が身近に存在しているのに，その存在を感じることができないのは，熱的な変化がほとんどないからである。また，高等生物になるほど放射線への感受性が低くなるため，低レベルの放射線による影響が表面化しないからなのである。

　東日本大震災に伴って福島第一原発事故が発生した。放射線の存在を否が応でも意識せざるを得ない状況になったわけである。しかし，この事故までに解明されてきた研究の多くは，放射線の物理的な側面等に関するものであり，放射線による生態系や野外で暮らす生き物への影響については解明されていない部分が多かった。福島第一原発事故のあと，放射性物質による生態系への影響に関してこれまでの知見を調べようとしても，研究そのものがあまり行われていなかったため，その影響について詳細に推測することは困難な状況であった。現在は，放射性物質による生態系や野外で暮らす生き物への影響について，多少なりとも研究が前進したと思われる。本書では，福島第一原発事故による放射線の生き物への影響に関する現時点の知見をまとめるとともに，放射線の性質を利用して人間の生活に役立てられている事例など，様々な側面を紹介する。

2023 年 4 月

吉村真由美

目　次

▼執筆者 (五十音順)

秋元信一 (北海道大学名誉教授)

大野和子 (京都医療科学大学 医療科学部)

熊野了州 (帯広畜産大学 環境農学研究部門 環境生態学分野)

島田卓哉 (国立研究開発法人 森林研究・整備機構 森林総合研究所)

鈴木究真 (群馬県水産試験場)

長尾誠也 (金沢大学環日本海域環境研究センター)

三田村敏正 (福島県農業総合センター浜地域研究所)

横塚哲也 (栃木県水産試験場)

吉村真由美 (国立研究開発法人 森林研究・整備機構 森林総合研究所)

Ⅰ．放射線と生物の基礎

---

1 放射線とは

1. 原子とは，元素とは

　私たちが目にする物質は，すべて原子からできている。そして，地球上に存在する天然の原子は，水素からプルトニウムまでの94種類ある。原子は，正の電荷を帯びた原子核と，負の電荷を帯びた電子から構成されている。原子の中心には原子核が位置し，原子核は正の電荷を帯びた陽子と，電気的に中性な中性子から構成されている（ただし ^{1}H は中性子を含んでいない）。陽子と中性子の質量はほぼ同じである（表1-1）。陽子と中性子の合計個数を質量数と呼んでいる。

　元素とは，中性子の個数に関わらず，同じ数の陽子（原子番号）を持つ原子のグループのことである。つまり，一つの元素にはいくつかの原子が含まれており，原子核の内部にある陽子と中性子の合計個数（質量数）で，それらの原子を区別している。例えば，天然の炭素には，^{12}C，^{13}C，^{14}C の中性子数の異なる3種類の原子が存在する。人工の同位体も併せると，^{8}C から ^{22}C までの15種類の原子が存在する。こういった，原子番号（陽子数）は同じだけれども中性子数が異なる原子を，同位体という。

2. 電子軌道

　原子核の周りには電子が存在している（図1-1）が，その軌道はあらかじめ決まっており，内側からK殻，L殻，M殻，…となっている。各殻に入る

表1-1　原子の大きさ

原子の大きさ	1×10^{-10} m
原子核の半径	$1 \times 10^{-15} \sim 1 \times 10^{-14}$ m
電子の半径	2.8×10^{-15} m
電子の質量	9.1×10^{-31} kg
陽子の質量	1.673×10^{-27} kg　（電子の約1840倍）
中性子の質量	1.675×10^{-27} kg　（電子の約1840倍）

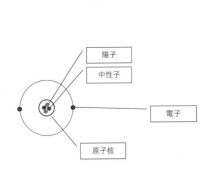

図 1-1 原子の模式図

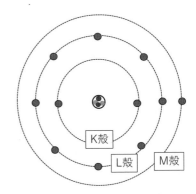

図 1-2 原子核の周りの電子の殻

電子の最大数も決まっており，内側から 2，8，18，…と内側から n 番目の殻には最大 $2n^2$ 個の電子が入っている（図 1-2）。内側の殻ほどエネルギーが低い。そのため，エネルギーの低い内側から電子が埋まっていくのである。

　内側の殻から電子が順番に埋まっている状態を，基底状態という。一部の電子が基底状態よりも高いエネルギーの軌道に移っている状態を，励起状態という。

3. 放射線・放射性物質・放射能のちがい

　放射線とは，電離作用のある電磁波や粒子線のことである。放射性物質とは，ウラン，プルトニウム，トリウムのように，放射線を出す能力（放射能）を持つ物質の総称である。放射線核種ともいう。放射性物質（核種）は，不安定な原子核の構造から安定した原子核の構造に変化しようとするが（これを放射性壊変という），その際に粒子線または電磁波の形で放射線を放出するのである。放射性物質（核種）が異なると，放出される放射線の種類も異なる。放射能が強ければ放射線の数も多い。よって，放射能の強い放射性物質（核種）が存在すると，体に受ける損傷がひどくなるのである。放射線は，直接的あるいは間接的に，物質にエネルギーを与え，物質の原子や分子を電離または励起させるため，生き物にとって有害になり，障害が生じるのである。

4. 原子核の安定性

　原子核の安定性には，陽子と中性子の数が深く関わっている。中性子が多かったり，陽子が多かったりすると，原子核は不安定になる。また，質量数が多すぎても（原子が大きくなる），不安定になる。

　同位体には，安定同位体と放射性同位体がある。放射線を出さず質量数も変わらないものを「安定同位体」，放射性壊変を起こして放射線を放出するものを「放射性同位体」という。例えば水素の同位体には，^{1}H の水素，^{2}H のデューテリウム，^{3}H のトリチウムの 3 種類があり（図 1-3），^{3}H のトリチウムが放射性同位体である。原子核が不安定な状態にある場合，その状態から抜け出すために，原子核は電離放射線を放出しながら壊変し，別の原子に変化するのである。

5. 放射線の特徴

　放射線は，直接的あるいは間接的に，物質の原子や分子を電離または励起させている（図 1-4）。励起作用とは，放射線の通り道にある物質に放射線がエネルギーを与え，軌道電子のエネルギー状態を上げて活性化させることである。電離作用とは，さらに高いエネルギーを与えて，軌道電子を原子から引き離すことである。どの様な放射線も，原子を電離あるいは励起させるこ

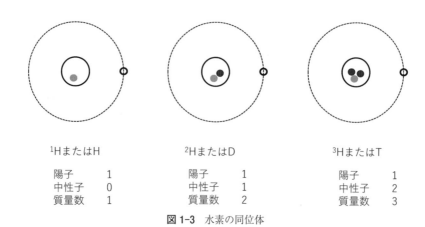

^{1}HまたはH		^{2}HまたはD		^{3}HまたはT	
陽子	1	陽子	1	陽子	1
中性子	0	中性子	1	中性子	2
質量数	1	質量数	2	質量数	3

図 1-3　水素の同位体

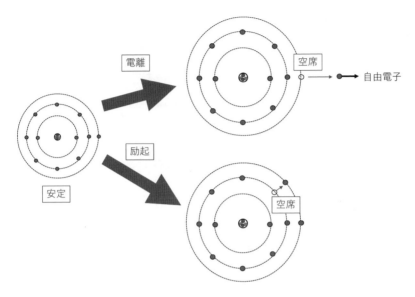

図 1-4　電離と励起

とができる。励起された原子は電磁波を出しながら基底状態に戻るが，その電磁波が周りに存在する物質と反応して，その物質に損傷を生じさせるのである。そして，この電離・励起のしかたが放射線によって異なっているのである。

6. 放射線の種類

　放射線は，高い運動エネルギーをもっている物質粒子（粒子放射線）と高エネルギーの電離作用をもつ電磁波（電磁放射線）から構成されている（図1-5）。電磁波には，波長が短く電離を起こす高エネルギーのものから波長が長く低エネルギーのものまである（図1-6）。この中で，電離をおこす電磁波だけを電磁放射線として放射線に含めており，それ以外の電磁波を非電離放射線とよぶ。電磁放射線は，波長が短く高いエネルギーを持っているため，物質に電離作用を及ぼし，原子を正電荷のイオンと負電荷の電子に分離させることができるのである。非電離放射線も電磁波であるが，エネルギーが低

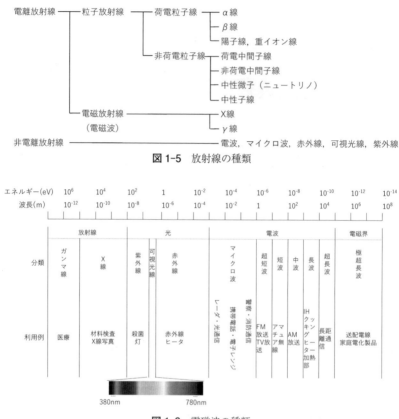

図1-5　放射線の種類

図1-6　電磁波の種類

く電離をほとんど起こさない。これには，電波や赤外線，可視光線などが含まれている。紫外線も非電離放射線に含まれるが，非電離放射線の中ではエネルギー量が比較的高いため，生き物への影響もみられる。γ線やⅩ線は，電磁波であると同時に粒子の性質も持っているため，光子とよぶことがある。

　粒子放射線は，高速で飛ぶ高エネルギーの粒子である。α線，β線，陽子線，重イオン線，中間子線，中性子線などが含まれている。粒子線は原子の種類の数だけ存在する。α線は，放射性物質(核種)の原子核から放出されるヘリウム原子核の流れのことである。β線は，放射性物質(核種)の原子核から放

出される電子のことである。水素の原子核は陽子のみで構成されているので，水素原子核の流れを陽子線と呼んでいる。また，ヘリウムよりも重い原子の原子核の流れを重イオン線とよんでいる（図 1-7）。

　これらの放射線のうち，福島第一原発事故と関わりが深い放射線は，α線，β線，γ線の 3 種類である。

7. 放射線の能力

　物を通り抜ける能力（透過力）は，放射線の種類によって異なっている。α線は，最も透過力が低く，紙一枚で止めることができる。β線もプラスチックやアルミニウムなどの薄い板などで止めることができる。一方，γ線は，透過力が高く，人体も通過してしまう。γ線の透過を止めるためには，鉛・鉄の板や厚いコンクリートで遮断する必要がある（図 1-8）。

　放射線の種類によって透過力が異なるため，生き物に与える影響（被ばく）

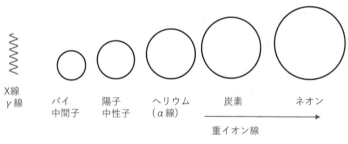

図 1-7　粒子線の粒子の大きさの比較

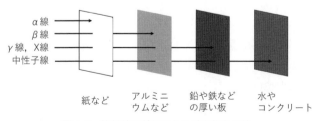

図 1-8　放射線の種類による透過能力の差

13

も放射線の種類によって異なってくることになる。α線やβ線は，透過力が低いために，放射性物質(核種)が存在している部分の近くにある組織に影響することになる。一方，γ線は透過力が高いために，生き物の体を通り抜けてしまうこともあり，体内の組織全体に大きな影響を及ぼすことになる。

8．放射線が持つエネルギー

　X線やγ線は電磁波であるが，それと同時に粒子の性質も持っている。その粒子を光子とよび，質量はないがエネルギーを持つ粒とみなしている。これらの電磁波が持つエネルギー量を算定してみよう。

この電磁波の振動数をv[Hz]とすると，そのエネルギー E[J]は，

$$E = hv \quad (\text{h はプランク定数})$$

と表すことができる。

また，光速を c，波長をλとすると，

$$c = \lambda v$$

という関係性があるので，

$$E = hv = hc / \lambda \quad (\text{h はプランク定数})$$

となる。

　つまり，光子の振動数が多かったり波長が短かったりすると，この光子のエネルギーが高くなるということになる。X線やγ線は，振動数が多く波長が短い。そのため，X線やγ線のエネルギーは，ものすごく高いということになる。

　次に，α線やβ線などの粒子線が持つエネルギー量を算定してみよう。

　粒子の質量を m[kg]，速度を v[m/s]とすると，その粒子線のエネルギー E[J]は，

$$E = (mv^2)/2$$

と表すことができる。

　つまり，粒子線の場合は，質量数が大きく移動速度が速いと，エネルギー量が高くなるといえる。そのため，原子番号の大きい原子のエネルギーは高い，ということになる。

　なお，放射線のエネルギーの単位は，エレクトロンボルト[eV]で表すことが多い。

1 エレクトロンボルト[eV]：[-e]の電荷をもつ電子が 1V の電極に引き寄
せられて 0 V の位置から移動するときに得られるエネルギー

$1eV = e[C] \times 1[V] = 1.602 \times 10^{-19}[VC] = 1.602 \times 10^{-19}[J]$

9. 放射性物質（核種）の減少

　原子核が放射線を放出すると，別の原子核に変化する。この現象を，放射
性壊変という。放射性物質（核種）の量は壊変によって指数関数的に減ってい
くが，放射性物質が一定時間
に壊変する割合は放射性物質
（核種）ごとに決まっている。
放射性物質が放射性壊変に
よって元の量の半分になるま
での時間を，半減期（物理学
的半減期）と呼ぶ（図 1-9）。

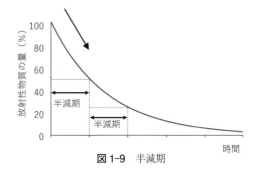

図 1-9　半減期

10. 半減期

　半減期には，物理学的半減
期以外にも生物学的半減期，有効半減期，生態学的半減期など，さまざまな
半減期がある。
　生物学的半減期は，飼育環境下において，食べ物などを通じて体の中に取
り込まれた放射性物質（核種）が，排せつなどの代謝作用によって，外に排出
されて半減するまでの期間のことである。放射性物質（核種）ごとに体内の組
織に分布する割合が調べられており，排出のメカニズムも明らかになってい
る生き物においては，生物学的半減期を算定することが可能である。
　有効半減期は，物理学的半減期（表 1-2）と生物学的半減期（表 1-3）の両方
を加味した半減期であり，体の中に取り込まれた放射性物質（核種）の量が，
物理的な壊変と生物学的な排泄によって実際に半分になるまでの期間で
ある。
　生態学的半減期は，野外の生態系において，その中で生息している生き物
の体の中にある放射性物質（核種）の割合が半分になるまでの期間のことであ

表1-2　放射性物質(核種)の物理学的半減期と放射能

核種	半減期	放射性核種1gあたりの放射能，Bq/g
^{3}H	12.3年	3.6×10^{14}
^{14}C	5730年	1.7×10^{11}
^{16}N	7.1秒	3.7×10^{21}
^{41}Ar	1.8時間	1.6×10^{18}
^{60}Co	5.3年	4.2×10^{13}
^{90}Sr	28.8年	5.1×10^{12}
^{131}I	8.0日	4.6×10^{15}
^{134}Cs	2.1年	4.9×10^{13}
^{137}Cs	30.1年	3.2×10^{12}
^{226}Ra	1600年	3.7×10^{10}
^{235}U	7億年	8.0×10^4
^{238}U	45億年	1.2×10^4
^{239}Pu	24000年	2.3×10^9

表1-3　放射性物質(核種)の生物学的半減期と有効半減期

核種	生物学的半減期	有効半減期
^{3}H	12日	12日
^{14}C	40日	40日
^{60}Co	10日	9.9日
^{90}Sr	49年	18年
^{131}I	138日	7.6日
^{134}Cs	70日	64日
^{137}Cs	70日	70日
^{226}Ra	44年	43年
^{235}U	15日	15日
^{238}U	15日	15日
^{239}Pu	200年	198年

る。あるいは，生態系内に存在する放射性物質(核種)が，物質循環や生態系からの流出などによって半減するまでの期間のことである。

〔参考文献〕

大槻義彦(1984)物理学2. 学術図書出版社，東京.
吉井義一(1992)放射線生物学概論. 北海道大学図書刊行会 第3版，北海道.

（吉村真由美）

1. アルファ線

　α線とは，原子核から放出される粒子(陽子2個・中性子2個からなるヘリウムの原子核)のことで，アルファ粒子ともいう。ラジウム，プルトニウム，ウラニウム，ラドンなどの特定の放射性物質(核種)の自然崩壊(α壊変)によって発生する(図2-1)。

　原子核の中にある陽子と中性子は，核力という力によって結合している。しかし，陽子どうしはクーロン反発力という力が働いている。また，核力の及ぶ範囲は近距離であるが，クーロン反発力は離れた陽子どうしでも作用している。そのため，大きい原子核では，離れた位置にある陽子と中性子の結合力(核力)が低下し，陽子どうしのクーロン反発力が相対的に高くなることがある。このようなときに，α粒子が原子核から飛び出しやすくなるのである。このため，α壊変は，質量数が120以上の放射性物質(核種)で起こりやすい(図2-2，表2-1)。

2. ベータ線

　β線とは，原子核から放出される電子のことで，β粒子ともいう。陽子や

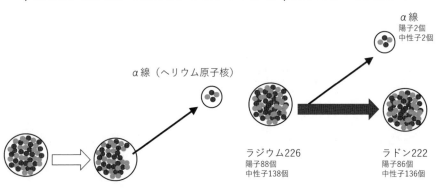

α線
陽子2個
中性子2個

α線(ヘリウム原子核)

ラジウム226
陽子88個
中性子138個

ラドン222
陽子86個
中性子136個

図2-1　アルファ線　　　　　　図2-2　ラジウム226のアルファ壊変

中性子の約 1/2000 の質量を持ち，高速で放出される電子であり，粒子線である。トリチウム（水素の同位体），炭素 14，リン 32，ストロンチウム 90 などの特定の放射性物質（核種）の自然崩壊（β 壊変）によって発生する（図 2-3，表 2-1）。

β 壊変には次の 3 つのパターンがある。

(1) β⁻壊変

中性子が相対的に過剰になっている原子核では，中性子が陽子に変化することによって安定になろうとする。この際に，β⁻線（陰電子 e⁻）と中性微子（反ニュートリノ）を放出する。これを β⁻壊変という。この放出される電子は，軌道電子由来ではなく，原子核から飛び出すものである。中性微子は電気的に中性で，質量もほとんどない（図 2-4）。

(2) β⁺壊変

中性子が相対的に不足している原子核では，陽子が中性子に変化することによって安定になろうとする。この際に，β⁺線（陽電子 e⁺）と中性微子（ニュートリノ）を放出する。これを β⁺壊変という。この放出される電子も，軌道電

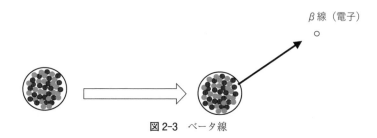

β 線（電子）
○

図 2-3　ベータ線

表 2-1　放射線の壊変と種類

壊変	原子番号	質量数	陽子数	中性子数	放出物	エネルギー
α 壊変	− 2	-4	-2	-2	α 線	特性
β⁻壊変	+ 1	0	1	-1	β 線（陰電子），反ニュートリノ	連続
β⁺壊変	− 1	0	-1	1	陽電子，ニュートリノ	連続
電子捕獲	− 1	0	-1	1	特性X線，オージェ電子，ニュートリノ	特性
γ 壊変	0	0	0	0	γ 線	特性

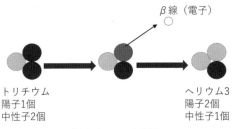

β線（電子）

トリチウム
陽子1個
中性子2個

ヘリウム3
陽子2個
中性子1個

図 2-4　ベータ崩壊

子由来ではなく，原子核から飛び出すものである。

(3) 電子捕獲壊変

中性子が相対的に不足している原子核では，β⁺崩壊(壊変)の他に，陽子が軌道電子を捕獲し，陽子が中性子に変化しつつ中性微子(ニュートリノ)を放出することもある。これを電子捕獲壊変という。この壊変によって，軌道電子のK殻が空くと，より外側の軌道電子がK殻に遷移してくる。その際に特性X線を放出する(図2-7)。時にはオージェ電子を放出する(図2-10)。ただ，β⁺壊変と電子捕獲壊変が同時に起こることはない。

3. ガンマ線

γ線は，α壊変やβ壊変を経ても，まだ余分なエネルギーを持っていて不安定な状態(励起状態)にある原子核が，より安定な状態(基底状態)に移る時に発生する電磁波であり，これも原子核内部から発生する(図2-5，表2-1)。

γ線は太陽光線と似ているが，エネルギー量や波長が大きく異なっている。太陽光線は，波長の長いものから順に，赤外線，赤，橙，黄，緑，青，藍，紫の電磁線，そして紫外線から構成されているが，ガンマ線の波長は紫外線

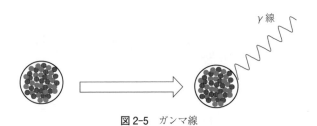

γ線

図 2-5　ガンマ線

よりはるかに短いのである。このことは，γ線のエネルギーがものすごく大きいことを意味している。γ線は，コバルト60やセシウム137などの放射性物質(核種)の自然崩壊(壊変)により発生する。

4. エックス線

X線はγ線と同じ特徴を持っているが，発生源が異なっている。γ線が原子核の内部から発生するのに対し，X線は原子核の外部で発生するのである。

X線の発生パターンは主に2つある。1つ目は，荷電粒子線が減速する際に発生する，制動X線である。電子が，金属などの原子核の近くを高速で通過する際，原子核の電磁場によって電子の進路が曲げられ，電子にブレーキがかかるのである。その際に，電磁波の形で発生するエネルギーが，制動X線である(図2-6)。

2つ目は，軌道電子が遷移する際に発生する，特性X線である(図2-7)。原子の外にある電子が，原子核の軌道の周りに存在する電子に衝突すると，ぶつけられた電子はエネルギーをもらって，軌道の外側に放出される。しかし，軌道の空孔状態は非常に不安定なので，外側の軌道に存在する電子が空孔になった場所に遷移してくる。その遷移する際に発生するエネルギーが，特性X線である。特性X線のエネルギーは軌道電子間のエネルギー準位の差と同じであり，数KeV～数十KeV程度である。

ちなみに，荷電粒子線が電磁場の中で円運動する際に発生するシンクロトロン放射光もX線である。現在稼動している放射光施設の代表的なものとしては，兵庫県播磨地域にある大型放射光施設のSPring-8がある。

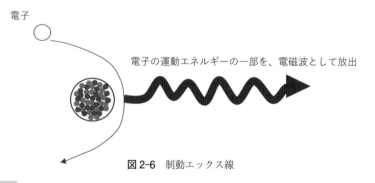

電子

電子の運動エネルギーの一部を、電磁波として放出

図2-6 制動エックス線

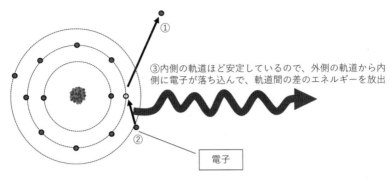

図 2-7　特性エックス線

5. 中性子線

中性子は原子核を構成する粒子の一つである。中性子線とはこの中性子の流れのことである（図 2-8）。ウランやプルトニウムなどの核分裂により発生する。

原子爆弾の爆発に至る原子核の連鎖反応を引き起こすのも中性子である。中性子が正の電荷を帯びた陽子にぶつかると，陽子がはじきとばされて電離が生じることから，連鎖反応が始まるのである。生き物の体には多くの水素が存在するため，中性子が水素の陽子にぶつかると，様々な障害が起こることになる。

中性子には電荷がないので，物質への透過性がきわめて高い。しかし，水やコンクリートのように，水素をたくさん含む物質で囲めば，水やコンクリートの中だけで電離が起こるため，水やコンクリートで囲まれたその内部を保護することができる。吸収された線量が同じであれば，γ線よりも中性子線の方が生き物への影響度合いは大きくなる。

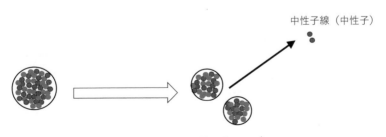

図 2-8　中性子線

6. 放射線の透過性

　原子はプラスの電荷をもつ原子核と，マイナスの電荷をもつ小さな電子で構成されている。そして，電子は原子核の半径の1万倍以上もある空間の中を，原子核を中心にして回っている。原子そのものが，すきまだらけなのである。原子核と電子との間には電気的相互作用が生じているため，放射線が電荷をもっていれば，物質中を通過しようとしてもあまり進めない。しかし，中性子のように放射線が電荷をもっていなければ，その広い空間を余裕で進んでいくことができるのである。つまり，電荷のない放射線は，何の支障もなく物質の中を悠々と進むことができるため，生き物にとって影響が大きいのである。X線やγ線の場合は，波長が短く，可視光のように簡単には物質に吸収されないので，透過性が高い。よって，中性子線だけでなくX線やγ線の取扱いには，注意が必要になってくる。

7. アルファ線（陽子線，重粒子線も同様）の進み方と生き物への影響

　α線（α粒子）は質量が大きいため，基本的には生き物の体の中をまっすぐに進むことになる。また，進む速度が遅いので，電離が頻繁に起こることになる（一次電離）。この電離によって生じた電子が大きいエネルギーを持っていた場合，この電子がまた他の電離を引き起こすことになる（二次電離）。この大きいエネルギーをもつ2次電子のことを，δ線とよぶこともある。

　α線（α粒子）が物質の中に入ると，α粒子と原子核との間に電気的な反発が生じて，運動エネルギーが失われることなく，α粒子の進行方向だけが変化する場合がある。これを弾性散乱という。ただ，α粒子の質量は大きいため，弾性散乱は起こりにくく，多くの場合α粒子はそのまま直進する。

　α線（α粒子）が物質の中に入ると，原子の軌道電子に影響を与え，電離や励起を引き起こし，α粒子は運動エネルギーを失う場合がある。これを非弾性散乱という。α粒子は，多くの場合，このような非弾性散乱を繰り返しながら進み，最終的には近くにある電子をとらえて中性のヘリウム原子となり，停止する。

　α線（α粒子）の質量は大きいため，短い距離（たとえば水中では1 mm未満）

しか進めない。さらに，透過力が弱いため，紙1枚でもα線(α粒子)の前進を容易に止めることができる。従って，α線(α粒子)の被ばくによって生き物に影響が現れるのは，α線(α粒子)を放出する物質を体の中に取り込んだ時(体内被ばく)のみになる。

8. ベータ線の進み方と生き物への影響

β線である電子は，α線に比べると，質量はかなり小さく速度も速いため，α線とは異なる挙動を示す。ある物質中を通過するβ⁻線(電子)が，原子核の近くを通過すると，原子核との間にクーロン引力が働き，進路が大きく曲げられることになる(弾性散乱)。この場合，運動エネルギーは変わらない。β線(電子)が原子核から少し離れた所を通過する場合，今度は軌道電子との間にクーロン反発力が働くため，原子の電離や励起を引き起こすことになる(非弾性散乱)。非弾性散乱を繰り返すと，β⁻線(電子)は徐々にエネルギーをなくし，最終的に近くの原子に捉えられて消失する。この弾性散乱と非弾性散乱を繰り返すことにより，方向が大きくずれ，ジグザグな進路をとることになる。

一般的に，荷電粒子が加速度を受けて運動すると，加速度の二乗に比例するエネルギーを電磁波(制動X線)として放出する。そして，荷電粒子はその制動X線の分だけエネルギーを失う。α線などは重い荷電粒子なので，ほとんど加速度が出ないため，放出するエネルギーはほとんどない。しかし，質量の小さい電子では，かなりのエネルギーを放出することになるので，無視できない。

β⁺線の場合もβ⁻線と同様の挙動をとるが，エネルギーが小さくなると，電離能力を失った陽電子(e^+)は近くの陰電子(e^-)と合体して消滅することがある。その場合，陽電子と陰電子の両方の静止エネルギー(0.51MeV*2)に相当するγ線(2個の光子)を放射(消滅照射)することになる。

β線は，その持っているエネルギーに応じて生き物への透過距離が異なっている。透過する能力が放射性物質(核種)によって異なるともいえる。例えば水中では，トリチウムの場合は1mm未満，リン32の場合は約1cmしか進むことができない。ただ，β線は，おおむねアルミニウムなどの薄い金属

板で遮ることができる。生き物に影響が生じるのは，α 線の場合と同様に，β 線を放出する物質が体の中に取り込まれた場合のみである。

9. 電磁波の進み方と生き物への影響

　X 線と γ 線は，電荷をもっていないため，α 線や β 線のようなクーロン力は生じない。しかし，α 線や β 線とは異なる方法で，物質に影響を及ぼしている。一つ目は光電効果による影響である（図 2-9）。軌道電子は常に原子核に引き付けられているが，そのエネルギーが X 線や γ 線のエネルギーよりも小さい場合に光電効果が起こる。X 線や γ 線が原子や分子の近くを通ることで，軌道電子が飛び出すのである。そして，光電効果によって電子軌道に空席ができると，より外側にある軌道の電子が遷移してくるのである。その遷移の際には，特性 X 線が出ることもあるが，軌道間のエネルギーの差が電子に与えられて，オージェ電子を放出することもある（図 2-10）。

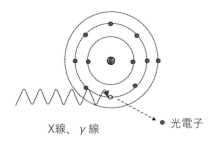

X線、γ線

光電子

図 2-9　光電効果

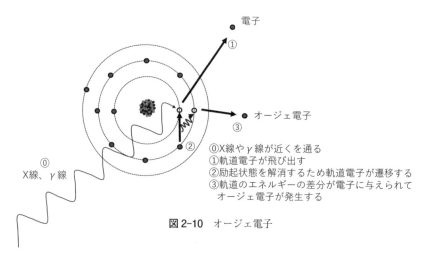

電子

①

オージェ電子

③

②

⓪

X線、γ線

⓪X線やγ線が近くを通る
①軌道電子が飛び出す
②励起状態を解消するため軌道電子が遷移する
③軌道のエネルギーの差分が電子に与えられて
　オージェ電子が発生する

図 2-10　オージェ電子

　2つ目はコンプトン散乱による影響である（図2-11）。X線やγ線が原子や分子の近くを通る際に，X線やγ線の光子が軌道電子と衝突し，運動エネルギーの一部を軌道電子に与えてしまって，電子を飛ばしてしまうのである。光子自身はその与えてしまったエネルギーの分だけエネルギーが減少し，別方向に散乱し，波長も長くなるのである。

　3つ目は電子対生成による影響である（図2-12）。X線やγ線の全エネルギーが1.02MeV（電子2個の静止エネルギー）を超える場合に起こる。X線やγ線が原子や分子の近くを通ると，原子核の近くでX線やγ線の光子が消滅して，電子と陽電子が一対生成されるのである。つまり，光子のエネルギーが2個の電子（陽電子と陰電子）に変化し，残ったエネルギーが2個の電子の運動エネルギーとなるのである。X線やγ線の入射エネルギーが大きいと，電子対生成が起こりやすい。また，原子番号が大きいほど起こりやすい。生じた陽電子は，すぐに近くにある別の陰電子と合体して消滅し，2個の光子（0.51MeV*2）となって互いに正反対の方向にγ線を放出（消滅放射）することになる。

　X線やγ線は，これら3つの方法でエネルギーの吸収や散乱を行い，生き物に影響を与えながら，徐々にエネルギーを失っていくのである。影響の及ぼし方が3つの

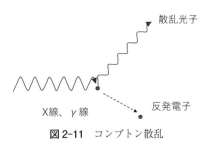

散乱光子

X線、γ線

反発電子

図2-11　コンプトン散乱

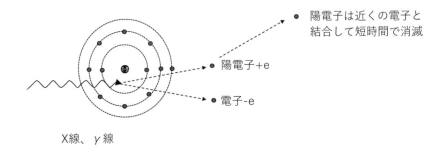

陽電子は近くの電子と結合して短時間で消滅

陽電子+e

電子-e

X線、γ線

図2-12　電子対生成

うちのどれになるかは，その持っているエネルギーや原子番号に依存して決まってくる（図 2-13）。

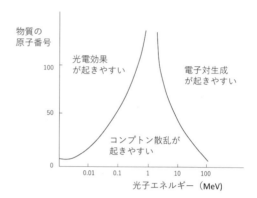

図 2-13　電磁放射線と物質

電磁波は，その波長によって物質との相互作用が異なる。マイクロ波は水の分子を激しく振動させて水の温度を上げるため，電子レンジに用いられている。紫外線は，X 線や γ 線と比べてエネルギーが小さく，物質を電離することはできないが（半導体など以外），DNA の塩基を励起し，小さい傷をつくることができるので，殺菌効果がある。波長の短い電磁波である X 線や γ 線は，持っているエネルギーが大きい。そのため，DNA などの遺伝子に致命的な傷をつけることができる。γ 線や X 線の透過力は強く，この放射線をさえぎるためには，厚い鋼鉄や鉛などが必要となる。

10. 中性子線の進み方と生き物への影響

中性子線も，X 線や γ 線と同じく電荷をもっていないため，α 線や β 線のようなクーロン力は生じない。弾性散乱等を起こして，物質に影響を及ぼしていくのである。二次的に粒子が発生する場合は，この粒子も周辺の分子に電離や励起を起こすことになる。

中性子線は，鉄などを簡単に通過する。鉄などの重い原子核に中性子がぶつかっても，重い原子核はほとんど動かないため，中性子のスピードもあまり落ちず，通過していくのである。しかし，中性子線が生き物に与える影響は大きい。生き物の体の中には，水素原子が大量に存在するが，中性子線が体の中の水素原子核（＝陽子）にぶつかると，両者の質量がほぼ同じなので，中性子線の多くのエネルギーを陽子に与えることになり，中性子線はスピードを落としてしまうからである。スピードを落としてほぼ静止した中性子線

は，β線を出して陽子になったり，まわりの原子に吸収されて，その原子を
放射性の原子にかえたりするからである。

〔参考文献〕
大槻義彦(1984)物理学 2．学術図書出版社，東京
吉井義一(1992)放射線生物学概論．北海道大学図書刊行会 第 3 版，北海道

（吉村真由美）

> ### ③ 生き物の組織（器官・組織・細胞・染色体・遺伝子）

1. 器官・組織・細胞

　生き物は多くの細胞から構成されている。その細胞が集まって組織ができ，組織が集まって器官ができている。器官，組織，細胞の順にスケールが小さくなる。つまり，1つの器官は，いくつかの異なる組織から構成されている。1つの組織も，多くの場合2種類以上の細胞から構成されている。

　放射線による障害を考える場合，たとえ全身に強い放射線を浴びたとしても，細胞レベルで解釈することが基本になる。

　放射線を全身にあびた場合（外部被ばく），すべての器官が同じ程度の放射線量をあびたことになる。しかし，放射線障害が出やすい器官とそうでない器官が存在する。その理由は，その器官を構成する組織や細胞の種類が異なるためであり，つまり，放射線に対する細胞の感受性が異なるからである。

　放射性物質（核種）を体内に取り込んだ場合（内部被ばく），その放射性物質（核種）が集まった器官や組織が持っている機能が，放射線障害の度合いと関係する。例えば，甲状腺はヨウ素代謝の機能を持っているため，放射性ヨウ素は甲状腺に集まりやすく，その結果，甲状腺に障害が発生しやすくなる。

2. 細胞の構造

　細胞は，細胞膜という膜によって囲まれている。そして，細胞の内部には，生物の遺伝情報を担う DNA や，DNA の情報を写し取る RNA，RNA からタンパク質をつくる際に必要なリボソームなどが存在している（図3-1）。また，細胞の内部は，水分に糖やタンパク質などが溶け込んだ液体（細胞質基質）で満たされている。バクテリアなどの原核生物とヒトなどの真核生物とでは，細胞の基本構造に大きな違いがある。原核生物の細胞では，DNA が細胞膜の内部にむき出しの状態で存在しており，明確な核はない。一方，真核生物の細胞では，遺伝物質である DNA が核に収納されている。また，細胞膜の内側には，小胞体，ゴルジ体，ミトコンドリアなどの膜構造，アクチン繊維や微小管などの細胞骨格など，特定の機能をもった細胞小器官が存在する。

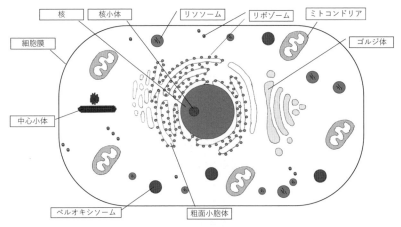

図 3-1　真核生物の細胞の基本的な構造

以降は，真核生物を前提にお話しする。

　細胞によって，その大きさや機能などは大きく異なっており，いろいろな
パターンのものがある。例えば，情報伝達を行う神経細胞は，細胞の骨格が
発達しており，細長い形をしている。精子細胞では，核が大半を占めており，
細胞質の大半を失っている。赤血球細胞では，核自体を失っている。

　細胞が放射線に暴露されるということは，細胞に含まれる核，細胞質，細胞
内小器官などの構造物すべてが放射線の照射を受けるということになる。放
射線による障害が最も顕著に表れるのは，放射線が核にあたった場合である。

3.　細胞の増殖と分化

　生き物は，1 個の細胞である受精卵が細胞分裂を繰り返してできたもので
ある。細胞数が増えるに従って，細胞の形は変化し，特殊な機能をもつ細胞
に変化していくのである（細胞分化）。血液を例にして説明する。血液は血球
と血しょうという細胞成分から成り立っている。血球には赤血球・白血球・
血小板の 3 種類の細胞があり，骨の中心部にある骨髄組織の造血幹細胞をも
とに作られている。造血幹細胞は骨髄の中で盛んに細胞分裂を行い，前駆細
胞となって，各血球に成長していく（細胞分化）とともに，細胞分裂によって
自らと同じ細胞をふやしている（細胞増殖）のである。

　放射線を全身にあび，造血幹細胞が放射線の作用で分裂できなくなり，分化した血球を作れなくなると，生き物は死亡する。

4. 細胞周期

　細胞が分裂してふたつの細胞になるためには，まず遺伝物質である DNA の量が倍にならなければならない。また，細胞質や細胞小器官も倍にならなければならない。細胞分裂を行うためのこういった一連の過程を，細胞周期という。DNA を複製する時期を S（synthesis）期，1 細胞が分裂して 2 細胞になる時期を M（mitosis）期，M 期から S 期まで間を G（Gap）1 期，S 期から M 期までの間を G2 期とよぶ。また，G1 期，S 期，G2 期を合わせて間期（interphase）とよぶ。細胞が分裂増殖するとき，M 期，G1 期，S 期，G2 期，M 期の順に細胞周期の各過程を経る。M 期が終わると，分裂した細胞が次の細胞分裂サイクルに入り，再び G1 期に移行する（図 3-2）。

　増殖を一時的に停止する場合，通常は G1 期に相当する段階でとどまって

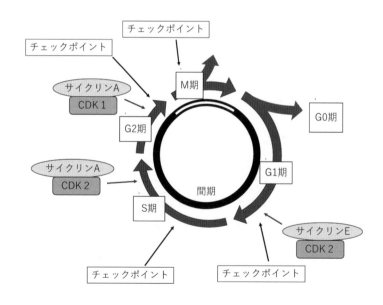

図 3-2　細胞周期の模式図

いるが，G1 停止が長く続くと G0 期という休眠状態に入る。G0 期ではタンパク質合成が抑制され，細胞周期の進行に関わるタンパク質が一部分解されている。

　細胞周期は，サイクリン依存性キナーゼ（CDK）とサイクリンという 2 種類のたんぱく質の複合体によって制御されている。サイクリン依存性キナーゼ（CDK）は，転写，mRNA プロセシング，細胞分化の調節に関与している。サイクリンは，CDK の活性化を調節することによって，細胞が細胞周期の次の段階へ進むかどうかを制御している。たとえば，G1 期から S 期へ進むには CDK2 とサイクリン E の複合体，S 期から G2 期へは CDK2 とサイクリン A の複合体，G2 期から M 期へは CDK1 とサイクリン A の複合体の活性が必要になる。

　また，正常な細胞分裂を行うために，G1 期や S 期などの重要なところで，細胞周期を監視している。これを細胞周期チェックポイントという。この役割は，細胞が細胞周期の次の段階に進む準備ができているかどうかを判定することである。G1 期から S 期に移行する際のチェックポイントでは，G1 期の DNA に損傷がないこと，DNA 複製のためのヌクレオチドなどが十分あること，などをチェックしている。DNA が損傷するとこの制御が活性化するので，DNA 複製が阻害され，細胞は G1 期にとどまることになる。S 期中のチェックポイントでは，DNA 複製の速さを制御しており，DNA 複製に不具合を検知した場合は，複製を遅らせている。G2 期から M 期に移行する際のチェックポイントも，DNA 損傷と染色体複製をチェックしており，DNA 損傷などが起きると M 期開始が阻害され，細胞は G2 期にとどまることになる。M 期には，紡錘体形成に関わるチェックポイントがあり，動原体と紡錘体の結合が不完全なときにこのチェックポイントが発動する。このチェックポイントをすり抜けると，その細胞は染色体異常や突然変異を引き起こすことになる。

　放射線によって DNA が損傷を受けると，細胞周期が停止したり遅延したりすることがある。これは，DNA 損傷を受けた細胞が，細胞周期の次のステージに移行する前に，損傷がないかどうかを確認して修復している時間であると考えられている。放射線への感受性は，細胞がどの細胞周期のステージにいるかで変わってくる。一般的に，M 期および G1 期から S 期にかけて

の時期は感受性が高い。一方，S期後半からG2期前半にかけての時期の感
受性は低くなる。S期では，DNAの複製に伴ってDNAの損傷が頻繁に起こ
るため，複製の完了と共にDNA修復が始まる。正確に遺伝情報を保持する
ための修復機構が働くため，S期後半からG2期前半にかけては，放射線の
影響が低くなるのだと考えられる。

5. 染色体

　染色体の最も基本的な構成要素は，DNAとヒストンというタンパク質で
ある（図3-3）。DNAは，ヌクレオチドが糸状に長くつながった分子であり，
そのほとんどが核の中にある。また，DNAは酸性であり，塩基性タンパク
質であるヒストンとの親和性が高い。染色体の基本的な構造はヌクレオソー
ムである。4種類のコアヒストンが2個ずつ集まった8個のヒストンに約
146塩基からなる2重鎖DNAが左巻きで巻きついているものをヌクレオソー
ムコア粒子という。2つのヌクレオソームコア粒子の間をリンカーDNAが
つないでいるが，ヌクレオソームコア粒子とリンカーDNAをあわせてヌク
レオソームという。DNAが核の中に収まるためには，このヌクレオソーム
構造をコンパクトにする必要がある。ヌクレオソームコア粒子が数珠状に連
なったものをクロマチン構造というが，DNAがクロマチン構造をとること

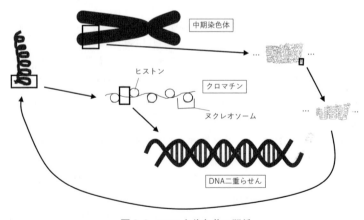

図3-3　DNAと染色体の関係

によって，何重にも不規則に折りたたんで圧縮し，核内に収めることができるのである。クロマチンが最大限に凝縮されたものが，M期にみられる中期染色体である。なお，細胞内小器官のひとつであるミトコンドリアにも少量のDNAが含まれており，遺伝情報をもっている。

ヒトの体細胞には22対の常染色体と1対の性染色体の計46本の染色体がある。1個の細胞に含まれるDNAの長さは約2mに達する。二倍体の体細胞がもっている2セットの相同染色体のうち，1セットは父親に，もう1セットは母親に由来している。性染色体の組み合わせは，女性は2本のX染色体，男性はX染色体とY染色体1本ずつとなっている。女性の2本のX染色体のうち，片方は不活性化されている。

染色体の数は種によって異なっている。ショウジョウバエは8本と少ないが，犬は78本とヒトよりも多い。

有性生殖を行う種は，多くの場合，二倍体の体細胞と一倍体の生殖細胞(配偶子)を持っている。オス由来の配偶子とメス由来の配偶子が受精すると，二倍体の受精卵ができ，体細胞分裂を繰り返して個体が完成する。一倍体の生殖細胞をつくるためには減数分裂を行う必要があるが，その減数分裂の過程で，オスとメスそれぞれに由来する相同染色体は，交叉を起こして遺伝情報を交換している。

6. 遺伝子とDNA・RNA

DNAやRNAは，糖・リン酸・塩基という三つの構成要素からなっている。糖とリン酸は，互い違いに結合してDNAやRNAの骨格を構成している。糖はRNAとDNAで異なっている。RNAの糖は5炭糖であるリボース，DNAの場合は5炭糖であるリボースのOH基が水素になったデオキシリボースである。遺伝情報を担うのが塩基である。塩基には4種類があり，遺伝情報はすべてこの4種類の組合せで書かれている。RNAの場合は(アデニン：A，グアニン：G，シトシン：C，ウラシル：U)，DNAの場合は(アデニン：A，グアニン：G，シトシン：C，チミン：T)である。

DNAは4つの塩基で表された遺伝情報であるが，DNAすべてを遺伝子とはいわない。その大半はジャンクとよばれ，遺伝情報としては使われない。

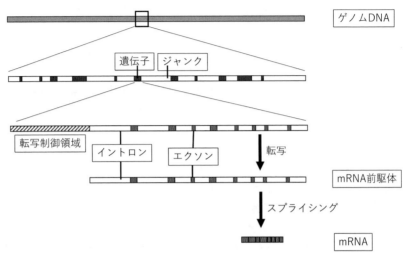

ゲノムDNA

遺伝子　ジャンク

転写制御領域　イントロン　エクソン　転写

mRNA前駆体

スプライシング

mRNA

図3-4　DNA，RNA，エクソン，イントロン

ジャンクとジャンクの間にとびとびに遺伝子が存在するのである（図3-4）。

　1つの遺伝子の中には，2種類の領域：イントロンとエクソンがある。遺伝子の大半はイントロンで占められており，その中にエクソンとよばれる領域が存在する。このエクソンが，実際の遺伝情報として使われるのである。よって，DNAが放射線の照射を受けたとしても，その場所がジャンク領域やイントロンの領域であった場合は，配列がわずかに変わるだけで障害にならないことが多い。

7．タンパク質

　DNAは転写という過程を経てRNAに変換され，そのRNAが翻訳という過程を経てタンパク質に変換される。すべてのタンパク質は，その設計図であるDNAからつくられたものである。

　まず，転写するためには，ヒストンに巻きついて折りたたまれた状態のDNAをほどかなければならない。ヒストンは塩基性のアミノ酸を多く含むため，プラスの電荷を帯びている。その一方，DNAはリン酸を持つためマイナスの電荷を帯びている。そのため，DNAとヒストンは強く結びついて

いるのである。しかし，そのヒストンのリジン残基がアセチル化すると，プラスの電荷が弱まるため，マイナスに帯電している DNA との結びつきも弱まる。その結果，DNA はヒストンから離れて，クロマチン構造がほどけ，遺伝情報を含む特定の DNA の二重らせんがむき出しになる。また，DNA ヘリカーゼという酵素が DNA に作用することによって，DNA 二重らせんが解離し，2 本の 1 本鎖となる。

　次に DNA を読み取る必要がある。DNA の遺伝情報が書かれている場所とは異なる位置に存在するエンハンサーに，アクチベーターと呼ばれるタンパク質が結合すると，基本転写因子というたんぱく質が活性化し，遺伝情報が書かれた場所の近くにあるプロモーターと呼ばれる塩基配列の転写調節領域に，基本転写因子が集まってくる（図 3-5）。このプロモーターに RNA ポリメラーゼ II と基本転写因子などが作用して，mRNA の合成が進む。

　DNA は四つの文字（A，T，G，C）で書かれた情報であるが，mRNA はこれを別の 4 文字（A，U，C，G）にコピー（転写）したものである。まず，核で転写された mRNA の前駆体（hnRNA）には，5' 末端にキャップ構造がつき，3' 末端にポリ（A）鎖がつく。その次にスプライシングによってイントロンの部分が切り離される。こういった一連の過程（プロセシング）を経て mRNA

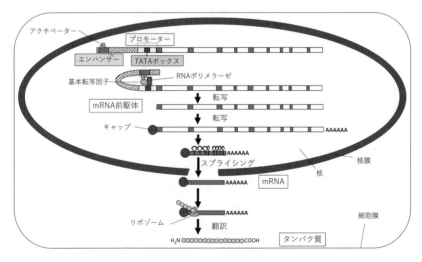

図 3-5　遺伝子発現の過程

になる。その後，この RNA 情報を暗号（遺伝子コード）を使ってアミノ酸情報に翻訳する。こうして DNA からさまざまなアミノ酸配列をもったタンパク質がつくられる。たんぱく質は 20 種類のアミノ酸がつながってできた分子である。

8. 遺伝様式

　遺伝子とは遺伝情報を担う DNA のことであるが，遺伝とは親から子へと1 セットの遺伝情報を伝えることである。常染色体は 2 本ずつの相同染色体からなっている。よって，常染色体のそれぞれの遺伝子は，必ず父と母のそれぞれから受け継いだ遺伝子である。この相同の遺伝子のことを対立遺伝子という。ふたつの対立遺伝子 A と a が存在し，A の形質があらわれる場合，A を優性 a を劣性という。同じ対立遺伝子をもつ場合をホモ（AA または aa），異なる対立遺伝子をもつ場合をヘテロ（Aa）という。AA，Aa，aa のような対立遺伝子の組合せを遺伝子型という。

　いま A が異常で a が正常の対立遺伝子の場合を考えてみる。ヘテロ（Aa）の人では優性形質の A が異常なので，表現型は異常となる。この Aa の人が正常（aa）の人とのあいだに子供をつくると，子供の半数に異常があらわれることになる（Aa：aa＝1：1）。逆に，a が異常で A が正常の場合は，ヘテロ（Aa）の人では劣性形質の a が異常なので，表現型としては正常になる。この Aa の人が正常（AA）の人とのあいだに子供をつくっても，表現型としてはすべての子供が正常となる（AA：Aa＝1：1）。しかし，Aa の人どうしが子供を作ると，その 1/4 に異常があらわれることになる（AA＋Aa：aa＝3：1）。

　性染色体の場合，X 染色体上に異常があると，異常な対立遺伝子がたとえ劣性であっても，オスには異常があらわれることになる。これは，オスには X 染色体が 1 本しかないためである。

　放射線による遺伝的な障害とは，次の世代にも伝わる遺伝子上の障害のことである。劣性の aa が正常であり，正常な人（aa）が放射線をあび，生殖細胞に a→A の突然変異がおこったと仮定する。すると，配偶子として a と A という 2 つのパターンの対立遺伝子が作られることになり，A という異常な対立遺伝子をもつ配偶子が受精すると，たとえ相手の配偶子が正常であっ

ても，その子供は Aa となって優性遺伝病となるのである。

9. 体細胞と生殖細胞

　細胞は，分裂の仕方によって，体細胞と生殖細胞という2つに分類することができる。体細胞の分裂は，1個の体細胞が分裂して，同じ遺伝情報を持つ2個の娘細胞を生み出す過程のことである。体細胞分裂の場合，細胞周期のS期でDNAが複製され，M期で2つの細胞に平等に分配される。生殖細胞は生殖器官にあり，自分の遺伝子を子供に伝えるための卵と精子（配偶子）をつくっている。また，減数分裂を行うなど体細胞の分裂とは大きく異なった増殖方法をとる。第一に，2回の細胞分裂が引き続いておこるため（減数分裂），染色体の数が半減し，二倍体から一倍体になる。第二に，減数第一分裂のM期に2本の相同染色体どうしが対合するが，その際に，たがいの染色分体の一部が入れかわるのである（交差）。交差がおこることによって，遺伝情報の一部を交換しあうことが可能になるため，多様な遺伝子構成をもった配偶子がつくられるのである（図3-6）。

　ヒトの場合，男性と女性とで減数分裂が起こる年齢が異なる。男性の生殖器官である精巣は精細管で占められており，ここで精子が形成される。精細

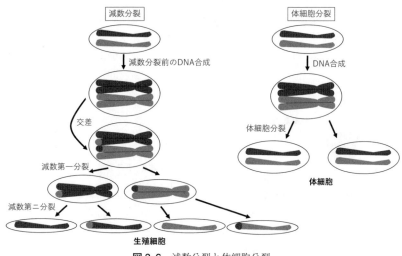

図3-6　減数分裂と体細胞分裂

管の断面を見ると，丸い形の精細胞が幾重にも重なっており，外から内に向かって，精母細胞，精細胞と発育が進み，一番内側では精子が生産されている。男性の生殖器官で減数分裂が始まるのは，思春期をすぎたころである。また，減数分裂から精子ができるまでの期間は約 1 カ月弱程度である。女性の生殖器官では，生まれたときにはすでに減数第一分裂の途中まで完了している。まず，胎児の段階の 25 週齢になるまでに，死ぬまでに必要となる卵祖細胞が有糸分裂によって形成されているのである。この二倍体細胞は，一次卵母細胞にまで発育し，第一減数分裂の最初の段階を開始した状態で停止している。卵子の発育はそれ以上進まず，思春期以降になって初めてその後の過程が再開する。発育を再開し，第一減数分裂を完了すると，二次卵母細胞が第二減数分裂を行うが，中期に達すると再び停止する。次に発育が進むのは，精子が侵入した時である。精子が侵入し，受精が起こり，細胞周期が再開して初めて第二減数分裂が完了し，受精卵となる。生殖器官での放射線障害が男女で異なるのは，このような生殖細胞の成熟過程が異なっているからである。

10．アポトーシス

　多くの細胞がたえず分裂して増殖する理由は，細胞がたえず死んでいるからである。細胞の死に方にはネクローシスとアポトーシスがある。ネクローシスは，外的な要因によって細胞の浸透圧調節の機能がなくなり細胞が膨張する，受動的な死である。アポトーシスは，損傷を受けた細胞が自己を排除するために起こる，細胞が自ら能動的に死を選ぶものである。プログラム死

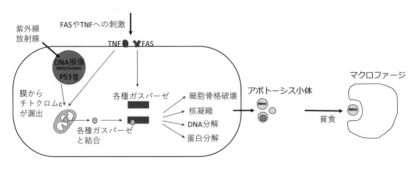

図 3-7　アポトーシスのモデル

や自爆死ともいわれる。細胞の死が他の細胞に影響を及ばないようにするために，死に方にはきちんとした手順が存在する（図3-7）。

アポトーシスをおこした細胞は凝縮し，細胞骨格は壊れ，DNAは断片化される。細胞の表面にも特有の変化があらわれて「アポトーシス小胞」とよばれる構造に分解する。その後，異物や老廃物を捕食して消化するマクロファージなどがこのアポトーシス小胞を貧食する（ファゴサイトーシス）。よって，正常な手順に沿って細胞が死んでいった場合は，細胞内の内容物が周囲に漏れ出すことはない。低線量の照射によって，リンパ球や胸腺細胞などが死ぬ高感受性間期死は，アポトーシスである。しかし，がん化した細胞ではアポトーシスが起こらない。がん細胞は，アポトーシスの過程が欠落しているので，細胞が無秩序に細胞分裂をくりかえして異常増殖するのである。

放射線によってDNA損傷などのストレスを受けた場合，細胞小器官のひとつであるミトコンドリアがアポトーシスの中心的な役割を果たす。まず，DNA損傷などのストレスは，アポトーシスを調節するTNFやFASなどのタンパク質（細胞死受容体）を介して，ミトコンドリアの膜電位を変化させる。その結果，ミトコンドリアからチトクロムcが漏出する。このチトクロムcが不活性な状態で細胞質に存在するカスパーゼの前駆体と結合して，集合体を形成する。これによってカスパーゼ（タンパク質分解酵素）が活性化し，細胞内のタンパク質を切断・分解し，細胞骨格の破壊，核の凝縮，DNAの断片化などアポトーンスに特有の一連の反応をおこさせるのである。その後，アポトーシス小胞が形成され，マクロファージによって貧食される。

〔参考文献〕

Alberts B, Bray D, Hopkin K, Johnson A, Lewis J, Raff M, Roberts K, Walter P (2013) *Essential cell biology, the fourth edition*.（中村桂子・松原謙一監訳：2016 Essential 細胞生物学 第4版）南江堂，東京．
Alberts B, Johnson A, Lewis J, Morgan D, Raff M, Roberts K, Walter P (1989) *Molecular Biology of the Cell, the second edition*.（中村桂子・松原謙一監修：1991 細胞の分子生物学，第2版）教育社，東京．
山口彦之(1995)放射線生物学．裳華房，東京．
吉井義一(1992)放射線生物学概論．北海道大学図書刊行会 第3版，北海道．

（吉村真由美）

④ 放射線による突然変異

1. 放射線が生物に影響を与えるとはどういうことなのか

　放射線が生物に何らかの影響を及ぼすには，まず，放射線のエネルギーが生物を構成する原子や分子に吸収されなければならない。吸収されたエネルギーによって，原子や分子に電離・励起が起きてはじめて，生き物に影響が生じるのである。放射線が α 線や β 線の場合，これらは荷電粒子線なので，直接，原子や分子に電離・励起を起こす。一方，X 線や γ 線や中性子線の場合は，直接には電離を起こせない。しかし，これらの放射線からエネルギーを与えられた原子や分子が二次的に荷電粒子を生み出すので，電離や励起が起きるのである。この電離や励起によって，例えば DNA を構成している原子や分子に構造変化が生じ，DNA が損傷することになるのである。

　放射線のエネルギーは，例えば，人の中枢神経死を起こすものであっても 100 Gy（＝100 J/kg）程度であるので，熱的には，生き物に影響を与えるほどのものではない。ヒトが放射線にあたっても何も感じないのは，熱的な変化がほとんどないからなのである。放射線によるダメージとは，熱的なものではなく，DNA の構造を変化させることなのである。

2. 放射線による攻撃と LET

　細胞内の DNA は，内部における攻撃と外側からの攻撃の両方にさらされている。内部では，生理作用や細胞内の代謝によって生じる活性酸素が DNA 等に攻撃している。外側からでは，紫外線や放射線が細胞内の DNA に攻撃している。生き物にとって，最も影響が大きいのは，この DNA への攻撃による損傷である。DNA 損傷とは，DNA にできた傷のことである。DNA の構成要素のどこに傷が生じたかによって，生き物への影響度合いが異なってくる。ただ，DNA 損傷は，もともと，ある程度の頻度で常に生じている。紫外線や化学物質などの電離放射線以外のものが，DNA 損傷の原因になることもある。

　放射線がある物質にあたると，持っているエネルギーの一部がある物質に

与えられる。ある物質に与えたエネルギー量を，放射線が移動してきた距離
で割ると，LET（線エネルギー付与）値を算出することが出来る。これは，荷
電粒子の通過した飛跡に沿って，物質に与えた単位距離当たりのエネルギー
量を表している。β線，電子線，X線，γ線のLETは小さく低LET放射線
とよばれている。一方，α線や重粒子線のLETは大きく高LET放射線とよ
ばれている。

3. 放射線によるDNAの損傷

DNAの損傷には，主に，塩基損傷・DNA鎖切断・架橋形成の3種類が
見られる。DNAの塩基はアデニン・チミン・グアニン・シトシンの4種類
から構成されているが，塩基損傷とはこれらが化学変化してしまう現象であ
る。LETが高い放射線の場合，放射線が塩基を直接変化させてしまうので
ある。LETの低い放射線の場合，放射線が塩基に直接作用するのではなく，
塩基が間接的な作用を受けて化学変化することが多い。間接作用では，水分
子由来のOHラジカルが塩基損傷をつくることが多い（図4-1）。体内には多
くの水分子が存在するが，その水分子に放射線があたることによって，OH
ラジカルが生成するのである。ピリミジン塩基（チミンとシトシン）あるい
はプリン塩基（アデニンとグアニン）のいずれの塩基も，このOHラジカル
の作用をうける。例えば，二重結合しているC＝C間を一重の結合にし，
その切れた部分にOHラジカルが結合することにより，化学的に構造変化し

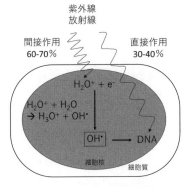

てしまい，塩基が損傷するのである。チミン塩基にラジカルが作用した場合は，炭素原子間の二重結合が失われ，チミングリコールという酸化した損傷塩基ができるのである。こういった損傷によって，塩基が糖—リン酸の鎖からはずれてしまうと，DNAにはAP部位（塩基がない部位）ができることになる。このAP部位をもつDNAは，アルカリに弱いことが分かって

図4-1　OHラジカルの発生

いる。また，これらの損傷がそのまま残ると，正常な DNA 複製ができない
ため突然変異の原因になる。

　DNA 鎖切断とは，DNA 鎖の骨格である糖—リン酸基が切断されることで
ある。DNA 鎖切断には，DNA 二重らせんの片方だけが切れる 1 本鎖切断と，
両方が切れる 2 本鎖切断がある。3 塩基以内で 1 本鎖切断が 2 ヵ所起こると，
2 本鎖切断が生じやすくなる。さらに，LET の高い放射線が局所的に照射さ
れた場合は，ダイレクトな 2 本鎖切断ができやすくなる。2 本鎖切断は，修
復されにくく細胞死や突然変異・発がんなどを引き起こしやすい。1 本鎖切
断は 2 本鎖切断よりも形成されやすいが，修復される割合も大きい（表 4-1）。

　架橋形成は，DNA を構成するヌクレオチド鎖が他のヌクレオチド鎖やそ
の他の蛋白質などと架橋（橋架け構造）を形成することである。これによって
DNA 情報に狂いが生じ，遺伝的に大きなダメージとなる。

4. 放射線以外による DNA 損傷

　紫外線は，X 線やγ線と同じ電磁波であるが，エネルギーが低いために
電離作用がない。そのため，紫外線による DNA 損傷は，電離放射線による
損傷にくらべて，損傷程度が低い。しかし，DNA を構成する 4 種の塩基は，
いずれも波長 260 nm 程度の紫外線を吸収しやすい構造になっている。そし
て，紫外線を吸収すると，塩基部分が励起するなどの反応が起こりやすくな
るのである。代表的な紫外線損傷は，DNA 上で隣り合う 2 つのピリミジン
塩基（チミンまたはシトシン）同士で，共有結合が形成されるというものであ
る（ピリミジン二量体）。チミン同士の共有結合のほうが，チミンとシトシン

表 4-1　放射線による DNA 鎖の切断

DNA損傷の種類	γ線（低LET放射線）	α線（高LET放射線）
生存率を50%に下げる線量	2.5Gy	0.42Gy
1本鎖切断（誘発）*	1000	56
1本鎖切断（未修復）*	7.5	5.6
2本鎖切断（誘発）*	20	9
2本鎖切断（未修復）*	2	3.6
修復されずに残る1本鎖切断と2本鎖切断の数	9.5	9.2

*生存率を50%に下げる線量の放射線で細胞を照射したときに誘発される数　　（Cole *et al*., 1980）

やシトシン同士の共有結合よりも生じやすい。

　化学物質のうち，発がん物質とよばれるものは，放射線と同様の DNA 損傷をつくるので，DNA 損傷性化学物質とよばれている。その中には，DNA 鎖切断をおこすものもある。

　自然状態でも，細胞の中ではさまざまな DNA 損傷がおきている。脱塩基がおこって AP 部位ができたり，酸化による損傷によって放射線によるのと同じ塩基損傷が出来たりしている。ただ，これらの自然状態での損傷は，大半が修復されている。

5. 突然変異

　突然変異とは，DNA の遺伝情報におこる変化のことである。DNA 損傷がおこると，DNA の配列に変化が生じる。もとの DNA 鎖に突然変異がおこると，その誤った状態で mRNA にコピーされていく。翻訳の際にコドンが変わっていると，誤ったアミノ酸が選択されるので，最終的には不完全なタンパク質がつくられることになる。

　DNA 上で起こる変化にはさまざまな種類がある。しかし，その変化が体細胞でおこる場合と生殖細胞でおこる場合とでは，その意味あいが大きく異なってくる。体細胞に突然変異がおこって，その細胞が分裂し，突然変異が 2 つの娘細胞に伝えられても，次世代にまでその突然変異が伝わることはない。たとえば，リンパ球は体細胞であるから，リンパ球に染色体突然変異が起こっても，それが次の世代に伝わることはない。これに対して，生殖細胞に突然変異がおこると，その個体自身に直接的な影響はなくても，次世代にその突然変異が伝わって，染色体突然変異をもつ個体が生まれることになる。体細胞の突然変異によって起こる障害の代表例はがんであり，身体的障害である。生殖細胞の突然変異によっておこる代表例が染色体異常であり，遺伝的障害となる。

6. 突然変異の種類

　突然変異には多くの種類があるが，大きく次の3つにわけることが出来る。遺伝子突然変異，染色体突然変異，ゲノム突然変異である。

　遺伝子突然変異とは，遺伝情報（DNA配列）がDNA損傷などによって変化することである（表4-2）。生殖細胞で起こると，子供にすぐに影響が出る優性突然変異（優性遺伝子変化）になる場合と，遺伝的損傷として蓄えられて後の世代に発現する劣性突然変異（劣性遺伝子変化）になる場合がある。

　遺伝子突然変異は，DNAの化学構造の変化であり，光学顕微鏡で観察できない変異であるが，染色体突然変異は光学顕微鏡で観察できる，染色体の形態の変化である。よって，被ばくした人の血中からリンパ球を採取し，細胞分裂させることによって，染色体異常を観察することができる（表4-3）。

　ゲノム突然変異は，染色体の数の異常である。染色体数が整数倍になる場合と整数倍にならない場合（異数体）がある。染色体数が整数倍になる場合，染色体数が2倍になるものを四倍体，染色体数が2倍以上になるものを多倍体という。異数体は，染色体数が1本あるいは数本増えたり減ったりするものであり，染色体数が1本だけ増える場合をトリソミー，1本だけ減る場合をモノソミーという。

表4-2　主な遺伝子突然変異

欠失	ヌクレオチド数が減少
挿入	ヌクレオチド数が増加
インフレーム	3の倍数の欠失や挿入が起こり，アミノ酸の数が増減する
フレームシフト	3の倍数でない欠失や挿入が起こり，アミノ酸配列が変わる
ミスセンス変異	塩基対が変化し，コードするアミノ酸が変化
ナンセンス変異	塩基対が変化し，停止コドンに変化
サイレント変異	塩基対が変化しても，コードするアミノ酸に変化がないもの

表4-3　主な染色体突然変異

染色体型異常	DNA複製前の照射によって起こる
環状染色体	リング状になる異常
二動原体染色体	動原体が2個できる異常
逆位	順序が入れ替わる異常
転座	染色体間で部分的に交換がおこる異常
末端欠失	末端が欠けてしまう異常
染色分体型異常	染色分体ができた後の照射によって起こり，染色分体の片方だけに異常が発生

7. DNA 修復

　細胞は，放射線・紫外線・有害な化学物質など，DNA に損傷を与える様々なものに囲まれている。また，自然状態でも細胞の中で多くの DNA 損傷が生じている。

　よって，生き物には，こういった DNA 損傷を効率良く修復する機構が備わっている。放射線を受けて細胞が死んだり突然変異を起こしたりするのは，こうした過程で修復できなかったり，正しく修復されなかったわずかな損傷が原因となっている。この修復機構には多くの酵素が関係しているが，これらは生き物が海から陸に上がってから，放射線の脅威にさらされながら進化する過程で獲得してきたものである。損傷を受けた DNA は，その損傷のタイプに応じた方法で修復される。

8. 塩基損傷の修復

　電離放射線による塩基損傷も紫外線による塩基損傷も基本的には同じ方法で修復されている。よって，ここでは，紫外線による塩基損傷(とくにピリミジン二量体)の修復機構を中心に説明する。

　塩基損傷の修復には，主に，損傷した塩基を DNA から切り離さずに直接修復する方法と，損傷部分を DNA から切り出して修復する除去修復の 2 つがある。除去修復の中では，損傷した塩基だけを切り出す塩基除去修復と，その塩基を含めたもっと大きい部分を切り出し，切り出した部分の DNA を合成し直すヌクレオチド除去修復とがある。これ以外の塩基損傷の修復方法には，組換え修復がある。

　DNA を切らずに損傷した塩基を直接修復する方法で，最も代表的なものは，光による修復である。例えば，ピリミジン二量体に可視光線が当たり，そこに光回復酵素が結合すると，酵素の中の受光物質 (クロモフォア)が光のエネルギーを吸収し，そのエネルギーでピリミジン二量体をもとに戻すのである。ちょうど損傷過程の逆を行うことになる。これは，光を利用した効率の良い修復方法であり，多くの生き物がこの修復方法をもっている。しかし，有袋類以外のほ乳類は持っていない。

　損傷した塩基だけを切り出す塩基除去修復では，損傷した塩基と糖の間の

N－グリコシド結合を，損傷した塩基の種類に応じた DNA グリコシラーゼという酵素で切断し，損傷した塩基を除く。そして，塩基のなくなった AP 部位をとり除いた後，DNA ポリメラーゼで空白の部分に正しいヌクレオチドを入れていくのである。

　損傷した塩基を含めたもっと大きい部分を切り出すヌクレオチド除去修復は，塩基除去修復とすこし異なっている。損傷した塩基を含む広い領域を大きく取り除き，切り出された DNA に対応する 2 本鎖のもう一方の構造を鋳型として，取り除かれた部分を DNA ポリメラーゼや DNA リガーゼなどの酵素を使って合成し直して，もとに戻すのである（図 4-2）。

　組換え修復の場合，塩基損傷があると DNA の複製が一旦止まる。そして，親鎖の損傷した部分はよみ飛ばし，娘鎖では隙間を残して，DNA の複製を進めていく。その後，損傷のない相同の DNA 鎖の配列を借用して，この娘鎖の隙間の部分に組み込む。そのあと，ヌクレオチド除去修復で親鎖の隙間を修復するのである（図 4-3）。

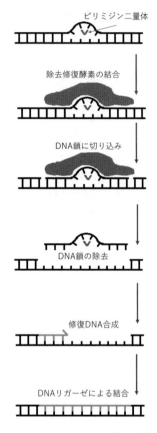

ピリミジン二量体

除去修復酵素の結合

DNA鎖に切り込み

DNA鎖の除去

修復DNA合成

DNAリガーゼによる結合

図 4-2　ヌクレオチド除去修復のモデル

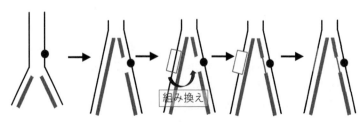

組み換え

図 4-3　組み換え修復

9. DNA 鎖切断の修復

放射線によってできる DNA 鎖切断の中で，とくに影響が大きいのは DNA の 2 本鎖切断である。DNA が 2 本とも切断された場合は，除去修復の場合のように向かいに相補的で正常な DNA が存在しないので，別の機構が必要になるのである。2 本鎖切断の修復には，相同組換え修復と非相同組換え修復がある。

相同組換え修復は，相同性の情報を用いる修復で，細胞分裂周期の S 期や G2 期に起こる。2 本鎖切断ができると，まず，その切断された端にエキソヌクレアーゼという酵素が作用して，3' 末端を露出するようにヌクレオチドが削り込まれる。一本鎖 DNA に相同組換えのための RPA タンパク質や Rad タンパク質が結合し，相同な配列を持つ二本鎖 DNA をそれらのたんぱく質が探し出す。相同の DNA 配列を借りることで，正しい配列の DNA を合成できるのである。よって，DNA 複製を終えたばかりの細胞のように，無傷で相同な DNA が近くにある場合は，このような修復が可能になるのである。エラーが起こりにくい機構である（図 4-4）。

非相同末端結合修復は，相同の DNA を鋳型として借りることなく，2 本鎖の切断部位を直接つなぎあわせる修復機構である。全細胞周期において発現が可能であるが，主に細胞分裂周期の G1 期および G0 期で活発に行われる。この修復方法は，相同な DNA がなくても行えるが，修復の際の誤りも多い（図 4-5）。

LET の高い放射線による照射を受けると，生き物への影響が大きくなるが，その理由は，LET の高い放射線は局所的に多く

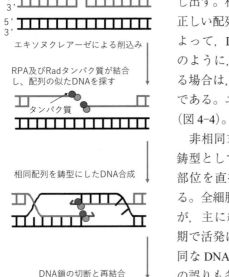

2本鎖切断

エキソヌクレアーゼによる削込み

RPA及びRadタンパク質が結合し，配列の似たDNAを探す

タンパク質

相同配列を鋳型にしたDNA合成

DNA鎖の切断と再結合

図 4-4　相同組換え修復のモデル

のエネルギーを付与するため，修復不可能になったり正確に修復できない2本鎖切断が多くなるからである。

10. DNA複製の際の修復

　放射線の照射に関係なく，DNAの複製を行う際には，ある一定の頻度で誤りがおこっている。こうした誤りが修正されなければ，放射線によるDNA損傷をうけた場合と同じように生き物に影響が生じる。DNA複製の修正は，2通りの方法で行われている。1つ目は，DNA

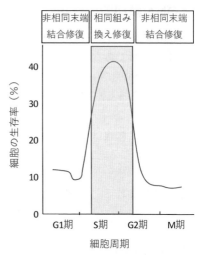

図4-5　相同組み換え修復の時期

複製酵素(DNAポリメラーゼ)自身による修正である。誤った塩基を取り除いて，正しい塩基に入れ替えながら複製をおこなっている。この機能のおかげで，DNA複製の際の誤りの99％が修正されている。2つ目は，DNAポリメラーゼが修正した後のDNAをチェックして，誤りの見落としを見つけ，正しい塩基と入れ替える修復機能のミスマッチ修復である。ミスマッチとは，AとT，GとCという正しい対合をしていない塩基対のことである。ミスマッチ修復では，ヌクレオチド除去修復とよく似た方法で，誤った塩基を除去して正しい塩基に入れ替えている。ミスマッチ修復では，DNAポリメラーゼで見落とされた誤りの99％が修正されている。DNAポリメラーゼによる修正やミスマッチ修復は，放射線とは直接関係しないが，生命の維持という点で放射線損傷の修復と同じぐらい重要である。

　複製の誤りがたくさんある場合，DNA複製の正確さを犠牲にしても，急いでDNAを複製する必要がある。それが，SOS修復である。一種の緊急事態対応である。DNAの複製ではミスが起きやすいので，突然変異を招く危険性があるが，複製しないよりも生命維持にとって重要である場合に行われる。

11. 遺伝病

　健康な人は，これまで述べたような様々な修復機構をすべてもっているため，DNA 複製の誤りから放射線による DNA 鎖切断まで，あらゆる DNA 上の損傷をもとの状態に戻すことができる。

　しかし，修復過程のどれかひとつが欠けていると病気になってしまうことがある。例えば，色素性乾皮症という遺伝病がある。これは，ヌクレオチド除去修復機構に関係する酵素のひとつが，欠損していたり正常に機能しないことによっておこる病気である。ピリミジン二量体の修復が困難になるため，紫外線への感受性が高くなり，日光に露光した部分で皮膚がんが多発するのである。紫外線による損傷の除去修復には，複数の酵素が関与しているのだが，そのうちの１つが欠損しているだけで修復能力が大きく低下し，紫外線への感受性が高くなっているのである。欠損している酵素の種類によって，色素性乾皮症だけでも９つの異なった型が存在する。

12. 標的理論

　細胞内には生存にとって重要な箇所(標的)があり，ここに放射線があたると死に至る，という仮説のもとに作られた標的理論というものがある。ここでいう標的とは DNA のことである。放射線が標的にあたるかどうかは，ポアソン分布に従うとされている(図 4-6)。

　線量 D の放射線の照射を受けると平均で m 回標的にあたるという設定において，実際に r 回あたる確率 P は，

$$P = (1/e^m) \times (m^r/r!)$$

と表される。

　この理論では，あたる回数と標的の数の組み合わせで４つのモデルが考えられている。この

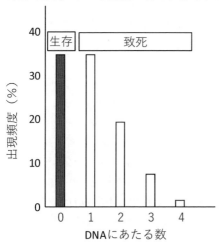

図 4-6　DNA にあたる数のポアソン分布

うち，1回あたっただけで細胞死するというモデルで，生存確率を考えてみる。1回あたっただけで死亡するので，生存するためには r = 0 となる必要がある。

よって，生存確率 S は，

$$S = (1/e^m) \times (m^0/0!) = 1/e^m$$

と表すことが出来る。

また，標的に平均1回あたる（m=1）のに必要な線量 D_0 の照射を受けた場合の生存確率 S を計算すると，

$$S = 1/e ≒ 0.368$$

となる。

この線量 D_0 のことを平均致死線量といい，放射線への感受性を評価する際に用いられる。D_0 が小さいと感受性が高いということになる。

13. DNA 2本鎖切断の線量効果

2本鎖の DNA がほぼ同時に切断されるケースには，2つのパターンがある。1本の放射線が2本の DNA を一度に切断する場合と，2本の放射線がそれぞれ1本の DNA を切断する場合である。

照射される線量を D とすると，1本の放射線が2本の DNA を一度に切断する頻度は αD，2本の放射線がそれぞれ1本の DNA を切断する頻度は βD^2 と表すことができる（α および β は切断の発生率に関係する係数）。

よって，細胞が死に至る頻度 Y は，

$$Y = \alpha D + \beta D^2$$

と表すことができる。これを，直線—二次曲線モデル（LQ モデル）という。

線量が低い場合，βD^2 の値は低くなる。しかし，低線量であっても，高LET 放射線であれば，1本の放射線で2本の DNA が一度に切断されやすく，αD の値が高くなる。低 LET 放射線であれば，放射線の本数自体が少ないので，線量 D と細胞が死に至る頻度 Y との関係性はあまり見られなくなる。

一方，線量が高い場合は，2本の放射線がそれぞれ1本の DNA を切断する事態が起こりやすく，βD^2 の値が高くなる。その結果，線量 D と細胞が死に至る頻度 Y との関係性も強くなる。

ここで，αD = βD² となる線量値 D を求めると，

D = α/β

となる（図 4-7）。

よって，線量の値 D が大きい，つまり α/β が大きいと，グラフの交点が右にずれるので，線量と細胞死に至る頻度の関係性は直線的になることが分かる。α/β が小さい時は交点が左にずれるので，線量と細胞死に至る頻度の関係性は曲線的になることが分かる。

14. 染色体異常

細胞が細胞周期の M 期に入ると，クロマチンは凝縮して中期染色体という形になり，光学顕微鏡のもとでも観察できるようになる。この中期染色体の状態で識別できる染色体の異常を染色体異常とよぶ。ヒトの場合，体細胞の中で比較的たやすく染色体をみることができるのはリンパ球だけなため，ヒトにおける放射線による染色体異常は，リンパ球の染色体異常を指すことが多い。

細胞周期のどの時期に放射線の照射を受けたかによって，染色体異常のタイプが異なってくる。DNA が複製される S 期を境にして，これより前の G1 期あるいは G0 期に放射線の照射をうけた場合は，染色体型異常が現れる。ただ，基本的には，DNA の 2 本鎖切断が起きなければ，たとえ G0 期や G1 期に損傷をうけても，染色体型異常はあらわれない。S 期よりあとの G2 期に放射線の照射をうけた場合は，染色分体型異常ができる。

このほかに姉妹染色分体交換（SCE）という突然変異がある。これは染色分体型異常とは異なり，S 期に複製された 2 本の染色分体の間で交換がおこるというものである。DNA 複製後にできる同じ遺伝子を持つ 2 本の染色分体間の交換は，同じ遺伝子を持つものどうしの交換なので，遺伝情報が変化しな

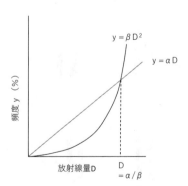

図 4-7 放射線量と DNA 2 本鎖切断の頻度との関係

い。SCEは放射線ではほとんど誘発されることはないが，化学物質などによって高い頻度で誘発されるので，化学物質ばく露の指標に使われている。

15. 染色体型異常のできかた

　染色体型異常では，複製前におこった染色体の切断や再結合が，そのままの状態で複製されるため，同じ位置で，切断や再結合がおこることになる。1つの染色体内で2ヵ所の切断が起こると，末端が欠失した染色体ができる。1つの染色体内で2ヵ所の切断が2つ起こり，その断片が反対向きに再結合する場合，逆位が起こる。切断された者同士がリング状に再結合する場合，環状染色体になる。別々の染色体上の切断端どうしが間違って再結合した場合，2つの動原体をもつ二動原体染色体と動原体をもたない短い染色体とが生じる。これを相互転座という。どちらの異常を持つ細胞になるかは，その細胞の生死に影響する。二動原体染色体をもつと，細胞分裂そのものが阻害され，染色体断片の遺伝情報を失うため，細胞は死ぬ。それに対して，動原体を持たない染色体をもつと，細胞分裂は支障なくおこり，細胞の生存率にも影響がでない。二動原体染色体や環状染色体のように，細胞分裂をおこすと細胞が死んでしまうような突然変異を不安定型突然変異，逆位のように生存への影響の少ない突然変異を安定型突然変異という（図4-8）。

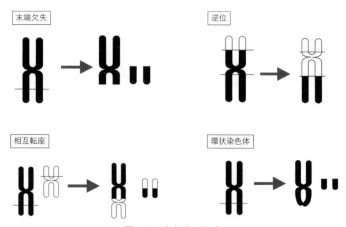

図 4-8　染色体型異常

　ヒトにおける放射線による被ばく線量を推定する場合，二動原体染色体や環状染色体の数を計測することが多い。その理由は，放射線の照射を受けていないリンパ球では，これらの異常がほぼみられないからである。さらに，これらの染色体は特徴的な形態をしているため，分かりやすいからである。よって，これらの数は放射線被ばくのすぐれた指標になっている。しかし，これらの不安定型突然変異は細胞自体が死んでいくため，被ばくから年月が経つと減少していく。よって，被ばくから長期間過ぎると，被ばくの指標にすることができなくなる。一方，安定型突然変異は，長期間失われずに残るため，被ばくしてから長期間を経ても，採血して染色体を調べることで，当時の被ばく線量を推定することができる。ただ，二動原体染色体のような特徴的な形をしていないので，正常な染色体との判別がむずかしい。最近では，染色体を蛍光色素で染め分ける FISH という方法を使って，安定型の染色体突然変異をより正確に判別できるようになっている。

16. 細胞分裂と細胞死

　細胞は細胞分裂を繰り返して増えていくが，放射線への感受性は，同じ種類の細胞であっても，細胞分裂周期のどの段階にあるかによって異なってくる。放射線への感受性が高い時期は，M 期（細胞分裂期）および G1 期（DNA複製準備期）後期から S 期（DNA 複製期）前期にかけてである。

　細胞周期チェックポイントでは，細胞周期の進行状況や DNA 損傷の有無などをチェックしており，異常が発見されると，DNA 修復のために細胞分裂をいったん停止するため，分裂が遅延する。放射線照射を受けた場合も分裂が遅れる。放射線が原因でおこる分裂遅延は，単なる受動的な反応ではなく，細胞が放射線損傷を修復する時間をかせぐために，積極的に細胞周期の進行をストップしている。おもに細胞周期の G2 期（細胞分裂準備期）でとどまっている。分裂を遅延するというのは，細胞死を回避するための一つの方法であり，遅延するかどうかは細胞周期チェックポイントで判断されている。照射される線量に比例して遅延時間は長くなるが，吸収線量 10 Gy 程度までであれば，1 Gy 当たり 1 時間ほどの遅延が生じるだけである。

　電離放射線が細胞にあたると，細胞核，細胞質，細胞膜，細胞内の小器官

などの分子が電離・励起される。電離や励起による障害が最も大きくなるのは，DNA に放射線が照射された時である。DNA の損傷が染色体の異常を引き起こし，その異常によって細胞の分裂停止がおこる。幹細胞などの増殖すべき細胞の DNA に損傷が起きて，細胞が増殖しなくなると，幹細胞から分化してそれぞれの機能を獲得するはずの細胞も出来なくなるので，放射線によって組織や器官の障害がおこるのである。

　吸収線量が比較的低く 10 Gy 程度までの場合，放射線による障害は，細胞レベルにおける突然変異でおさまっていることが多い。しかし，ある程度以上の放射線の照射を受けると細胞死してしまう。細胞死には分裂死と間期死の 2 つのパターンがある。分裂死は，分裂遅延しながら，1 回から数回の細胞分裂を行い，そのあと分裂を止めて死に至るものである。細胞分裂が活発な細胞が放射線照射を受けた場合に起こる。細胞分裂を停止しても DNA やたんぱく質の合成は継続されるので，巨大細胞ができたり，隣接した細胞どうしで核の融合が起こったりする。分裂する能力の高い細胞が低レベルの放射線を受けた場合は，増殖死をおこす。

　これに対して間期死は，分裂周期にある細胞が一度も細胞分裂せずに死に至る。盛んに分裂する細胞でも，既に分裂しなくなった分化細胞でも起こりえる。一般的に，多くの線量をあびると，どんな細胞でも間期死をおこす。

　細胞死は，細胞がもっている一種の防御機構である。被ばくによって障害がおきた細胞は，積極的に排除したほうが周囲の細胞への悪影響を防ぐことができるからである。

17．細胞の生存率曲線

　LQ モデルにおける細胞の生存率は，照射される放射線の線量によって異なってくる。高 LET 放射線か低 LET 放射線かによっても異なってくる。高 LET 放射線が照射された場合，高頻度で電離がおこるため，線量と生存率との関係は直線的になる。LQ モデルでいうと，αD の項だけの数式になる。一方，低 LET 放射線では，低線量の時には線量の変化と細胞の生存率との間にあまり関係がみられず，生存率は高いままである。しかし，線量が大きくなると飛跡の数も多くなり，線量とともに生存率 S も下がっていくのであ

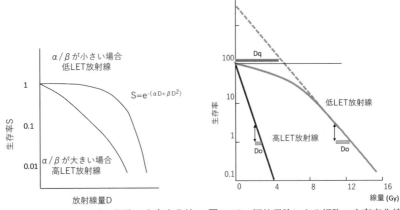

図4-9 LQモデルにおける細胞の生存率曲線　**図4-10** 標的理論による細胞の生存率曲線

る（図4-9）。

　標的理論による生存率曲線は，図4-10のようになる。この図の中にある Do は，平均致死線量といい，各細胞の標的に平均1個ヒットする場合の線量である。Do が小さいということはグラフの勾配が急で，致死感受性が高いことを意味する。Do が大きいということはグラフの勾配が緩やかで，致死感受性が低いことを意味している。

　Dq は，見かけのしきい線量であり，放射線による障害から回復する能力の指標として用いられる。この値が大きい細胞は，亜致死損傷（SLD）からの回復能力が高く，放射線抵抗性が大きいことを意味している。

18. SLD 回復と PLD 回復

　細胞は損傷から回復する能力を持っているが，その中には，亜致死損傷（SLD：sub-lethal damage）からの回復と潜在的致死損傷（PLD：potentially lethal damage）からの回復が含まれている。ただ，高LET放射線の場合，SLD 回復も PLD 回復もほとんどおこらない。

　SLD 回復とは，ある一定の線量の放射線が，1回で照射されるよりも時間をあけて2回に分けて照射される方が，生存率が上がる現象のことである。1回目の放射線による損傷を2回目の照射までの間に修復することができる

からである。生存率曲線における Dq が大きいほど，この回復力が大きくなる。X 線や γ 線などの低 LET 放射線の場合，線量を下げると生存率曲線における勾配が緩やかになるが，これは SLD によって回復したためと考えられる（図 4-11）。

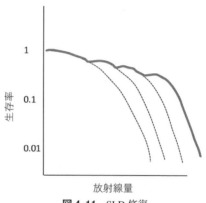

図 4-11　SLD 修復

PLD 回復とは，本来ならば照射によって死に至る細胞が，ある条件下では損傷がおこらない現象である。たとえば，細胞を培養・増殖して密度が高くなると分裂が止まるが（プラトー状態），このプラトー状態の細胞に放射線を照射しても，生存率は高いままの状態を保つのである。細胞同士が密に接していて分裂がゆっくり進んでいる状態でもこの現象が起こる。ただし，プラトー状態ではなく活発に増殖する時期に放射線を照射しても，このような現象はみられない。

19. 直接作用と間接作用

放射線による損傷には，直接作用（放射線が DNA や分子に直接影響）と間接作用（放射線が変化させた分子による影響）がある（表 4-4）。そして，間接作用には希釈効果，酸素効果，温度効果，保護効果，適応応答などといわれる現象があり，その中には放射線の影響を緩和するものもある。

希釈効果：酵素に放射線を照射すると，酵素は不活性化する。直接作用では，放射線が酵素の不活性化に直接関与するので，酵素濃度が高くなると不

表 4-4　直接作用と間接作用

直接作用	放射線が直接、DNAを構成する原子に電離や励起を起こし、DNAが損傷する場合
間接作用	生き物の体内に多く存在する水分子が電離や励起を起こし、その際に生じるフリーラジカルや酸化還元力のある原子がDNAに損傷を生じさせる場合

活性化される酵素の数も増える。しかし，その割合は一定ではなく，ある濃度以上になると，濃度の上昇とともに不活性化される割合が下がっていくのである。なぜなら，同じ線量では水分子がラジカル化する量は変わらないため，不活性化される酵素の数も酵素濃度に関係なく変わらない。よって，酵素濃度が高くなると不活性化する酵素の割合は相対的に下がることになるからである。

　酸素効果：一般に，酸素が存在すると，放射線の作用が強くなる。放射線により，酸素ラジカルが生じて間接作用が増強されるためである。酸素効果を表す指標として，酸素増感比(oxygen Enhancement Ratio，OER)というものがある。酸素のない条件下で生き物への影響が生じる線量と，酸素のある条件下で同じ影響が生じる線量の比で表される。OERは，酸素分圧が高くなると大きくなっていくが，酸素分圧が20 mmHgを超えるくらいでほぼ一定となる。低LET放射線のOERは2.5-3程度になるが，高LET放射線の酸素効果は小さくなる。

　温度効果(凍結効果)：一般に温度が上昇すると，放射線の作用も強くなる。よって，照射される物質を凍結すると，ラジカルの拡散を防ぐことができるので，放射線による作用を減らすことができる。

　保護効果(化学的防護)：放射線の照射によって生じるラジカルと反応しやすい物質や，捕捉して無力化する物質が近くに存在すると，生じたラジカルが消失し，放射線の作用が軽減される。このような働きをする物質を放射線防護剤という。-SHという構造(官能基)を持っているシステアミンなどの化合物が例として挙げられる。

　適応応答：細胞にあらかじめ微量の放射線をあてておくと，なにもしない場合にくらべて，放射線への抵抗性をもつようになる。放射線もごく微量であれば，体に有益な効果があるかもしれないと従来から考えられており，その効果は放射線ホルミシスと呼ばれている。1日当り数μGyから数mGy程度の放射線照射を受けた細胞では，増殖が促進されることもわかっている。例えば，あらかじめリンパ球を低線量X線で処理しておくと，高線量放射線による染色体異常の形成率が減少するのである。

〔参考文献〕

Alberts B, Bray D, Hopkin K, Johnson A, Lewis J, Raff M, Roberts K, Walter P (2013) *Essential cell biology, the fourth edition.*（中村桂子・松原謙一監訳：2016 Essential 細胞生物学 第 4 版）南江堂，東京．

Alberts B, Johnson A, Lewis J, Morgan D, Raff M, Roberts K, Walter P（1989）*Molecular Biology of the Cell, the second edition.*（中村桂子・松原謙一監修：1991 細胞の分子生物学，第 2 版）教育社，東京．

Cole A, Meyn RE, Chen R, Corry PM, Hillelman W（1980）*Mechanisms of cell injury. In: Meyn RE, Withers HR (eds), Radiation Biology in Cancer Research*, pp 33–58. Raven Press Ltd: New York.

Gofman JW（1981）*Radiation and Human Health.*（伊藤昭好訳：1991 人間と放射線 医療用 X 線から原発まで）社会思想社，東京．

山口彦之（1995）放射線生物学．裳華房，東京．

吉井義一（1992）放射線生物学概論．北海道大学図書刊行会 第 3 版，北海道．

（吉村真由美）

---

5 用語

1．放射能

　エネルギーの高い状態にある原子核が，α線やβ線を出してほかの原子核に壊変する性質や能力のことである。放射能は，放射性物質（核種）である原子が1秒間にいくつ壊れるかで表現される。たとえば，ある核種が壊変し，1秒間の壊変数と同じ数のα線とγ線の両方を放出したとしても，放射能は壊変数で表される。したがって，単位は〔壊変する数/s〕となる。これをBq（ベクレル）を用いて表す。1秒間に1個壊変している場合，1Bqとなる。

　放射性物質（核種）の壊変のようすをみてみよう。放射性物質（核種）Aの数は，壊変によって，時間とともに指数関数的に減っていく。現在，(N_0)個の放射性物質（核種）があったとする。その数が半分になるまで，つまり(N_0)個が$(N_0/2)$個になるまでの時間を半減期という。半減期の2倍の時間が経つと，放射性物質（核種）の数はもとの数の半分の半分であるから，$(N_0/4)$個の放射性物質（核種）Aが残っていることになる。

　また，T時間にN個の放射性物質（核種）が壊れた場合，N/Tは1秒間に壊れた放射性物質（核種）の数になるので，その時の放射能はN/T〔Bq〕ということになる。

2．ベクレル（Bq）・グレイ（Gy）・シーベルト（Sv）

　放射能の強さ（量）を表すために，ベクレル（Bq）という単位が使われる。ある放射性物質（核種）の原子核が1秒間に1個の割合で壊変する場合，その放射能の強さは1ベクレルとなる。放射性物質（核種）が単位時間ごとに壊変する割合は一定なので，ベクレルを放射能の強さ（量）とみなすことができるのである。ベクレルは，ゲルマニウム半導体検出器やヨウ化ナトリウム（NaI）シンチレーション検出器などの装置を使って，遮蔽された容器の中に放射性物質（核種）をセットし，放出されるガンマ線を数えることで測定することができる。

　放射線の物理量を表すために，グレイ（Gy）という単位が用いられる。1kg

の物質が 1 J のエネルギーを吸収する時の放射線量が 1 Gy となる。しかし，放射線による生き物への影響は，同じ 1 Gy の照射であっても，放射線の種類やエネルギー，受ける側の組織の種類などによって異なってくる。

そこで，生き物が受けるダメージ（被ばく）の強さについては，シーベルト（Sv）という単位を用いる。シーベルトという単位は，人を被ばくから守るという放射線防護の観点から，健康への影響を評価するために考え出された単位である。被ばく

表5-1　代表的な放射線核種とその臓器親和性

核種		臓器
³H	トリチウム	全身
³²P	リン	骨・骨髄・増殖部位
⁴⁰K	カリウム	全身
⁴⁵Ca	カルシウム	骨
⁵⁵Fe	鉄	造血器・肝臓・脾臓
⁶⁰Co	コバルト	肝臓・脾臓
⁹⁰Sr	ストロンチウム	骨
¹²⁵I,¹³¹I	ヨウ素	甲状腺
¹³⁷Cs	セシウム	全身(筋肉)
²²²Rn	ラドン	肺
²²⁶Ra	ラジウム	骨
²³²Th	トリウム	骨・肝臓
²³⁸U	ウラン	骨・腎臓
²³⁹Pu	プルトニウム	骨・肝臓・肺
²⁴¹Am	アメリシウム	骨・肝臓

の強さは，放射性物質（核種）の種類や量・放射性物質（核種）からの距離・遮蔽物の有無だけでなく，被ばくする生き物の体の部位などによっても変わる（表5-1）。シーベルトが同じであれば，放射性物質（核種）の種類や被ばくの経路が異なっていても人の健康への影響は同じと考えることができる。

3．有効半減期

体内に取り込まれた物質は，体の代謝によって体外に排泄される。この排泄による半減期を生物学的半減期という。また，核種そのものの半減期を物理学的半減期という。体の中の放射能は，この 2 種の半減期が統合された状態で減少していくが，その半減期を，有効半減期という。同じ核種であっても，化合物の形によって生物学的半減期は異なるが，物理学的半減期は基本的に変わらない。有効半減期（Te）は物理学的半減期（Tp）と生物学的半減期（Tb）を使って，下の式で求めることが出来る。

$$1/Te = 1/Tp + 1/Tb$$

4. 身体的障害と遺伝的障害

　生き物のからだは，個体をつくるための細胞(体細胞)と子孫をつくるための細胞(生殖細胞)にわけられる。後者は生殖腺に存在し，精子や卵細胞およびそれらのもとになる幹細胞から構成されている。体細胞に放射線が照射された場合，影響がでるのはその個体である。これを身体的障害という。一方，生殖細胞に放射線が照射された場合，生殖細胞がのちに受精し子が産まれた時に，その子供に影響が出る。これを遺伝的障害という。その障害をもった子供が生殖可能であった場合，障害は世代を重ねて集団内に広がっていく危険性がある。

　遺伝的障害は，生殖細胞の突然変異が原因でおこる。損傷をうけた生殖細胞が受精した場合，発生の段階で死亡したり奇形が発生したりするのも遺伝的障害である。しかし，胎児期に被ばくした場合は，遺伝的障害ではなく胎児への身体的障害となる。放射線による不妊も身体的障害である。身体的障害は，体細胞の細胞死が原因となる組織や器官の障害と，体細胞の突然変異が原因となる発がんに分けることができる。また，障害は，急性障害と晩発障害に分けることができ，発がんは晩発障害に分類されている(表5-2)。

5. 急性障害と晩発障害

　被ばく直後から数十日以内に生じる障害を急性障害，数か月から数十年にわたる潜伏期を経たあとに生じる障害を晩発障害とよぶ。線量が高い場合は，神経系や筋肉系が関与するような急性障害がかなり早い時期にあらわれる。その一方で，線量が数 Gy から十数 Gy 程度の場合，組織や器官の幹細胞の分裂阻害という障害が生じるため，症状があらわれるまでに少し時間がかかるのである。

表 5-2　放射線障害の分類

身体的障害	急性障害	急性放射線症候群，不妊，骨髄炎	確定的影響
	晩発障害	放射線性白内障，胎児への影響，老化現象	
		悪性腫瘍	確率的影響
遺伝的障害		染色体異常	

6. 確定的影響と確率的影響

　被ばくによる影響には，大きく2つのパターンがある。直ちに体の組織がダメージを受け，機能に影響がでる確定的影響と，直ちに影響はないものの，後にガンなどになる確率が高まる確率的影響である。そして，確定的影響には，しきい値が存在する。しきい値とは，放射線による影響が出ない限界の線量のことである。放射線量がこの線量よりも多くなると，組織や器官における障害が線量依存的に増加することになる。確定的影響は，基本的には，放射線によって細胞の増殖が阻害されるのだが，神経・血管・筋肉細胞などの機能不全が原因となっていることもある。一方で，確率的影響にはしきい値が存在しない。がんの発生と遺伝的な影響だけが確率的影響と考えられている。つまり，身体的障害では，発がん以外すべてが確定的影響である（図5-1）。

　なぜ，がんの発生と遺伝的な影響だけが確率的影響とされているのか，その理由は，これらの影響には細胞の突然変異が関わっている，ということが分かっているからである。遺伝的な影響の場合は，1個の生殖細胞に1回の突然変異が起こるだけで，がんの発生の場合は，1個の体細胞に数回の突然変異が起こるだけで影響が生じるからである。放射線の線量が小さいと，発がんや遺伝的影響が起こる細胞数は減るかもしれないが，ゼロになることはないのである。

　一方，個々の細胞が死ぬ確率も確率的影響であるが，組織や器官の機能低下は相当数の細胞が死なないと起こらない。よって，個々の細胞の死自体は確率的であっても，組織や器官の機能は確定的なのである。線量がきまれば，死ぬ細胞の数は何千個や何万個と自動的に決まる。その結果，どのような症状がどの程度おこるかということも自動的に決まってしまうので，身体的障害では発がん以外すべてが確定的影響になるのである。

図5-1　確率的影響と確定的影響における線量と放射線影響の関係

7. 外部被ばくと内部被ばく

19世紀末の放射線の発見以来，放射線の有用性だけでなく放射線が人体に及ぼす悪影響も問題となってきた。その結果，放射線から人を守る「放射線防護」という考え方が確立した。生き物が放射線を浴びることを「被ばく」と呼ぶ。被ばくの経路は，体の外からと体の中からの大きく2つのパターンに分けることができる。体の外にある放射線源から放出された放射線による被ばくを「外部被ばく」，体の中に存在する放射線源から放出された放射線による被ばくを「内部被ばく」と言う。

外部被ばくの場合は，中性子線やγ線などの比較的透過力の大きな放射線が問題になる。内部被ばくの場合は，長飛程の放射線はもちろんであるが，α線やトリチウム（^{3}H）などの低エネルギー放射線やβ線などの短飛程の放射線も影響する。

内部被ばくを起こす主な核種は，自然界に存在する ^{40}K（カリウム）や ^{222}Rn（ラドン）などで，食べ物から入ってくる経口摂取や空気からの吸入摂取，皮膚からの経皮摂取によって，体の中に摂取される。体内に取り込まれた放射性物質（核種）は，その物理的・化学的性質に応じて，特定の組織や臓器に集積していく。

一旦体内に取り込まれて臓器に沈着してしまった場合，その放射性物質（核種）を排泄することはかなり困難である。しかし，トリチウム ^{3}H を含む水の場合は，利尿剤や水を大量に飲むことによって排泄を促進することができる。また，体内に入っても臓器に沈着する前であれば，ある程度，沈着を抑制することはできる。下剤を使うことにより消化管での吸収を下げることもその1つである。放射性ヨウ素の場合，安定ヨウ素剤（安定核種のヨウ化カリウム）を経口摂取することで，甲状腺への放射性ヨウ素の沈着を低下させることができる。

8. フルエンスとエネルギーフルエンス

ある球体に入ってくる放射線の数を球の大円の断面積で割った数のことをフルエンス，その球体に入ってくる放射線の全エネルギーを球の大円の断面積で割ったものをエネルギーフルエンスという。フルエンスおよびエネル

ギーフルエンスの単位は，それぞれ〔/m²〕および〔J/m²〕となる。また，1
秒間に通過する数とその総エネルギーは，それぞれフルエンス率とエネル
ギーフルエンス率といい，単位は，それぞれ〔/m²·s〕および〔J/m²·s〕となる。
これらは，その場所での放射線の強さを表しており，α線やβ線などの粒子
線が通過する場合に用いられる。

　X線やγ線の場合，物質への透過性が大きいので，薄い板を用いてフルエ
ンス等を測定することは難しい。そのため，X線やγ線の測定には，古くか
ら電離が用いられている。ただし，この場合はエネルギーフルエンスではな
く，照射線量を測定することになる。

9. 照射線量

　照射線量はX線やγ線の場合にだけ用いられる。X線やγ線は透過性が
大きいので，電離箱内を通過することができる。その通過の際に，電離箱内
の空気が光電効果やコンプトン散乱により電離するので，その電気量を測
ることによって，照射線量を測定することが可能になるのである。高エネ
ルギーのX線やγ線の光子が空気1 kgに吸収された時に，そのエネルギー
によって空気中で生じたイオン対の電荷量を照射線量という。X線やγ線が
1 kgの空気を電離し，1 C（クーロン）の電気量が生じた場合，照射線量は1
〔C/kg〕となる。透過性の小さいα線やβ線は，電離箱内に入りにくいため，
電離箱による測定には向いていない。

10. 飛程

　荷電粒子が物質に入射してからその運動エネルギーを失うまでに物質中を
移動したその直線距離のことを飛程という。一般的に，入射する粒子のエネ
ルギーが大きく，軽い物質の中を移動する場合ほど飛程は長くなる。電子以
外の荷電粒子はほぼ直進するため，粒子の種類・エネルギー・通過する物質
の種類が同じなら飛程はほぼ同じになる。電子の場合は飛跡が曲がってしま
うので，実用飛程という入射する電子数と物質の厚さとの関係から求めた数
値を飛程として用いる。β線の電子のようにエネルギーの連続スペクトルを
もつ場合にも，実用飛程を用いる。進行方向に沿って最も遠くまで届いた距

離を最大飛程という。進行方向と逆の方向に向かった場合は後方散乱という。

11. カーマ

　照射線量は，エネルギーフルエンスと異なり，放射線と空気の相互作用によって決まる。しかし，X線やγ線のエネルギーが0.07～2 MeVの間であれば，照射線量はエネルギーフルエンスとほぼ比例の関係にあるため，その範囲内であれば，照射線量はその場所のX線やγ線の線量を反映しているといえる。

　X線やγ線のエネルギーが2 MeV以上になると，2次電子の飛程が非常に長くなる。電子が発生した領域から多くのエネルギーが出ていくことになるため，照射線量とエネルギーフルエンスとの関係性もなくなってしまう。そのため，その場所の線量を知るためには，照射線量ではなく空気吸収線量や空気カーマを用いることになる。

　カーマは，X線，γ線，中性子線といった間接的に物質を電離・励起する非荷電粒子に適用され，非荷電粒子によって生じた2次荷電粒子の最初の運動エネルギーの合計のことを指す。1カーマは，1 kgの物質内で生じたすべての2次荷電粒子の最初の運動エネルギーの合計である。こう定義しておけば，物質との最初の相互作用に注目することになるので，2次荷電粒子の飛程が長くなっても問題はなくなる。単位は〔J/kg〕であり，グレイ〔Gy〕を用いることもある。吸収される物質が空気の場合に空気カーマとよぶ。1 C/kg = 33.97 Gy（空気カーマ）= 33.97 J/kg（空気カーマ）の関係がある。

12. 吸収線量

　エネルギーフルエンス，照射線量，カーマなどは，その場所での放射線の量を示している。一方，吸収線量は，放射線のエネルギーを実際に物質がどれくらい吸収したかを示す量である。そのため，吸収線量は物質への影響を考えるのに適している。もちろん，照射線量と異なり，励起によるエネルギー吸収も含まれる。また，荷電粒子であるα線やβ線にも使用が可能である。単位は〔J/kg = Gy〕である。カーマは，二次荷電粒子の運動エネルギーを用いるが，吸収線量は，二次荷電粒子が付与したエネルギーを用い

る。2次電子が生み出す制動X線による損失が無視できるとき，カーマと吸収線量は等しくなる。

　生き物の体から，骨と脂肪を取り出して，X線による2 MeV以下の同じ線量をそれぞれに照射すると，吸収されるエネルギー量は，脂肪組織よりも骨組織のほうが多くなるのである。つまり，同じ照射線量であっても，物質によって吸収線量は異なるのである。原子番号が大きな物質では光電効果がおこりやすく，X線の吸収量が増えるからである。ただ，これは低エネルギーのX線の場合であって，X線のエネルギーを2 MeV以上にすると，光電効果が少なくなり，どの組織であっても，吸収されるエネルギー量はほぼ同じになる。

　医療の分野では，診断用に低エネルギーのX線を用い，治療用に高エネルギーのX線を用いている。低エネルギーのX線を診断に用いることによって，骨や脂肪など，部位によるエネルギーの吸収の差を造影することができる。治療用にのみ高エネルギーのX線を用いることによって，骨などの裏側にあるがん組織への線量を減らさずに，皮膚への過剰な被ばくを避けることができるのである。

13. 線エネルギー付与（LET：linear energy transfer）

　放射線が持つエネルギーのうち，物質に与えた量を移動した距離で割って算出される。つまり，LETは荷電粒子の通過した飛跡にそって物質に与えたエネルギー量を表している。単位は，荷電粒子が1 μm進んだときに平均何keVのエネルギーを物質に与えたかということを示す〔keV/μm〕がよく使われる。例えば，α線やβ線などの荷電粒子からなる放射線が物質に入ると，物質中の電子や原子核と衝突することになり，物質を励起・電離しながら，自身が持つエネルギーを徐々に失い，やがて止まる。止まるまでにその物質に与えたエネルギーの量のことをLETという。

　α線（重粒子線）は，移動して止まるまでの間に周りの物質を電離していくが，その電離の割合は常に一定ではない。止まる直前に，つまり速さが遅くなる時に多くの電離をおこしている。一方，電子線やβ線では，電離を起こす度合いが移動速度によって変わることはほぼない。X線やγ線の場合は，

相互作用の末に 2 次電子にエネルギーが与えられるため，X 線や γ 線の LET は，電子線や β 線の LET とほぼ同じになる。

　放射線と物質との関係性を考える場合，放射線の透過性だけでなく，LET の概念も考慮に入れることが重要である。放射線に荷電があるかないかでその透過性が異なるだけでなく，荷電粒子の場合，その重さや大きさによっても進み方が大きく異なるからである。β 線，電子線，X 線，γ 線の LET は小さいため，低 LET 放射線とよばれている。一方，α 線や重粒子線の LET は大きいため，高 LET 放射線とよばれる。陽子線はその中間である。ただ，がん治療に用いられる陽子線は，低 LET 放射線に分類されている。

14. 阻止能

　荷電粒子は，物質の内部を通過する際の電離によってエネルギーを失っていくが，そのエネルギーの損失を進行方向の単位長さあたりで表したものを阻止能という。この阻止能というものは放射線の立場に立った言葉になるので，物質の立場からみると，LET（エネルギーをどれだけ獲得したか）という言葉になる。阻止能には，励起や電離による衝突阻止能と，制動放射による放射阻止能があるが，放射阻止能は小さいため，多くの場合，衝突阻止能の値が LET の値と同じになる。陽子や α 粒子などの重い荷電粒子の場合，阻止能は物質を構成する原子の原子番号と単位体積当りの原子の個数に比例する。

15. RBE（relative biological effectiveness）

　放射線に被ばくした場合，同じ吸収線量であっても，放射線の種類やエネルギーの違いによって，生物に及ぼす影響にも量的な違いが生じる。この生き物に及ぼす影響の強さが，放射線の種類によって異なることを表すため，指標として RBE（生物学的効果比）を用いる。基準となる放射線に比べて，ある放射線の生き物に与える影響が何倍になるかを示すため，ある放射線の線量を基準放射線の線量で割った値を用いる。基準放射線には通常 250 kV の X 線あるいは γ 線が使われている。RBE の値は，X 線や γ 線の場合は 1 前後，陽子線や α 線は 10 前後となるが，同じ種類の放射線であっても，照

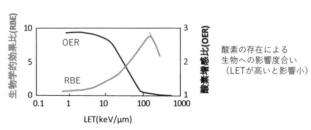

X線と比べた生物に
与える影響度合い
（LETが高いと影響大）

酸素の存在による
生物への影響度合い
（LETが高いと影響小）

図5-2 LETと生物学的効果比，LETと酸素増感比

射される生き物の器官や組織，細胞分裂のステージ，LET などがどの様に
関与しているかによって影響度合いが変わる（図5-2）。

16. 等価線量

　生き物への影響を考えるうえでは，組織や器官にどれだけの放射線のエネ
ルギーが吸収されたかが重要なため，放射線防護において用いる線量は吸収
線量である。しかし，同じ吸収線量であっても，LET が異なると RBE も違っ
てくる。よって，LET の大小にかかわらず，生き物への影響を統一的に扱
うための指標が必要になる。その指標として等価線量が使われる。

　また，放射線の種類やエネルギーによっても影響度合いが異なっているた
め，重みづけのために，放射線加重係数（ωR）が定められている（表5-3）。等
価線量は，臓器や組織あたりの吸収線量と放射線加重係数（ωR）との積
（＝ωR ×吸収線量）で定義される。発症にしきい値がある白内障や皮膚障害
に対する確定的影響を評価するためにも，この等価線量が用いられる。

　X線やγ線，電子線の ωR は1なので，たとえば X線をあびても等価線量
は吸収線量と同じになる。しかし，中性子線の ωR は5〜20なので，中性子
線をあびた場合の等価線量は吸収線
量の5〜20倍となる。なお，等価線
量の単位は，吸収線量〔J/kg ＝ Gy〕
とは異なり〔Sv, J/kgと同義〕を用
いる。また，複数の放射線を被ばく
したときは，それぞれの等価線量を
合計する。

表5-3　放射線の加重係数（WR）

放射線の種類	加重係数
X線，γ線，β線，電子線	1
陽子線	2
中性子線	5〜20
α線	20

　ここでいう組織や器官における吸収線量には，その組織や器官の平均の線量を用いている。たとえば，ある組織や器官に平均 1 Gy の吸収線量があたった場合と，その組織や器官の半分に 2 Gy の線量があたり，半分には放射線があたらなかった場合の吸収線量は同じとなる。低線量域においては，放射線による影響がでる確率は，線量に比例すると仮定しているからである。

17. 組織加重係数

　等価線量は，確率的影響を予測するためにも役立つ。しかし，組織や器官が異なると，同じ等価線量を照射されても影響の出方は違ってくる。

　たとえば，全身に 1 Sv の等価線量を受けた場合，放射線による確率的影響は全身に発生する可能性があるが，肺にだけ 1 Sv の等価線量を受けた場合，肺以外からは発生しない。しかし，吸収線量や等価線量は質量あたりで決まっているため，全身に照射された場合でも，ある器官だけに照射された場合でも，線量としては同じになってしまうのである。この問題を解決するために，組織加重係数が導入された。

　組織加重係数とは，ある線量の放射線が全身に照射されたときに，全身のどこかで確率的影響が発生する率に対して，ある器官に同じ線量の放射線が照射された場合の，その器官での確率的影響の発生率が，どの程度なのかを表している。Rt を器官(t)が 1 Sv を被ばくした場合の発生率，R を全身が 1 Sv の被ばくをした場合の全身における発生率とすると，

　組織加重係数 W は，

　　$W = Rt/R$

となる。組織加重係数は，体の各部位それぞれで決まっている（表 5-4）。

18. 実効線量

　臓器や組織の相対的な放射線感受性を表す組織加重係数を使って，臓器や組織ごとの等価線量に重み付けをしたものを実効線量という。遺伝的影響や発がんなどのような，閾値を持たない確率的影響を評価するためにも用いられる。

　臓器や組織(t)の等価線量を Ht とし，その臓器や組織の組織加重係数を

表 5-4　組織・器官の組織加重係数

組織・器官	組織加重係数	
	ICRP Pub60, 1990	ICRP Pub103, 2007
生殖腺	0.2	0.08
骨髄	0.12	0.12
結腸	0.12	0.12
肺	0.12	0.12
胃	0.12	0.12
膀胱	0.05	0.04
乳房	0.05	0.12
肝臓	0.05	0.04
食道	0.05	0.04
甲状腺	0.05	0.04
皮膚	0.01	0.01
骨表面	0.01	0.01
唾液腺	-	0.01
脳	-	0.01
残りの組織・器官	0.05	0.12
合計	1	1

Wt とすると，実効線量 He は

$$He = \Sigma (Wt \times Ht)$$

と表すことが出来る。

　実効線量の単位も等価線量と同じく〔Sv〕を用いる。個々の組織が被ばくした線量を全部加えれば，全身にその線量を被ばくしたのと同じになるため，組織加重係数を全部加えると 1 となる。

19.　GM 管（ガイガーミュラー計数管）

　円筒の中に電極を張り，不活性気体と少量のガスを入れただけの簡単な構造の放射線測定器である。電極に電圧をかけ，放射線が筒中を通過すると，不活性ガスの電離により，陰極と陽極の間にパルス電流が流れる。パルス電

流が流れる回数を放射線が照射された回数と考える。この通電回数(＝放射線の回数)をカウントするのが GM 管である(カウント / 分)。イオン対の数を測定しているので，単位時間当たりの放射線量，μSv/h を直接測定していることになる。ただ，電気回路からのノイズが入りやすいため，電圧を高くする必要がある。電極にかける電圧を上げると，入射した放射線によって発生した一次イオン対が加速し，気体分子に衝突して，2 次イオン電子が発生するため，放射線の持つエネルギー量を測定することはできても，核種を同定することはできない。GM 管は β 線と γ 線の測定に用いられる。GM 管の特徴は，高い放射線計測効率にあり，β 線に対しては 100 % 近い。しかし，γ 線に対しては 1〜10 % 程度である。

20. Ge 検出器(ゲルマニウム半導体検出器)

　Ge 半導体に入射した放射線(γ 線)は，荷電粒子を作り出す。この荷電粒子の飛程にそって電離が生じるが，その電離を利用して，放射線の存在を検出するのが Ge 半導体検出器である。電気が流れていない状態で半導体に電圧をかけることによって，半導体内に生じた電離を検出するという方法である。電離箱と同じ原理であるが，固体は気体より密度が高いので，計数効率が良い。また，気体ではイオン対生成に 30 eV が必要だが，半導体ではその 1/10 で電離が起こる。これにより，γ 線のエネルギースペクトルを高解像度で検出できるようになるので，その放射線エネルギーから核種を特定することも可能になる。マイナス 196 度に冷却して熱励起によるノイズを抑えることで，放射線のエネルギーを効率よく検出することが出来るからである。低レベルの放射能の測定には必須である。

21. シンチレーション検出器

　ある物質に放射線が入射すると物質内の電子が励起状態となり，これが元の状態(基底状態)に戻るときにその余分なエネルギーを光(蛍光)として放出する。この蛍光を発する現象をシンチレーションという。たとえば，ヨウ化ナトリウム(NaI)のような蛍光物質に放射線が照射されると，軌道電子が外側のエネルギーの高い軌道に遷移して励起状態になる。この励起状態から安

定な状態に戻る際に蛍光が放出される。この蛍光を利用した検出器をシンチレーション検出器という。蛍光は微弱なので，光電子増倍管により，蛍光を電子に変換し，電流として放射線量を測定している。発光する量は放射線のエネルギーによって異なるため，エネルギースペクトルを解析して核種を特定することは可能だが，ピークの幅が Ge 検出器に比べて広いため（分解能が悪い），判別が難しいこともある。

〔参考文献〕

Gofman JW（1981）*Radiation and Human Health*（伊藤昭好訳：1991 人間と放射線 医療用 X 線から原発まで）．社会思想社，東京．

ICRP（2007） *The 2007 Recommendations of the international commission on radiological protection*. ICRP Publication 103, Annals of the ICRP, 37.

ICRP（1991） *1990 Recommendations of the international commission on radiological protection*. ICRP Publication 60, Annals of the ICRP, 21（1-3）.

大槻義彦(1984)物理学 2. 学術図書出版社，東京．

山口彦之(1995)放射線生物学. 裳華房，東京．

吉井義一(1992)放射線生物学概論. 北海道大学図書刊行会 第 3 版, 北海道.

（吉村真由美）

Ⅱ．原発事故と被ばく

---

6 福島第一原子力発電所で何が起こったか

1. 地震から放射性セシウムの放出まで

　2011 年 3 月 11 日の大地震（東北地方太平洋沖地震）が引き起こした巨大な津波によって，福島第一原子力発電所が電源を喪失し，原子炉の冷却機能を稼働できなくなった。その結果，福島第一原子力発電所から多くの放射性物質が放出されたのだった。

　事故当時，福島第一原子力発電所には，発電プラントが 6 機あったが，そのうちの 4-6 号機は燃料交換と保守のために停止していた。稼働していた 1-3 号機は，地震の発生と同時に，地震の揺れを検知して自動停止した。この時点で，電気が来なくなっていたが，事故後すぐに非常用電源が作動したため，1-3 号機の原子炉の冷却が可能になった。ここまでは，問題なく災害に対応できていた。その後 1 時間ほど経った時，津波が福島第一原子力発電所を襲った。原子炉建屋やタービン建屋が浸水し，非常用発電機とつながっていた配電盤も損傷し，全交流電源を喪失することになった。また，1，2，4 号機への直流電源も失われた。その結果，1 号機と 2 号機の水温と水位の監視，保守のために燃料が移されていた 4 号機の燃料プールの水温と水位の監視が出来なくなった。3 号機においては，直流電源が生きていたため，運転員が直流電源で制御監視しながら，手動で原子炉隔離時冷却系の再起動を行った。

　原子炉を注水冷却するため，低圧で注水が可能な移動式消防車などによる 1 号機と 2 号機への注水の準備が始まった。しかし，非常用復水器の隔離弁が閉じたまま加熱されていた 1 号機では，すでに原子炉内の圧力が注水可能な圧力を超えていたために，注水が困難であることが分かった。そして，政府はこの日のうちに原子力緊急事態を宣言した。福島県知事は発電所から半径 2 km の住民に避難命令を出した。その後，2 号機における原子炉隔離時冷却系の未作動が疑われたため（実際には稼働していた），政府は半径 3 km 以内の住民の避難と 3-10 km 以内の住民に屋内退避を命令した。

　12 日になると，各格納容器内の圧力の測定が可能になったが，その圧力

が設計値を超えていることが分かった。その数時間後，1号機の圧力の低下が見られ，発電所の正門近くでは，放射線レベルが通常の10倍近くに上昇し，放射線のリークが疑われた。そのため，政府は避難範囲を半径10 kmに拡大した。1号機のベントの準備も進められ，住民の避難完了後にベントが行われ，格納容器内の圧力は低下した。そして，施設周辺で高い放射線量が記録された。

　その後，電源車両がほかの地域から多数到着し，電源と1号機との接続が完了した。防火水槽内の水は既に枯渇していたため，海水から直接取水する準備が整えられた。しかし，注水の作動を開始する直前に，水素爆発が起こった。1号機の炉心から放出された水素が，原子炉建屋内で爆発したのだ。この爆発から3時間後，政府は避難区域を半径20 kmに拡大した。

　3号機では，手動での再起動により運転していた原子炉隔離時冷却系が停止した。その後，非常用炉心冷却のための高圧炉心注入系が自動起動したが，原子炉の圧力が下がっていたため，消火ポンプを使用できると判断し，意図的に停止させた。すると，炉内の圧力が急速に上がり，消火ポンプを使用できなくなった。停止させた高速炉心注入系を再度起動させようとしたがうまくいかず，消防車による注水で冷却を行った。しかし，13日には格納

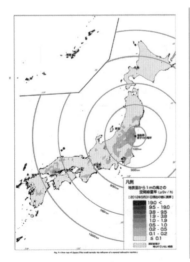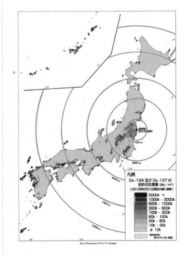

図6-1　2012.5.31時点における空間線量率と放射性セシウムの沈着量（JAEA, 2012）

容器の圧力は設計限度値を超え，建屋の入り口付近では放射性ガスの漏出が確認された。そして，翌14日に建屋上部で水素爆発が起こった。この爆発によって，2号機の格納容器ベント機能が喪失した。

　2号機では，格納容器ベント機能が喪失したあと，原子炉隔離時冷却系も故障して，水位の低下と圧力の上昇がみられた。圧力の上昇が続き，15日に施設内で爆発が起き，格納容器が損傷した。正門近くでは12 mSv/hという高い放射線量が記録された。福島第一原子力発電所事故で放出された放射性物質のほとんどは，この2号機からのものである（図6-1）。

2. 放射性物質の放出量とその後の動き

　放射性物質の放出は，2号機を中心に複数の原子炉容器で生じている。また，放射性物質の放出と沈着は，主に3月12日から21日にかけて発生したと考えられている。放出された放射性物質は，主にキセノン133，ヨウ素131，セシウム134，セシウム137であった。それぞれの放出量は，それぞれ11,000 PBq，160 PBq，18 PBq，15 PBq（P=ペタ =10^{15}）と推定されているが，正確な放出量は未だに決定されていない。

　ウラン235の核分裂は，大きい核種（セシウム137やヨウ素131など）と小さい核種（ストロンチウム90など）の2つに分裂することが多い。チェルノブイリ事故ではストロンチウム90が大量に放出されたが，福島第一原子力発電所事故では放射性セシウムの1/1,000程度しか放出されていない。これは，福島第一原子力発電所事故が起こった時（放射性物質が放出された時），核反応の停止から11時間以上が経過していたため，炉内の温度がかなり低下しており，ストロンチウム90（沸点が1,382度）が揮発することなく炉内にとどまったためである。よって，環境中に放出された放射性物質は，沸点の比較的低いヨウ素131，セシウム134，セシウム137などに限られたのである（表6-1）。

　セシウム134とセシウム137は，沸点が671℃であるため，核燃料が溶融した状態では気体である。しかし，温度が下がり融点の28℃以下になると粒子状になる。そのため，大気中では，その多くが微小な粒子状となっている。事故によって放出された放射性セシウムは，この微小な粒子が風

表6-1　放射性物質の沸点・融点

	沸点（℃）	融点（℃）
水（参考）	100	0
ヨウ素(I) 131	184	114
セシウム(Cs) 134	671	28
セシウム(Cs) 137	671	28
ストロンチウム(Sr) 90	1382	769
プルトニウム(Pu) 238	3235	640

に乗って拡散していったと考えられている。福島第一原子力発電所事故の場合，放射性プルトニウム（^{238}Pu, ^{239}Pu, ^{240}Pu）や放射性ストロンチウム（^{90}Sr）などの放出量はきわめて少なかったため，これらは大きな問題にはなっていない。また，キセノン 133 はセシウム 134 やセシウム 137 よりもはるかに多くの量が放出されたが，半減期が 5 日と非常に短く，不活性な気体であるため，人体や環境への影響は小さいと考えられている。

　福島第一原子力発電所事故で大量に放出されたセシウム 137 の物理学的半減期（放射性物質が壊変し存在量が半分になるまでの期間）は，約 30 年である。分かりやすく言うと，例えば 30,000 個の原子が一定の割合で壊変し，半分の 15,000 個になるまでの期間が約 30 年ということである。その半分の 7,500 個になるまでには，さらに 30 年かかることになる。事故が発生した時，セシウム 134 とセシウム 137 は，およそ 1：1 の割合で放出されたと考えられている。しかし，事故後 6 年が経過すると，セシウム 134 は最初の量の 8 分の 1 以下に減少し，セシウム 134 は，ほとんど影響のない量にまで減少している。セシウム 137 と同じように福島原発事故で放出されたセシウム 134 であるが，物理学的半減期が約 2 年と短いので，セシウム 137 の原子の個数が半分になる 30 年が経った頃には，30,000 個の原子が 1 個以下に減っているのである。そのため，事故から数年後は，半減期の長いセシウム 137 による汚染に問題が集中することとなった。また，ヨウ素 131 はセシウム 137 やセシウム 134 の放出量の 10 倍程度の量が放出されたが，ヨウ素 131 の物理学的半減期は 8 日であるため，事故から 1 か月たつと，放出量の 6 ％程度にまで減少しており，半年も過ぎると放出量の 10 万分の 1 ％程度まで減ってしまう。そのころになると，ヨウ素 131 の濃度を測定しても，ほとんど検出できなくなっており，生き物への影響もほとんどなくなっている。

　放出された放射性物質は，大気の流れに従って大気中を漂いながら移動していった。放出された放射性物質の多く（セシウム 137 の場合約 80 ％）は，

海上へと流れていった(図6-2)。きわめて微量だが, それらの一部が欧州や北米へも流れた。また, 東日本を中心に陸地も広く汚染された。特に汚染が酷かったのは, 福島第一原発から北西方向に帯状に延びた地域であり, 主に3月15日の午後の風と雨によって汚染されたと考えられている(図6-3)。

陸地の汚染は, 大気中から地表に放射性物質が落ち, 地表の何かに付着す

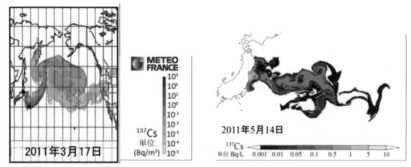

図6-2 セシウム137 (¹³⁷Cs)の大気拡散の地球規模モデル(左)と水中のセシウム137の放射能濃度変動を推定するために用いられた海洋モデル(右) (IRSN, 2011; IAEA, 2015)

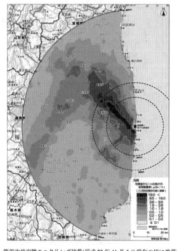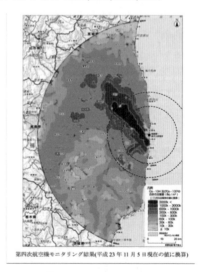

図6-3 第4次航空機モニタリング結果による空間線量率(左)と放射線セシウム濃度(右)。2011.11.5 時点に換算(JAEA, 2012：図6-1 の拡大)

ること(沈着)によって始まる。沈着量が多いということは，放射性物質によって強く汚染されているということを意味している。沈着の過程は，大きく次の二つに分けることができる。雨などの降水に伴って放射性物質が樹木の葉や地表にもたらされる湿性沈着と，大気中を漂っている微粒子としての放射性物質が樹木の葉や地表などに付着する乾性沈着である。福島第一原発から北西方向に帯状に延びた沈着量の多かった地域では，湿性沈着によって多くの沈着が引き起こされたと考えられる。

　広範囲にわたる汚染地域を把握するために，航空機を用いた広域調査が行われた。この航空機モニタリングでは，地上からのγ線を空中で計測し，その値を地上での観測値を用いて補正し，空間線量率などの汚染度マップを作成している。その結果，汚染の空間分布が明らかになった。原発から10～80 km 圏内の地域においても，空間線量率が 0.1 μSv/h 前後と低汚染地域があるのに対し，原発から北西方向では 50 μSv/h を超える高汚染地域が存在することが分かった。また，事故直後の放射性セシウムの沈着量に注目すると，10 kBq/m^2($k = 10^3$)を下回るところがあった一方で，10 MBq/m^2($M = 10^6$)を超える地点の存在も明らかとなった。航空機モニタリングは，汚染の空間的な広がりを可視化できただけでなく，調査地点の大まかな汚染度の指標としても広く活用された(図6-4)。

　環境中に放出された放射性物質は，さまざまな経路を経て生き物の被ばくを引き起こす。事故直後のプルーム通過時の被ばくを避けることは，時間的にも不可能に近いが，放射性物質が沈着した後の環境からの被ばくを避けることは可能である。そのためには，土壌

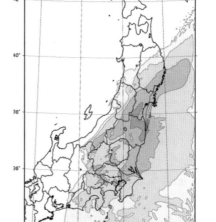

図 6-4　WSPEEDI による東日本におけるセシウム 137 の大気降下量の試算(JAEA, 2011)

などの周辺環境に含まれる放射性物質からの外部被ばくと，放射性物質に汚染された食品や飲料水の摂取による内部被ばくに注意する必要がある。放射性物質を含んだ粉塵を吸うことによる内部被ばくにも注意する必要があるが，上の二つの被ばくに比べると，影響は小さい。

3. 放射性物質の食品への影響

　環境中に放射性物質が放出されたことから，3月17日，政府は食品衛生法に基づき放射線量の規制値を超えた食品の出荷制限や摂取制限を指示することになった。国際放射線防護委員会 ICRP は，放射性物質の放出などの緊急事態が起こった際に，介入すべき値をあらかじめ決めている。その値は，実効線量で 5 mSv/ 年である。日本原子力安全委員会は，この介入すべき実効線量以下になる暫定規制値を計算している。この暫定規制値は，おおむね飲み物に関しては 200 Bq/kg，食べ物に関しては 500 Bq/kg となっている。これにより，多くの野菜や魚介類が出荷制限・摂取制限されることとなった。事故直後には，多くの農産物から高い放射線量が検出され，出荷制限等が行われたが，数か月経つと放射線量は検出されにくくなり，出荷制限や摂取制限が徐々に解除されていった。しかし，その年の 7 月に，南相馬市から出荷された牛から，放射性セシウムの値が 2,300 Bq/kg という高い値が検出された。これは，放射性セシウムに汚染された麦わら（約 7,5000 Bq/kg）を，牛の飼料として与えていたために生じていた。汚染された麦わらを食べて出荷された牛は，すでに 500 頭を超えていた。

　事故から約一年後に新しい基準値が設けられ，4 月 1 日に施行された。これは，ICRP の考え方にある，緊急被ばく状況から現存被ばく状況に汚染の状況が移行した，と解釈できる状況になったためである。この新基準値では 1 mSv/ 年を採用したため，暫定基準値よりもかなり低く，飲料水では 10 Bq/kg，牛乳では 50 Bq/kg，一般食品では 100 Bq/kg となった。しかし，時間の経過とともに食品の放射能はかなり下がっており，この時点で新規制値をこえる農作物や果樹はほぼなかった。しかし，海産物については，ヒラメやカレイなどの底生魚を中心に規制値を超えるものが存在したため，これらの出荷制限が解除されたのは 2016 年 9 月になってからであった。

4. チェルノブイリでの事故との放出量の比較

福島第一原子力発電所の事故は，1986年に起きたチェルノブイリ原発事故としばしば比較される。国際機関の尺度によれば，いずれもレベル7の深刻な事故となっているが，放射性物質の放出量でみれば，福島原発事故での放射性ヨウ素と放射性セシウムの放出量はチェルノブイリ事故の数分の1以下，放射性ストロンチウムや放射性プルトニウムは100分の1から数千分の1とかなり少なかった（表6-2）。また，チェルノブイリ原発事故では，欧州を広く汚染したが，福島原発事故により汚染された面積は，それよりもかなり狭い範囲であった（表6-3）。

表6-2 主な核種の環境への放出量

核種	半減期	環境への放出量（PBq）	
		チェルノブイリ原子力発電所	東京電力福島第一原子力発電所
キセノン(Xe) 133	5日	6,500	11,000
ヨウ素(I) 131	8日	〜1,760	160
セシウム(Cs) 134	2年	〜47	18
セシウム(Cs) 137	30年	〜85	15
ストロンチウム(Sr) 90	29年	〜10	0.14
プルトニウム(Pu) 238	88年	1.5×10^{-2}	1.9×10^{-5}
プルトニウム(Pu) 239	24100年	1.3×10^{-2}	3.2×10^{-6}
プルトニウム(Pu) 240	6540年	1.8×10^{-2}	3.2×10^{-6}

（UNSCEAR, 2008）

表6-3 主な核種の環境への放出量

汚染濃度 （KBq/m^2）	汚染地域の面積(km^2)	
	チェルノブイリ原子力発電所事故	東京電力福島第一原子力発電所事故
>1,480	3,100	200
555-1,480	7,200	400
185-555	18,900	1,400
37-185	116,900	6,900
合計面積	146,100	8,900

（METI, 2013）

〔参考文献〕
原子力災害対策本部(2011)原子力安全に関する IAEA 閣僚会議に対する日本国政府の報告書—東京電力福島原子力発電所の事故について—, 331pp. https://www.kantei.go.jp/jp/topics/2011/pdf/houkokusyo_full.pdf

IAEA(2015) *The Fukushima Daiichi accident* -Vienna: International Atomic Energy Agency. Reported by the Director General. IAEA Library Cataloguing in Publication Data. Printed by the IAEA in Austria. https://www-pub.iaea.org/mtcd/publications/pdf/pub1710-reportbythedg-web.pdf

Institut de Radioprotection et de Sûreté Nucléaire(IRSN) (2011) *Accident de la centrale de Fukushima Daiichi*: Modélisation de la dispersion des rejets radioactifs dans l'atmosphère à l'échelle mondiale. http://www.irsn.fr/FR/popup/Pages/irsn-meteo-france_30mars.aspx

JAEA(日本原子力研究開発機構) (2011)広域大気拡散解析：東日本における Cs-137 の広域拡散と大気降下量(2D- 動画). WSPEEDI による中部・関東・東北地方での I-131 及び Cs-137 の大気降下の試算結果、東京電力福島第一原子力発電所事故により環境中に放出された放射性物質の拡散シミュレーションの動画. https://nsec.jaea.go.jp/ers/environment/envs/fukushima/animation2.htm

JAEA(日本原子力研究開発機構) (2012)都道府県別の航空機モニタリングの空間線量率の測定結果(H24.5.31 換算) (全域). 放射性物質の分布状況等調査による航空機モニタリング. https://emdb.jaea.go.jp/emdb_old/portals/b1010301/

JAEA(日本原子力研究開発機構) (2012)都道府県別の航空機モニタリングの放射性セシウムの沈着量の測定結果(H24.5.31 換算) (全域). 放射性物質の分布状況等調査による航空機モニタリング. https://emdb.jaea.go.jp/emdb_old/portals/b1020201/

METI(経済産業省) (2013)原子力被災者生活支援チームからのお知らせ〈平成 23, 24 年度〉—原子力被災者支援— / 年間 20 ミリシーベルトの基準について(PDF:1,902KB, 平成 25 年 3 月 14 日). https://www.meti.go.jp/earthquake/nuclear/oshirase_archives_h24.html

MEXT(文部科学省) (2011)文部科学省による第 4 次航空機モニタリングの測定結果について. 放射線モニタリング情報 in 原子力規制委員会. https://radioactivity.nsr.go.jp/ja/contents/5000/4901/24/1910_1216.pdf

長倉三郎・井口洋夫・江沢洋・岩村秀・佐藤文隆・久保亮五(1998)岩波理化学辞典 第 5 版. 岩波書店, 東京.

UNSCEAR(2013) *Sources, effects and risks of ionizing radiation*. Volume I: Scientific Annex A. United Nations Scientific Committee on the Effects of Atomic

Radiation（UNSCEAR），2013 Report to the General Assembly with Scientific Annexes. United Nations sales publication No. E.14.IX.1. United Nations, New York.

UNSCEAR（2008）*Sources and Effects of Ionizing Radiation*. Volume II: Scientific Annexes C, D and E. United Nations Scientific Committee on the Effects of Atomic Radiation（UNSCEAR）2008 Report to the General Assembly with Scientific Annexes. United Nations sales publication No. E.11.IX.3. United Nations, New York.

（吉村真由美）

⑦ 福島第一原発事故による汚染が陸生昆虫類に与えた影響

1. 原発事故の影響と照射実験

　2011 年 3 月中旬に福島第一原発から放出された放射性物質は野生生物にどのような影響を与えたのだろうか。研究者，一般市民を問わず，この問題に多くの関心が集まった。実際に多くの研究者が高度に汚染された地域に入り，調査を行った。ただし，その調査結果はごく一部だけが公表されており，多くの結果は，興味深いデータであっても未発表のままである。中には，影響が全く検出されなかった事例も多かったのであろう。しかし，ネガティブなデータを含めて，さまざまな事例を集積し，後世に残すべきであった。原発事故のような環境激変事故の際には，何よりも最初の状況を明らかにすることが重要である。今回もそうであったが，影響は事故の直後に集中し，その後速やかに失われてしまうことがある。しかしながら，すぐに福島に出向いて調査ができる研究者は限られていたであろうし，必ずしも所属する機関から推奨されたわけでもなかったであろう。今回紹介するのは，公表されたわずかな事例にすぎないが，潜在的に多くの生物が影響を受けた可能性がある。

　放射線の影響を野外で継続的に調査してきたのは，琉球大学理学部の大瀧研究室であり，この研究室が提供したデータは唯一無二のものである。しかし，大瀧グループの成果に対して，正当な評価が得られているとは言い難い状況が続いている。本小文では，多くの事例を紹介させていただくが，その多くは大瀧グループの成果に負うところが大きい。

　一方で，放射線が生物に与える研究に関しては多数の研究の蓄積があり，放射線生物学として確固とした地位を築いている。放射線生物学の常識からすれば，今回程度の放射能汚染では，生物に何も異常は生じないだろうと考えられていた。昆虫に影響が及ぶ γ 線の線量は，一般には数 10 Gy から数 100 Gy が必要である（ちなみに，ヒトでの致死線量は数 Gy と言われている）（Koval, 1983）。これほど強い線量は，事故直後でもなかなか起こり得ない。ところが，実際の野外調査では，はるかに低い線量下で，昆虫の形態異常が

報告され，放射線生物学の知見とは矛盾する事態が生じた。この矛盾は現在でも完全には解消できていないが，本小文では野外研究と照射実験との矛盾を，僅かであっても解消することを試みたい。

2. 野外調査

(1) ヤマトシジミ

　檜山らは，福島第一原発事故以降，鱗翅目のヤマトシジミ *Zizeeria maha* に高い割合で形態異常を観察した。その報告(Hiyama *et al.*, 2012)は国の内外で大きな話題を呼んだ。この論文は，福島第一原発事故が生物に与えた影響を明らかにした初めての本格的な報告である。この論文では，野外採集サンプルの解析，飼育実験に基づく次世代への遺伝影響，外部・内部被ばく実験等の結果を総合して，放射線の生物影響を強く示唆した。原発事故(2011 年 3 月中旬)から 2 ヶ月後の 5 月に行われた野外調査では，福島県と茨城県の 7 地域(福島，本宮，広野，磐城，高萩，水戸，つくば)を合わせて，1 化目の成虫のうち 12.4 ％(n = 144)に異常を見出した。さらに，2011 年 9 月の野外調査では異常率は 28.1 ％(同地域，n = 192)へと増加した。著者らが見出した成虫の形態異常は，伸長しない翅，翅の斑紋の変化，付属肢の欠損，複眼のくぼみ等である。ヤマトシジミは幼虫で越冬するため，事故が起こった時点ではほぼ 3 齢幼虫で越冬中であり，5 齢に至るまで多量の放射性物質を摂食したと想定される(Taira *et al.*, 2015)。したがって 5 月に採集された 1 化目のチョウは，2 ヶ月間，内部および外部から強い放射線に被ばくした。一方，9 月に採集されたチョウは，汚染地域で何世代かを繰り返し(約 5 世代目)，汚染されたカタバミ *Oxalis corniculata* を食べて成長した個体である。

　特に目を見張らされるのが，汚染地域から採集されたメスが生んだ子孫に見られる成長異常である。5 月に得られたチョウの F1 世代(子孫第 1 世代)では 18.3 ％に，F2 世代(子孫第 2 世代)では 33.5 ％に異常が生じたという。さらに，9 月に得られたチョウの F1 では 60.2 ％に異常が生じたと報告されている。これらの子孫幼虫には，汚染地のカタバミではなく，沖縄のカタバミが餌として与えられた。異常が生じただけでなく，F1 子孫には，成長の遅れが観察され，上記 7 地域に白石を加えた地域の F1 は，母蝶の採集地が

　福島第一原発に近いほど，羽化日が遅れる傾向が見出された。子孫幼虫は放射線の直接的な影響を受けていないため，著者らは，子孫のこうした形態異常や発育遅延は放射線の遺伝影響によるものと解釈した。

　加えて，著者らは，沖縄産のヤマトシジミの幼虫や蛹にセシウム137からのガンマ線を照射し，その影響を調べた。55 mGyと125 mGyを照射された場合，対照区に対してどちらの線量区でも死亡率が有意に増加した。これまでの照射実験に比べて，千分の1レベルの線量で異常が生じたことになる。また，沖縄のヤマトシジミの幼虫に汚染地域各地のカタバミの葉を餌として与えたところ，対照区の山口県宇部市のカタバミに比べて，死亡率が有意に増加した。

　続報の中で，檜山らは，福島第一原発事故後，福島県と茨城県の7箇所（福島，本宮，広野，磐城，高萩，水戸，つくば）でヤマトシジミに生じた形態異常を3年間にわたって，毎年春と秋に野外調査した結果を報告した（Hiyama *et al*., 2015）。事故後，高線量地域においては，成虫に生じた異常の割合は，事故直後の2011年春（1世代目）よりもその秋に（約5世代目）高い値を示し，翌年の春から秋にかけて徐々に減少するパターンを示した。例えば，福島市では，2011年秋に採集された成虫の異常率が40％弱に達した。一方，放射性物質による汚染が少ない地域（水戸とつくば）では，こうした変動は顕著ではなかった。さらに著者らは，2011年春から2013年春まで5回にわたって，これら7地域から成虫を沖縄の実験室まで持ち帰って産卵させ，沖縄のカタバミを与えて，F1世代の総異常率（死亡率＋成虫形態異常率）を定量化した。F1世代の総異常率の変動は親世代の変動に類似しており，2011年春よりもその年の秋に総異常率が増加し，2012年から2013年春にかけて徐々に減少した。2011年秋に広野から採集した成虫から得たF1では，驚くべきことに，ほぼ100％が死亡ないしは異常が見られたという。

　3年間継続的に精力的な調査を行ったことによって，本研究は他に代え難い貴重な資料を提供した。野外で飛翔しているチョウに生じる異常を継続的に定量化しただけでなく，F1およびF2世代に見られた異常率を明らかにできたことは，世界に誇れる，極めて重要な成果と言える。

　F1世代に，高い率で形態異常が生じたことは，放射線がヤマトシジミの生殖腺に影響を与え，遺伝子レベルの損傷がF1およびF2の子孫に伝わっ

た可能性も考えられる。しかし，子孫の異常率は驚くほど高く，F2世代にまで異常が生じるなど，これまでの放射線生物学の常識をはるかに超えるもので，高い異常率をめぐってさまざまな議論がなされてきた。

(2) ワタムシ

秋元は，アブラムシ科ワタムシ亜科の昆虫を用いて，福島県の高線量地域で放射線の影響を調べた（Akimoto, 2014）。ワタムシ亜科ヨスジワタムシ属の昆虫は，落葉広葉樹のハルニレの葉に虫こぶ（虫癭とも呼ばれる）を形成することで知られている。2012年6月に福島県川俣町山木屋地区でハルニレの葉から採集したヨスジワタムシの虫こぶの中から形態異常を起こした1齢幼虫を多数見出した。

形態の調査には，1本のハルニレから採集された虫こぶ由来の167頭のソウリンヨスジワタムシ *Tetraneura sorini* および136頭のニレヨスジワタムシ *T. nigriabdominalis* の幹母1齢幼虫を用いた（幹母とは虫こぶを形成した世代を指す）。福島サンプルに対する対照として，7つの非汚染地域のハルニレあるいはアキニレから採集された1,559頭のソウリンヨスジワタムシおよび1,677頭のニレヨスジワタムシの幹母1齢幼虫を用いた。採集したすべての虫こぶから幹母1齢幼虫の脱皮殻を取りだし，他地域のサンプルを含めて，スライドグラス上に封入し，永久標本を作成した。

1齢幼虫の体長は，ソウリンヨスジワタムシが平均で0.90 mm，ニレヨスジワタムシが平均で0.72 mmである。2012年6月には，採取地点での空間放射線量は，1 m高で約4.0 μSv/h，地表部で約6.0 μSv/hであった。比較の際に，死亡の有無は問わず，形態異常だけを問題とした。したがって，サンプル中には，死亡個体も含まれるが，形態異常が生じていなければ，その個体は異常なしと判定した。一方，生存していても，高度な異常と判定された個体も含まれる。

異常の程度は，ごく軽微なものから極端な左右非対称や新規の形質状態まで，多様性に富んでいた。福島集団，他地域集団を問わず最も多く見出されたのは，1齢幼虫の付属肢（脚や触角）において，組織の壊死が生じるケースであった。組織の壊死が生じると，1齢幼虫の付属肢内部に壊死した組織がメラニン化した塊として残される。この結果，この幼虫が脱皮すると，2

齢以降の幼虫では壊死部分より先の付属肢が失われる（図7-1）。このように
して，虫こぶ内の多くの幹母成虫は付属肢を失っていた。脚や触角を欠い
た状態で卵から孵化してきた幼虫も見られた。さらに軽微な形態異常とし
て，脚や触角の湾曲，腹部の小瘤，腹部体節の部分的融合などが見出された
（Akimoto, 2014）。

　見出された形態異常を三段階に分類した。最も程度の軽いレベル1には，
1本の付属肢での組織の壊死，脚の湾曲や小瘤，2つの体節の部分的融合が
含まれる。レベル2では，2本の付属肢での組織の壊死，2本の付属肢の湾
曲を含めた。さらに1本の脚の欠損や触角の欠損もレベル2に分類した。レ
ベル3の高度な異常には，2本以上の付属肢の欠損，新しい形質状態，極端
な左右非対称形質を含めた。

　形態異常の地域間比較には，最も多くの標本が利用できる幹母1齢幼虫
を用いた。2012年に川俣町山木屋で採集したソウリンヨスジワタムシ幹母1
齢のうち13.2 %（n = 167）の個体が何らかの形態異常を示した。これに対し
て，7地域の対照群では，形態異常個体は0 %から5.1 %（平均3.8 %）にと
どまった（図7-2）。福島における形態異常率（レベル1からレベル3の合併）

中脚組織の壊死：
1齢脱皮殻

中脚の欠損：3齢

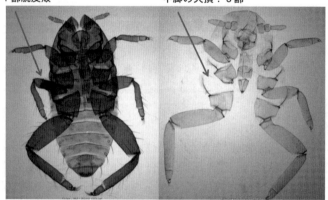

図7-1　ソウリンヨスジワタムシの幹母1齢幼虫に見られた形態異常。
　　同一個体の1齢の脱皮殻と3齢幼虫。1齢幼虫の中脚の組織が壊死し，
　　3齢時には中脚が失われている。

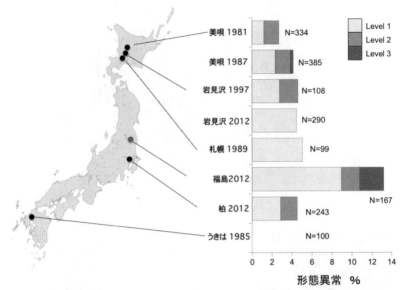

図7-2 ソウリンヨスジワタムシ幹母1齢に見られた形態異常率の地域間比較。異常の程度を低レベル（Level 1）から高レベル（Level 3）に分類した。N，サンプルサイズ

は，他の地域に比べて，有意に高い状態であった。とりわけ，福島のサンプルでは，レベル3の異常が4個体見出され，このうち3例を示した（図7-3，4，5）。特徴的なのは，異常な細胞増殖が確認されたことにある。形態異常の中には，本来あるべきものが発生の過程で欠落する場合もあるが，本来見られないはずの組織の肥大や付属肢の増加は，異常の程度が高いと判断される。例えば，図7-3は腹部が2つに分かれ，尾端が2つ存在する。図7-4では，腹部と後脚の付け根の2箇所にコブが生じている。さらに図7-5では，腹部が異様に膨満し，かつ中脚の関節にコブが伸長している。これは，関節にもう一つ脚を作りかけて途中で発生が停止したものと解釈している。これに対して他地域では，1987年に北海道美唄市で得られたソウリンヨスジワタムシ幹母1齢幼虫1頭だけがレベル3と判定された。この個体は3つに分かれた跗節（脚の先端の節）を持っていた。1987年はチェルノブイリ原発事故の翌年にあたり，北海道にも何らかの影響が及んでいた可能性もある。

　一方，川俣町山木屋地区で得られた136頭のニレヨスジワタムシ幹母1齢幼虫のうち，形態異常を示した個体は5.9 %で，ソウリンヨスジワタムシよ

正常な1齢幼虫脱皮殻　　　異常形態　1齢幼虫脱皮殻

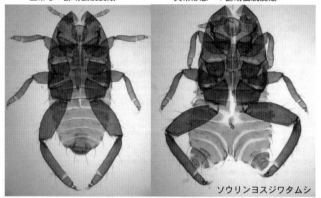

ソウリンヨスジワタムシ

図7-3　ソウリンヨスジワタムシの幹母1齢幼虫に見られた形態異常。正常個体（左）と異常個体（右），腹部が2分

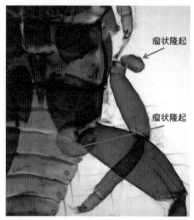

瘤状隆起

瘤状隆起

図7-4　ソウリンヨスジワタムシの幹母1齢幼虫に見られた形態異常。2つの瘤状の隆起

コブ状突起

膨満した腹部

図7-5　ソウリンヨスジワタムシの幹母1齢幼虫に見られた形態異常。瘤状突起と膨満した腹部

りも低い値となった（図7-6）。1頭は，レベル3の形態異常を示した。非汚染の6地域と比べて，福島において最も高い形態異常率が見出された。しかし，有意差は一部の地域集団との間でだけ見出された。

　放射線の影響を評価する際に，虫こぶ形成を行うアブラムシには利点がある。アブラムシは，春から秋まで無性生殖（クローン増殖：メスだけで繁殖する）によって多くの世代を繰り返す昆虫で，アブラムシのメスは常に胚子

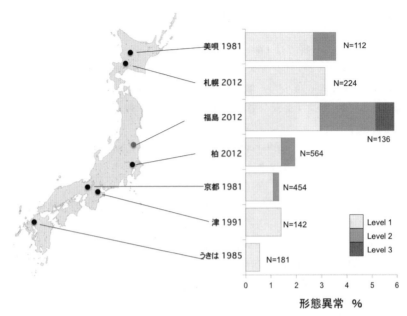

図7-6　アキニレヨスジワタムシ幹母1齢に見られた形態異常率の地域間比較。異常の程度を低レベル(Level 1)から高レベル(Level 3)に分類した。N，サンプルサイズ

を発育させている。どの生物においても，急速に発育中の胚子ほど放射線の影響を受けやすい（Russell & Russell, 1952; Vereecke & Pelerents, 1969; Cerutti, 1974）。2011 年 3 月中旬の原発事故以降，ワタムシは高濃度の汚染の中で，その秋まで多くの世代がクローン増殖を行った。このため発育中の胚子は，高い線量によって悪影響を受けた可能性がある。仮に遺伝子レベルでの損傷が生じれば，傷ついた遺伝子はクローン増殖によって次の世代に伝えられ，秋までの間に，多量の遺伝子損傷がクローン系統内に蓄積された可能性がある。アブラムシ類は秋にはオスを作り出し，メスと交尾して，越冬のための卵を生み出す。2011 年の秋には有性生殖（交尾）が行われ，遺伝的組換えの結果，傷ついた遺伝子が多量に受け渡されることも起こり得ただろう。その結果，事故後初めての有性生殖によって生み出された卵から孵化する幼虫（今回の調査サンプル）には，大きな表現型変異（形態や性質などの変化）が表れる可能性がある（Lynch & Gabriel, 1983）。

　2012 年に採集が行われた川俣町山木屋地区のハルニレ調査木を用いて，2013 年にも，同じ時期に虫こぶの採集を行い，幹母の形態異常率を年間で

比較した。この分析では 1 齢から成虫までの全ステージを通じて，形態異常率を比較した。ソウリンヨスジワタムシでは，2013 年には，形態異常率が 2012 年より大きく減少し，健全個体の割合が増加した（Akimoto, 2014）。同様に，ニレヨスジワタムシでも，2013 年には山木屋において形態異常率が大きく低下した。

川俣町山木屋地区で採集された虫こぶのうち，第二世代が産出されていた 76 個のソウリンヨスジワタムシの虫こぶに関して，すべての第二世代幼虫を実体顕微鏡下で観察し，形態異常が生じているか否かを調べた。計 543 個体を顕微鏡下で 1 頭ずつチェックしたが，1 つの虫こぶ由来の 2 頭（0.37 ％）だけに形態異常が見出された。2 頭とも片方の触角が完全に欠損する異常であった。しかし，これら個体の母親には形態異常は見出されなかった。一方，第一世代（幹母世代）の個体が形態異常を示した場合であっても，その子には，明らかな形態異常は確認できなかった。腹部が 2 分した奇形の幹母は腹部で胚子を発育させていたが，それらの胚子には形態異常は認められなかった。したがって，第一世代で認められた形態異常は，調べた限りでは，次世代に遺伝していない。

現在時点での結果は，川俣町の 1 本のハルニレより採集された 2 種のワタムシの虫こぶに基づく分析に限定されている。調査に用いた種類数，調査地点とも限られているため，福島の汚染地域全体でワタムシの形態異常が増加していると結論することはできない。形態異常を引き起こす要因はさまざまなものが想定でき，採集されたワタムシ個体の放射線蓄積分析や化学分析も行なわれていない。このため，形態異常の要因を確定するのは困難である。しかしながら，この地点で 2 年間にわたる調査から，その要因に関して，ある程度の推測を行うことは可能である。

形態異常はこれまでもさまざまな野生生物で見出されてきた。研究者の関心を引く現象であるため，詳しい調査が行われてきたが，決定要因は明らかになっていない。例えば，北米では，カエルやサンショウウオの形態異常が頻繁に発見され，化学物質説，放射性物質説，寄生虫説，捕食者説が提唱されてきたが（Stocum, 2000; Lannoo, 2008），現在でも決着はついていない。両生類の場合には，幼生時に捕食者に襲われることによって，四肢が再生する際に形態異常が発生することも明らかにされており，形態異常が自然条件下

でも生じうることが指摘されている(Ballengée & Sessions, 2009; Bowerman *et al.*, 2010)。しかし，本研究のワタムシ2種では，捕食や寄生の影響はきわめて考えにくい。ワタムシでは孵化幼虫を対象としているために，形態異常は卵内の発生過程で生じている。発生過程に病原体・寄生者が関与することで形態異常が生じることは報告例がなく，まして捕食が原因となることは想定しがたい。

2011年3月中旬の原発事故によって，調査地周辺は放射性降下物によって高度に汚染され，この時期，越冬中のワタムシ卵の上，あるいは周辺に放射性物質が降り注いだと考えられる。越冬卵は露出された状態で生み付けられており，降下した放射性物質が直接接触する状況にある。ワタムシ2種は，こうした汚染状況の下で虫こぶを形成した。初夏には，イネ科草本の根際に移動し，地表近くの地中にコロニーを作り，さらに秋には，ハルニレの樹皮上に産卵した。福島第一原発周辺地域では，樹皮も地表面も，放射性降下物質で強く汚染されたことが報告されている(Kuroda *et al.*, 2013; Tanaka, 2013; Tanaka *et al.*, 2013)。

現在のところ，消去法によって，形態異常の原因として放射性物質が関与している可能性が最も高いと判断している。放射性物質が関与しているとしても，どのような機構によって放射性物質が形態異常を多発させているのかに関しては明らかではない。アブラムシのような微小生物においては(1齢幼虫の体長は1mm以下)，哺乳類などとは異なり，β線の影響がγ線よりもはるかに強かったと考えられる。β線の影響に関しては，結果の総合で述べる。

3. γ線照射実験

γ線を昆虫に照射することによって，昆虫の生存，成長，繁殖に対する影響を調べる試みは古くから行われてきた。とりわけ，不妊化技術の一環として，γ線の繁殖への影響が注目され，害虫防除への実用化が図られてきた。一般に昆虫はγ線に対して高い耐性を持ち，γ線による50%致死線量はイエバエ卵における1.3 Gyからコロモジラミと *Pharaoh* 属アリ女王における1,900 Gyまで大きな幅を示す(Cole *et al.*, 1959; Koval, 1983)。体サイ

ズが大きいほど，50% 致死線量は低下する傾向が知られている (Cole *et al.*, 1959)。沖縄におけるウリミバエ *Bactrocera cucurbitae* の不妊化根絶事業では，ウリミバエを不妊化させるために 70 Gy の γ 線が蛹に照射された (佐土嶋ら，1986)。これだけの線量が与えられても，生殖腺は破壊されるものの，照射オスの運動能力は羽化直後には非照射オスと変わらず，交尾能力にも変化は生じない。コナガシンクイムシ *Rhyzopertha dominica*，ヒラタコクヌストモドキ *Tribolium confusum*，ココクゾウムシ *Sitophilus oryzae*，タバコシバンムシ *Lasioderma serricorne* の 4 種に関しては，250 Gy あるいはそれ以上の線量を照射することによって不妊化が可能と報告されている (Elvin *et al.*, 1966)。コドリン蛾の幼虫においては，31.7 Gy の線量までは発育に明らかな影響は認められないという (Burditt *et al.*, 1989)。

　昆虫が放射線に対して一般的に強い耐性を示すのは，昆虫が本来，紫外線に対して適応していることに関係があると思われる。有翅昆虫や植食性昆虫類が太陽光の元で活動するためには，紫外線に対して防御機構を持たなければならない。例えば，シジミチョウの仲間では，食草からフラボノイド類を取り込み，成虫の翅や体に蓄積することによって紫外線の吸収に役立てている (Wilson, 1987)。常に太陽光に照らされる海面生活者のウミアメンボでは，クチクラ層を変化させることによって UV–B の透過率を低下させている (Cheng *et al.*, 1978)。紫外線に対する防御機構は放射線に対しても有効な可能性がある。これに対して，夜行性の昆虫類，土壌性や洞窟性の昆虫やその他動物では紫外線への耐性が低くても大きな問題が生じない。こうした紫外線への前適応の有無が，放射事故が起きた際の生物の反応の違いとして現れる可能性がある。

　放射線の影響は，昆虫の成長，寿命や繁殖に対してマイナスの影響を与えるだけではなく，一見プラスの影響を与える場合も知られている。低レベルの放射線を昆虫に照射することによって，照射された昆虫の寿命が伸びたり，成長速度が早まったりする現象が報告されており，これらの現象はホルミシス効果 (hormesis) と呼ばれている。一般に，この効果は，生物が低濃度の毒物質や放射線を含むストレス要因に曝された際に，望ましい反応を示す現象全般を指す (Rattan, 2008)。一見，望ましい反応ではあるものの，本当に生物の繁殖成功や適応度の上昇に寄与するか否かは議論が続いており，結

論は出されていない。

　Shameer ら (2015) は, キイロショウジョウバエ *Drosophila melanogaster* の
オスにさまざまな線量のγ線を照射した後, 照射オスを非照射の健全メスと
交配させ, F1 子孫の成長速度を記録した。さらに F1 同士を近親交配させて
得た F2 子孫の成長も観察した。40 Gy から 50 Gy の高線量のγ線をオスに
照射した場合, 照射されたオスの寿命は低下し, F1 子孫は生まれてから羽
化までの生育時間が対照区より長くなった。この結果はγ線の悪影響として
理解できる。ところが, オスに対して 1 Gy ないし 2 Gy の低線量のγ線を照
射すると, オスの寿命は有意に伸び, さらにオスの F1 子孫の生育期間が対
照区より有意に短縮した。幼虫はより早い速度で成長できたことになる。一
方, 4 Gy から 10 Gy の中間的な線量をオスに照射すると, 成虫の寿命と F1
幼虫の生育期間は, 対照区と有意な違いは認められなかった。F2 世代では,
30 Gy から 50 Gy の高線量を照射されたオスの子孫においてのみ, 有意に発
育時間が伸びる現象が確認された。この実験で興味深いのは, 照射を受け
たオスの F1 と F2 の子孫に照射の影響が及ぶことを明らかにした点である。
照射を受けたオスの精子を通じて, その子孫には優性の突然変異が遺伝した
か (栗原, 1969), あるいは, エピジェネティックな変異が子孫に遺伝した可
能性も考えられる。

　これ以外にも, 1 Gy 以下のγ線照射による寿命の延長効果は, 複数の研
究者がキイロショウジョウバエにおいて報告している (Zainullin & Moskalev,
2001; Vaiserman *et al.*, 2003; Moskalev, 2007; Seong *et al.*, 2011)。こうした効果
には, 照射に伴う遺伝子の発現レベルの変化が関わっている。マイクロアレ
イと定量 PCR を用いて低線量照射を受けたキイロショウジョウバエの遺伝
子発現解析を行ったところ, 低線量被ばくによって, タンパク質代謝, エネル
ギー生産, 酸化ストレス反応に関わる遺伝子の転写レベルが変化し, その結
果, 寿命が延長されることが明らかにされた (Seong *et al.*, 2011)。すなわち,
低線量照射は, タンパク質代謝回転 (タンパク質の合成と分解速度) を高め,
また酸化ストレスの影響を抑えるような防御機構を強化することを通じて,
ショウジョウバエの代謝速度を加速していた。一方, キイロショウジョウバ
エのさまざまな突然変異体にγ線を照射し寿命への影響を調べることによっ
て, 寿命の延長には, 細胞ストレス伝達系の遺伝子群が関与することを示し

た研究もある(Moskalev *et al.*, 2011)。この研究では，DNA損傷のセンサー遺伝子(*ATM*および*ATR*)およびストレスシグナル伝達物質に関連する遺伝子群(*SIRT1, JNK, p53, dFOXO*)が寿命の延長に関与することが明らかにされている。

4. 内部被ばく実験

(1) ヤマトシジミ

　福島第1原発事故直後の野外調査において，ヤマトシジミの成虫には形態異常が頻発することが報告された(Hiyama *et al.*, 2012)。ヤマトシジミの幼虫が食草を通して摂食したセシウム量と成虫までの死亡率あるいは異常率との関係を明らかにするために，野原らは，沖縄産のヤマトシジミの幼虫に，福島県の4箇所と山口県宇部市から採集されたカタバミを食草として与えて，死亡率と異常率を比較する室内実験を行った(Nohara *et al.*, 2014a)。ここでの異常率は，形態異常が認められた個体に死亡個体の割合を加えた比率である。福島県の4箇所(広野市，福島市，飯舘村平地，飯舘村山地)の土壌は福島第一原発事故による放射性物質によって汚染されているため，それらの土地のカタバミの葉にはセシウム137と134が含まれた。2011年12月の時点で両者を合計した値は，広野の1,452 Bq，福島の7,860 Bq，飯舘村(平地)の10,170 Bq，飯舘(山地)の43,500 Bq/kgに対して，対照区の宇部市のカタバミでは1 Bq/kg以下であった。摂食実験の結果，対照区の宇部の異常率6.2%に対して，広野で45.9%，福島，飯舘(平地)，飯舘(山地)の異常率は，いずれも70%以上となった。事故直後(2011年12月)の値とはいえ，8千から数万Bq/kgの汚染葉を食した幼虫の70%が異常(死亡＋形態異常)を示したことは驚くべき結果である。

　さらに，野原らは，追加実験として，より汚染の弱い地域のカタバミを沖縄のヤマトシジミに与える実験を行った(Nohara *et al.*, 2014b)。カタバミを採集した地域は，福島県の本宮と郡山，関東圏では柏，武蔵野，熱海で，対照区として沖縄のカタバミも用いた。2012年の夏から秋にかけて採集されたカタバミに含まれるセシウム137と134の合計量は，広野，福島，飯舘より1桁低く，本宮が160.6 Bq/kg，郡山は117.2 Bq/kgであった。関東圏での

セシウム合計量は 47.6(柏)から 2.5(熱海)Bq/kg まで変異した。セシウムによる汚染量は前の調査よりはだいぶ低いが，それでも郡山と本宮のカタバミを沖縄のヤマトシジミ(F1 世代)に与えると，異常率(死亡＋形態異常)がそれぞれ 54 ％と 32 ％となった。さらに F1 世代から F2 世代を作出し，沖縄，郡山，本宮のうちいずれかのカタバミを幼虫に与える実験を行った。F2 幼虫に沖縄のカタバミを与えた場合，16 ％から 30 ％の異常率であったが，F2 幼虫に郡山か本宮のカタバミを与えると，80 ％から 99 ％の異常を示した。本研究でも，福島県のカタバミは沖縄産のヤマトシジミに対して強い有毒性を示すことが明らかとなった。

　ところが，人工飼料に放射性セシウムと非放射性セシウムを加えて，ヤマトシジミの幼虫に与える摂食実験を試みたところ，放射性セシウムの有毒性は明らかにならなかった(Gurung *et al*., 2019)。放射性セシウムを人工飼料に加える実験区では，455 Bq/kg から 4,550 万 Bq/kg まで 10 倍ずつセシウム濃度が上がるように設定した 6 つの実験区を設け，ヤマトシジミの 3 齢後期以降の幼虫に与えたところ，人工飼料中のベクレル数と蛹化率，羽化率，生存率との間に有意な関係は認められなかった。4,550 万 Bq/kg の餌を与えられても，ヤマトシジミ幼虫の成長には大きな問題が生じなかったのである。ヤマトシジミは放射能に特に弱いという可能性は，この実験によって否定された。また同時に，同量の放射性セシウムと非放射性セシウムを加えた人工飼料を与えられたヤマトシジミの間でも，蛹化率，羽化率，生存率に有意な違いは認められなかった。さらに，前翅長は福島の高線量地域ほど短くなる傾向が報告されていたにもかかわらず，人工飼料中のベクレル数と成虫時の前翅長との間には有意な関係は認められなかった。後述の田中ら(2020)によるカイコ実験では，130 万 Bq/kg の人工試料をカイコの幼虫に与えているが，死亡や形態異常は生じていない。これらの結果は，室内の被ばく実験では放射性セシウムの有毒性を実証できず，一方，野生のカタバミでは放射線以外の要因が働き，有害な効果をもたらした可能性を示唆している。

(2) モンシロチョウ幼虫

　平らは，内部被ばくの影響を調べる目的で，汚染土と非汚染土で育てたキャベツの葉をモンシロチョウ *Pieris rapae* の幼虫に与えて，幼虫発育や羽化成

虫の健全性についての比較を行なった(Taira *et al.*, 2019)。この研究では，放
射能汚染がほとんど見られない沖縄でモンシロチョウのメスを採集し，沖縄
産のメスが産んだ卵から孵化した幼虫を実験に用いている。食草のキャベツ
(F1 品種よかまる)に放射性物質を取り込ませるために，福島県の 3 箇所(大
原，馬場，飯舘)で採集した汚染土壌を使って，福島県相馬市のビニールハ
ウスでキャベツを栽培した。施設内栽培のため，キャベツの葉表面の汚染は
ほぼ無視できる。セシウム 134 と 137 を合計したベクレルで見ると，大原，
馬場，飯舘の順に土壌が汚染されていた。一方，沖縄の土壌(ほぼ 0 Bq)を
使った非汚染キャベツは沖縄で栽培した。4 処理区のキャベツ(4 地域の土壌
で栽培；以下地域名で表示)は研究室に運ばれ，品質を保ちながら，同じ実
験室条件下で幼虫に餌として与えられた。モンシロチョウの遺伝的影響を避
けるため，同じメスから生まれた全兄弟の幼虫は各処理にランダムに割り振
られた。

　幼虫の発育要因として，蛹化率，羽化率，健全率，幼虫期間，蛹期間の 5
つの指標が用いられた。加えて，成長指標の一つとして，両性の成虫の前翅
長を計測した。また，羽化した成虫の形態異常率と異常スコアーも同時に定
量化した。こうした指標に加えて，成虫の血液中に見られる血球の比率を計
測している(顆粒細胞，プラズマ細胞，原白血球の各比率)。昆虫では，顆粒
細胞とプラズマ細胞は生体防御に用いられ，一方，現白血球は未分化の細胞
で，やがてはプラズマ細胞と顆粒細胞へと分化する。

　本研究では，土壌から取り込まれ，キャベツの葉に移行した放射性セシウ
ム(134 および 137)濃度と放射性カリウム(カリウム 40)濃度をそれぞれ測定
し，こうした放射能の強度と幼虫発育や形態異常との関連を探った。

　結果として，キャベツの葉に含まれる放射性セシウム(134 + 137)のキロ
グラムあたりの放射能は，飯舘の土壌で育てられた場合，葉には 200 Bq 前
後が含まれ，大原，馬場では 50 Bq 以下，沖縄ではほぼ 0 であった(ちなみ
に，一般食品の放射性セシウムの基準値は 100 Bq である)。一方，自然放射
線源であるカリウム 40 の濃度は沖縄を含めた 4 地域間で，平均で 90 から
180 Bq/kg であった。沖縄，大原，馬場では，カリウム 40 のベクレル数がセ
シウムのベクレル数を上回っており，飯舘でのみセシウムのベクレル数がカ
リウムのベクレル数を上回った。

　沖縄と比較すると，羽化率は大原（大原の土壌で育てたキャベツ，以下同様）で有意に低下し，健全率は大原と飯舘で有意に低下した。羽化率に関しては，沖縄でも飯舘でも大きな違いは見られない。しかし，形態異常スコアーを計算したところ，沖縄と比較して，飯舘と大原で有意に高い異常スコアーが見出され，飯舘では特にスコアーが高かった。しかし，中間的な汚染が見られた馬場では，それらの指標は沖縄と有意に異ならなかった。また，キャベツの葉での放射性セシウム（134 + 137）のベクレル数が高まるほど，顆粒細胞比率が減少する傾向が認められた。顆粒細胞の比率が高いほど蛹化率，羽化率，健全率が高まるので，放射性セシウム（134 + 137）濃度が高まるほど，チョウの成長には悪影響が生じると予想される。

　飯舘の土壌で栽培したキャベツの悪影響は確認されたものの，地域を区分せずに，キャベツの葉の放射能と健全率との関係を見ると，有意な関係は認められなかった。セシウム（134 + 137）単独，カリウム40単独，そしてセシウム（134 + 137）とカリウム40の合計ベクレル数に分けて分析しても，有意性は確認されていない。従って，放射線量と健全率，あるいは異常スコアーの関係は極めて弱く，実験試行ごとに大きなばらつきが含まれると考えられる。汚染物質と形態異常の関係を実証する実験では，極めて多くの実験を繰り返さない限り，統計的に意味ある結果が得にくいと言えるであろう。本研究では，様々な指標を用いて，放射線量との関係を調べている。多数の指標を用いることは，放射線の生物への影響を捉えるために重要だと考えられるが，同時に，指標を増やすと偶然によって見かけ上の相関が生ずる可能性も高まる。本研究で見出された放射線量と形質との相関関係は，解釈が難しいケースや一貫性に欠ける場合が多い。確実に言えることは，飯舘の土壌で栽培したキャベツで育てられたモンシロチョウは，健全率がやや劣り，形態異常が有意に生じたという事実である。

　奇妙なのは，放射性カリウム40からの放射線の影響である。カリウム40からの放射線は，沖縄，大原，馬場ではセシウムよりも高いものの，幼虫はその放射線量には影響を受けず，もっぱらセシウム（134 + 137）の放射線量に影響を受けていた。カリウム40は自然条件下に存在するので，生物はカリウム40の放射線には十分耐性を持ち，大きな影響を受けないとされる（Taira *et al.*, 2019）。しかし，線源がカリウム40であれセシウムであれ，γ線

あるいはβ線を放出する点で変わりはない。もし，セシウムからの放射線が
はるかに強い悪影響を生物に与えるのであれば，放射線というよりも，自然
界に存在しないセシウムイオンの影響(セシウムが植物と相互作用して生じ
る物質を含めて)が強いことを，これらの実験は示している可能性がある。

(3) カイコ幼虫

　次に，カイコ幼虫 *Bombyx mori* に対する内部被ばくの影響を調べた田中らの
研究を紹介したい。田中らは，人工飼料を用いてカイコ1品種の幼虫(NB2;
F1 hybrid xe28 × p20)を飼育し，内部被ばく量と外部被ばく量を厳密に計測
した(Tanaka *et al.*, 2020)。この実験では，人工飼料を使うことによって，寄
主植物の影響を排除している。被ばく区では，人工飼料の調整時に放射性塩
化セシウム溶液を加えることで，幼虫期間を通して汚染餌を与え続けた。一
方，非放射性塩化セシウム溶液を人工飼料に加えた対照区を用意し，両区
の間でカイコの成長と形質を比較した。人工飼料中のセシウム137濃度は，
1,300 Bq/g(130万Bq/kg)に設定された。

　照射実験では，カイコ5齢幼虫(終齢幼虫)に強いγ線を照射すると，翅原
基の成長が阻害され，蛹時の翅が短縮する現象が報告されてきた(Takada *et
al.*, 2006)。コバルト60あるいはセシウム137による照射量(Gy)と蛹の翅の
短縮率との関係から50%影響率を計算すると，カイコの系統により50%影
響率は27 Gyから90.5 Gyであった。こうした先行研究から，カイコにおい
ては，蛹時の翅の相対的長さが被ばくの指標として利用できることがわかる。
田中らの研究は，こうした関係を念頭に，被ばく量と翅の相対的長さとの関
係に注目したものである。

　カイコの幼虫期間(29日間)を通じて，被ばく区では，幼虫は総計6.9 mGy
を外部被ばくしたと推定された(日当たり0.21 mGy)。一方，内部被ばく量
の推定値は，幼虫期間を通じて16 mGyで(日当たり0.82 mGy)，平均の総被
ばく量は23 mGyと推定された。被ばく区と対照区の両方で，全ての蛹は蛹
化に成功した。また，蛹全長に対する翅の長さの割合は，両区で有意な差は
なく，内部被ばく及び外部被ばくの元でも，翅の長さの割合に変化は見られ
なかった。先行研究(Takada *et al.*, 2006)の50%影響率に比べて，この実験
でカイコ幼虫が受けた放射線量は約千分の1であるので，照射実験の結果か

ら見て影響が生じないことは納得できる。内部被ばくが特に幼虫の成長に悪影響を与えるとの証拠も得られなかった。一方，この研究で惜しまれるのは，被ばくした羽化成虫の形質を詳細に調べていない点である。強い放射線は成虫原基の成長を阻害し翅を短縮化させるが，より弱い放射線であっても，微小な形態異常が生じる可能性が考えられる。ヤマトシジミやモンシロチョウの実験で見られた形態異常は，そうした微小な発生異常であった。翅，附属肢などへの影響がどうであったのかは興味深い問題である。

(4) アブラムシ卵

　秋元らは，強く汚染された福島の土壌およびコケの表面にアブラムシの越冬卵を置き，卵の越冬期及び卵発生期に放射線が与える影響を調べた（Akimoto *et al.*, 2018）。卵を用いたのは，ヒトを含めて，細胞分裂が盛んに行われる発生期は，放射線の影響を最も受けやすいと考えられているからである。実験には，トドノネオオワタムシ *Prociphilus oriens*（アブラムシ科，ワタムシ亜科）の卵を用いた。北海道では秋に本種の有翅型が大量に発生することから，その卵も容易に手に入る。卵はラグビーボール状で，長径が平均 0.91 mm 短径は 0.36 mm で，アブラムシの卵の中では大型である。しかし，1 mm 以下のサイズしかない昆虫の卵であれば，γ 線よりも β 線の影響がより大きくなる可能性がある。また，1 mm 以下のサイズの生物であれば，内部被ばくと外部被ばくを区別する必要がなく，卵の全細胞が外部から γ 線と β 線の影響を受ける。遠藤らは（Endo *et al.*, 2014）福島の汚染された土壌表面では β 線と γ 線の割合が 2：1 と報告しており，土壌中あるいは土壌表面に生息する，数ミリあるいはそれ以下の体サイズを持つ小生物は β 線の影響を強く受けると想定される。

　本種の卵は寄主植物の幹に生み付けられ，幹の窪みで越冬し春に孵化するが，土壌やコケのような基質に置かれても，水分条件が適切で，捕食者などが存在しなければ問題なく孵化する。汚染土壌は浪江町赤宇木の人家の雨樋の水が集積する地点で採集された。このため，土壌には汚染物質が高濃度に含まれ，2,140 Bq から 3,300 Bq/g（214 万 Bq － 330 万 Bq/kg）が計測された。一方，コケの汚染は 64 Bq から 105 Bq/g であった。越冬卵は汚染土壌あるいはコケの上に直接置かれ，非汚染土壌（あるいは非汚染ゴケ）を用いた対照

区とともに－0.5℃全暗条件で4ヶ月間維持された後，変温条件下(19℃ 8時間，6℃ 16時間)で孵化が促進された。汚染されたコケに置かれた越冬卵も，同じ冷蔵庫内で4ヶ月間維持された後，同様に孵化を促した。

　4ヶ月間の越冬期間中，土壌あるいはコケの放射性物質から照射された線量を測定するために，卵と同じ容器内に小型ガラス線量計を設置し，卵が受けた線量をガンマ線とベータ線を区別して測定した。4ヶ月間の卵への総線量は，汚染土壌から103 mGy と206 mGy (2 容器)，コケからは3.7 mGy から9.9 mGy (6 容器)であった。このうち，汚染土壌からの放射線の比率はβ線：γ線が2：1の割合であり，遠藤らの報告と一致した。一方，汚染されたコケからは，β線はほとんど検出されなかった。

　汚染された土壌に置かれた卵とコントロール区の卵との間で，孵化率を比較したが，有意な差は見出せなかった。また，孵化幼虫をプレパラート標本にして，脚のサイズを測定したところ，汚染土壌区とコントロール区の幼虫の間で，有意な違いは検出できなかった。さらに孵化した幼虫は詳細に検鏡されたが，形態異常を見出すことはできなかった。このように，最大で206 mGy を照射されても，卵発生には目立った問題が生じなかったと結論される。

　この一方，汚染土壌区とコントロール区の間で，幼虫の孵化日を比較すると，コントロール区と比べて汚染土壌区において，若干ではあるが，孵化が早まったことが確認された。興味深いことに，孵化時期を早める効果は，照射される放射線量が低いほど強い傾向が見られた。すなわち，4ヶ月間の汚染土壌，3ヶ月間の汚染土壌，4ヶ月間の汚染ゴケの順番で，孵化時期のより大幅な早期化が見出された。この結果は意外であった。というのは，これまでの実験では，近親交配を強制して産ませた卵では，その孵化がコントロール区に比べて遅くなることが知られていたからである (Akimoto, 2006)。つまり有害な効果を持つ遺伝子は，それがホモ接合体化することで孵化を遅らせる作用を持つ。このため，放射線の影響によって，もし遺伝子が破壊され有害な効果が生じたとすれば，汚染土壌区では，卵の孵化が遅れるだろうと予想された。しかし，全く逆の結果が得られたわけである。こうした生物の機能を亢進させる方向に働く放射線の作用は，前述したように，ホルミシ

ス効果と呼ばれる。卵の孵化時期が多少早まることが，生存確率を高めたり，子孫数を増やしたりすることに関与するかは不明である。ともあれ，トドノネオオワタムシの卵は，低線量の放射線を感知し，それに対して反応したということはできるであろう。

　本研究では，その時点で手に入る最高度に汚染された土壌を用いて，4ヶ月にわたってγ線及びβ線をアブラムシ卵に照射した。しかし，有意な孵化率の低下や形態異常の発生は確認できなかった。このことは，現状の汚染土では，小生物の生存には大きな影響が生じないと考えることができるのかもしれない。逆に，小生物は，微弱な放射線の影響を受け，成長の早期化，寿命の延長などのホルミシス効果が生じてくる可能性がある。いずれにせよ，汚染土上で繁殖を行わせ，数世代を経過させる試みは行われておらず，安全性を判断するには，なお時期尚早である。

5. 結果の総合

　ヤマトシジミの形態異常の事例は（Hiyama *et al*., 2012），多くの場合，羽化失敗により生じているように見える。蛹からの羽化時に，チョウは腹部に溜まった体液に圧力をかけて翅の脈に押し出し，翅を伸長させる。この時に，何らかの原因で圧力が十分にかけられないと，十分に翅を伸ばすことができない。このため，翅の形態異常には，チョウの虚弱化（生存力不足）が関わっている可能性がある。あるいは，付属肢の欠損の多くは，栄養不足に起因するように思われる。高線量地域のヤマトシジミに見られる形態異常の多くは，放射線の直接の影響というよりも，栄養不足による虚弱化が原因となっているのかもしれない。野外採集の成虫の形態異常では，放射性物質が栄養不足の直接，間接の要因になっていると考えられる。

　一方，飼育実験では，福島産のヤマトシジミ幼虫に沖縄産のカタバミを与えるか，逆に，沖縄産のヤマトシジミに福島産のカタバミを与えた実験において，高い割合で成長に不調が生じた。この不調には放射性物質の直接・間接の影響も考えられるが，カタバミの防御物質が関与している可能性もある。カタバミは植食生昆虫に対してかなり強力な化学防御を行っているために（Mizokami *et al*., 2008），ヤマトシジミは，生息する地域のカタバミに対し

て局所的に適応している可能性がある。沖縄産のヤマトシジミは沖縄のカタバミには適応しているが，遠く離れた福島産のカタバミの 2 次代謝物質をうまく解毒できていないのではないだろうか。放射能汚染度とカタバミ生息地の緯度は相関しているため（Taira et al., 2015），どちらの要因が決定的なのか決め難い。福島県や茨城県の 7 地点で採集されたヤマトシジミから得られた子孫に対して，放射能の面では安全な沖縄のカタバミを食べさせる実験も行われているが（Nohara et al., 2018），広野，水戸，磐城，高萩産のヤマトシジミが沖縄のカタバミを食べた場合，生存率は 50 ％以下であり，特に高萩では 20 数％であった（一方，沖縄産のヤマトシジミを沖縄のカタバミで育てると 95 ％以上が生存する）（Nohara et al., 2018）。この低い生存率には，著者らが主張する放射線の遺伝影響に加えて，茨城や福島のヤマトシジミが沖縄産のカタバミを生理学的にうまく解毒できない効果が加わっている可能性が考えられる。メタボローム解析の結果を見ると，カタバミの代謝物は，放射能の影響を受けているというよりも生息地の地理的な影響を受けているようにもみえる（Sakauchi et al., 2022）。福島産のカタバミの有毒性が放射性物質によるものなのか，あるいはそれ以外の化学物質によるものなのかを明らかにするためには，汚染されていない土壌で福島産のカタバミを種子から栽培し，沖縄産のヤマトシジミに与える対照実験が必要となるだろう。

　大瀧らは，放射性セシウム摂取実験の結果（異常なし）と野外で頻発した形態異常の矛盾を，放射線の植物に対する間接効果で説明しようと試みた（Otaki et al., 2022）。植物は，放射線を受けることによって，それが低レベルであっても，2 次代謝物質を変化させることを示す証拠が得られている。例えばイネでは，低レベルの γ 線の元で栽培されると（飯舘村における 4 μSv/h），DNA 修復機構に関わる遺伝子や防御・ストレス反応に関わる遺伝子が活性化した（Hayashi et al., 2014）。同様にカタバミでは，線量の高い地域ほど，抗酸化物質やストレス・防御に関連する物質の量が高まるという（Sakauchi et al., 2022）。したがって，放射線を浴びることによって，植物はさまざまな 2 次代謝物質の量を変化させ，その結果，植食性昆虫の成長に悪影響が及ぶことが想定できる（Otaki et al., 2022）。今後は，放射線被ばくに基づく植物の 2 次代謝物質の変化が昆虫の成長をどの程度左右するかに関して，定量化の試みが必要とされるであろう。

　一方，虫こぶ形成ワタムシの形態異常に関しては，寄主植物の影響は考慮する必要がない。越冬卵から孵化した1齢幼虫に形態異常が見られたからである。また，ワタムシの形態異常の中には，新しい細胞の増殖が含まれていた。こうした異常は卵が置かれていた樹皮上の放射性物質からのβ線が関与していたと考えられる。外部からのβ線は人の皮膚であれば数ミリだけ浸透する。浸透した部位の細胞に与えるエネルギーはγ線よりもはるかに大きいものの，ヒトに関しては特段その影響を考慮する必要はないとされる（環境省，2018）。しかし，アブラムシの卵や1齢幼虫のように体長1mm以下の微小サイズであれば，高いエネルギー量を持つβ線は全身を貫通する。したがって，ワタムシの越冬卵が産み付けられたハルニレの樹皮表面にβ線を発する放射性物質の埃が付着していれば，4ヶ月に及ぶ卵期間全体にわたって，卵内の細胞は至近距離から局所的に被ばくが続いたことになる。β線は，福島第一原発からの放出量が極めて多いヨウ素131やセシウム137を含んだ塵からも放射される。

　今回の調査では，高度の形態異常（レベル3）を示すものが複数個体見出された。こうした個体は，放射線を強く受けたと思われるかもしれないが，実はそうではないと考えている。全身に強い放射線を浴びれば，発育が停止し，死亡するのみである。これまでのγ線照射実験では，全身に高い線量を加えたため，細胞分裂を盛んに行なっている組織のDNAが破壊され，不妊やあるいは成長の停止が生じた。

　原発事故に伴う放射性物質の拡散に伴って，微小生物は放射性粒子から「局所的」にβ線を浴びたことによって発育中の一部の細胞が破壊され，それを補う補償的な細胞増殖が生じた可能性が考えられる。微小な針で卵を突いたのと同じ状況である。全身には強い線量を浴びていないために，形態異常の1齢幼虫として孵化できる。こうした点で，微小昆虫への放射性降下物の影響は，大型哺乳類に対する影響とは大きく異なると思われる。興味深い点は，虫こぶ内で産出される第二世代では，同じγ線量を被ばくしているはずなのに，形態異常がほとんど見られない点である。虫こぶは新葉を肥大成長させて作った組織であり，閉鎖空間の内部には放射性降下物質がほとんど含まれていない。一方，第一世代はハルニレの幹表面で，発生途上にβ線の影響を強く受けた。この違いが，一次世代と二次世代の幼虫の異常率の違い

を説明するように思われる。ワタムシに生じた影響が，今後，どのように変化していくかを経年的に調査していく必要がある。

〔引用文献〕

Akimoto S (2006) Inbreeding depression, increased phenotypic variance, and a trade-off between gonads and appendages in selfed progeny of the aphid *Prociphilus oriens. Evolution*, 60: 77–86.

Akimoto S (2014) Morphological abnormalities in gall-forming aphids in a radiation-contaminated area near Fukushima Daiichi: selective impact of fallout? *Ecology and Evolution*, 4: 355–369.

Akimoto S, Li Y, Imanaka T, Sato H, Ishida K (2018) Effects of radiation from contaminated soil and moss in Fukushima on embryogenesis and egg hatching of the aphid *Prociphilus oriens. Journal of Heredity*, 109: 199–205.

Ballengée B, Sessions, SK (2009) Explanation for missing limbs in deformed amphibians. *Journal of Experimental Zoology*, 312B: 770–779.

Bowerman J, Johnson PTJ, Bowerman T (2010) Sublethal predators and their injured prey: linking aquatic predators and severe limb abnormalities in amphibians. *Ecology*, 91: 242–251.

Burditt AK Jr, Hungate FP, Toba HH (1989) Gamma irradiation: Effect of dose and dose rate on development of mature codling moth larvae and adult eclosion. *International Journal of Radiation Applications and Instrumentation C*, 34: 979–984.

Cerutti PA (1974) Effects of ionizing radiation on mammalian cells. *Naturwissenschaften*, 61: 51–59.

Cheng L, Douek M, Goring DAI (1978) UV absorbtion by gerrid cuticles. *Limnology and Oceanography*, 23: 554–556.

Cole MM, Labrecque GC, Burden GS (1959) Effects of gamma radiation on some insects affecting man. *Journal of Economic Entomology*, 52: 448–450.

Elvin T, Wendell BE, Robert CR (1966) Effects of gamma radiation on *Rhyzopertha dominica, Sitophilus oryzae, Tribolium confusum*, and *Lasioderma serricorne. Journal of Economic Entomology*, 59: 1363–1368.

Endo S, Tanaka K, Kajimoto T, Nguyen TT, Otaki JM, Imanaka T (2014) Estimation of β-ray dose in air and soil from Fukushima Daiichi Power Plant accident. *Journal of Radiation Research*, 55: 476–483.

Gurung RD, Taira W, Sakauchi K, Iwata M, Hiyama A, Otaki JM (2019) Tolerance of high oral doses of nonradioactive and radioactive caesium chloride in the pale grass blue butterfly *Zizeeria maha. Insects*, 10: 290.

Hayashi G, Shibato J, Imanaka T, Cho K, Kubo A, Kikuchi S, Satoh K, *et al.*(2014) Unraveling Low-Level Gamma Radiation–Responsive Changes in Expression of Early and Late Genes in Leaves of Rice Seedlings at Iitate Village, Fukushima. *Journal of Heredity*,105: 723-738.

Hiyama A, Nohara C, Kinjo S, Taira W, Gima S, Tanahara A, Otaki JM(2012) The biological impacts of the Fukushima nuclear accident on the pale grass blue butterfly. *Scientific Reports*, 2: 570.

Hiyama A, Taira W, Nohara C, Iwasaki M, Kinjo S, Iwata M, Otaki JM(2015) Spatiotemporal abnormality dynamics of the pale grass blue butterfly: three years of monitoring(2011-2013) after the Fukushima nuclear accident. *BMC Evolutionary Biology*, 15: 15.

環境省(2018) 放射線による健康影響等に関する統一的な基礎資料(平成30年度版, HTML形式) 〈https://www.env.go.jp/chemi/rhm/r3kisoshiryo/r3kisoshiryohtml.html〉

Koval TM(1983) Intrinsic resistance to the lethal effects of x-irradiation in insect and arachnid cells. *Proceedings of the National Academy of Science of the United States of America*, 80: 4752-4755.

栗原紀夫(1969) 放射線による昆虫の不妊化—おもに害虫防除を目的とした. *Radioisotopes*, 18: 275-283.

Kuroda K, Kagawa A, Tonosaki M(2013) Radiocesium concentrations in the bark, sapwood and heartwood of three tree species collected at Fukushima forests half a year after the Fukushima Dai-ichi nuclear accident. *Journal of Environmental Radioactivity*, 122: 37-42.

Lannoo M.(2008) *Malformed Frogs: The Collapse of Aquatic Ecosystems.* University of California Press, Berkeley. 288 pp.

Lynch M, Gabriel M(1983) Phenotypic evolution and parthenogenesis. *American Naturalist*, 122: 745-764.

Mizokami H, Tomita-Yokotani K, Yoshitama K(2008) Flavonoids in the leaves of *Oxalis corniculata* and sequestration of the flavonoids in the wing scales of the pale grass blue butterfly, *Pseudozizeeria maha*. *Journal of Plant Research*, 121: 133-136.

Moskalev A(2007) Radiation-induced life span alteration of *Drosophila* lines with genotype differences. *Biogerontology*, 8:499-504.

Moskalev AA, Plyusnina EN, Shaposhnikov MV(2011) Radiation hormesis and radioadaptive response in *Drosophila melanogaster* flies with different genetic backgrounds: the role of cellular stress-resistance mechanisms. *Biogerontology* 12: 253-263.

Nohara C, Hiyama A, Taira W, Tanahara A, Otaki JM（2014a）The biological impacts of ingested radioactive materials on the pale grass blue butterfly. *Scientific Reports*, 4: 4946.

Nohara C, Taira W, Hiyama A, Tanahara A, Takatsuji T, Otaki JM（2014b）Ingestion of radioactively contaminated diets for two generations in the pale grass blue butterfly. *BMC Evolutionary Biology*, 14: 193.

Nohara C, Hiyama A, Taira W, Otaki JM（2018）Robustness and radiation resistance of the pale grass blue butterfly from radioactively contaminated areas: a possible case of adaptive evolution. *Journal of Heredity*, 109: 188–198.

Otaki JM, Sakauchi K, Taira W（2022）The second decade of the blue butterfly in Fukushima: Untangling the ecological field effects after the Fukushima nuclear accident. *Integrated Environmental Assessment and Management*, 18: 1539–1550.

Rattan SIS（2008）Hormesis in aging. *Ageing Research Reviews*, 7: 63–78.

Russell LB, Russell WL（1952）Radiation hazards to the embryo and fetus. *Radiology*, 58, 369–377.

佐土嶋敏明・坂之内践行・榎原 則幸・武石 博實・桐野 嵩・大戸 謙二・西岡 稔彦（1986）ガンマ線を照射されたウリミバエ（*Dacus cucurbitae* Coquillett）の妊性回復について 植物防疫所調査研究報告, 22: 11–21.

Sakauchi K, Taira W, Otaki JM（2022）Metabolomic profiles of the creeping wood sorrel *Oxalis corniculata* in radioactively contaminated fields in Fukushima: dose-dependent changes in key metabolites. *Life*, 12: 115.

Seong KM, Kim CS, Seo S-W, Jeon HY, Lee B-S, Nam SY, Yang KH, *et al.*（2011）Genome-wide analysis of low-dose irradiated male *Drosophila melanogaster* with extended longevity. *Biogerontology*, 12: 93–107.

Shameer PM, Sowmithra K, Harini BP, Chaubey RC, Jha SK, Shetty NJ（2015）Does exposure of male *Drosophila melanogaster* to acute gamma radiation influence egg to adult development time and longevity of F1–F3 offspring? *Entomological Science*, 18: 368–376.

Stocum D（2000）Frog limb deformities: An "eco-devo" riddle wrapped in multiple hypotheses surrounded by insufficient data. *Teratology*, 62, 147–150.

Taira W, Hiyama A, Nohara C, Sakauchi K, Otaki JM（2015）Ingestional and transgenerational effects of the Fukushima nuclear accident on the pale grass blue butterfly. *Journal of Radiation Research*, 56: i2–i18.

Taira W, Toki M, Kakinohana K, Sakauchi K, Otaki JM（2019）Developmental and hemocytological effects of ingesting Fukushima's radiocesium on the cabbage white butterfly *Pieris rapae*. *Scientific Reports*, 9: 2625.

Takada N, Yamauchi E, Fujimoto H, Banno U, Tsuchida K, Hashido K, Nakajima

Y, *et al.*(2006) A novel indicator for radiation sensitivity using the wing size reduction of *Bombyx mori* pupae caused by γ-ray irradiation. *Journal of Insect Biotechnology and Sericology*, 75: 161‒165.

Tanaka D(2013) Distribution of radiocesium from the radioactive fallout in fruit trees. In: Nakanishi TM, Tanoi K(eds) *Agricultural implications of the Fukushima nuclear accident*. Springer. pp. 143‒162.

Tanaka K, Sakaguchi A, Kanai Y, Tsuruta H, Shinohara A, Takahashi Y(2013) Heterogeneous distribution of radiocesium in aerosols, soil and particulate matters emitted by the Fukushima Daiichi Nuclear Power Plant accident: Retention of micro-scale heterogeneity during the migration of radiocesium from the air into ground and river systems. *Journal of Radioanalytical and Nuclear Chemistry*, 295: 1927‒1937.

Tanaka S, Kinouchi T, Fujii T, Imanaka T, Takahashi T, Fukutani S, Maki D, *et al.*(2020) Observation of morphological abnormalities in silkworm pupae after feeding ^{137}CsCl-supplemented diet to evaluate the effects of low dose-rate exposure. *Scientific Reports*, 10: 16055.

Vaiserman AM, Koshel NM, Litoshenko AY, Mozzhukhina TG, Voitenko VP(2003) Effects of X-irradiation in early ontogenesis on the longevity and amount of the S1 nuclease-sensitive DNA sites in adult *Drosophila melanogaster*. *Biogerontology*, 4: 9‒14.

Vereecke A, Pelerents C(1969) Sensitivity to gamma radiation of *Tribolium confusum* eggs at various developmental stages. *Entomologia Experimentalis et Applicata*, 12, 62‒66.

Wilson A(1987) Flavonoid pigments in chalkhill blue (*Lysandra coridon* Poda) and other lycaenid butterflies. *Journal of Chemical Ecology*, 13:473‒493.

Zainullin VG, Moskalev AA(2001) Radiation-Induced Changes in the Life Span of Laboratory *Drosophila melanogaster* Strains. *Russian Journal of Genetics*, 37: 1094‒1095.

(秋元信一)

コラム

東日本大震災における原発事故による被災地の水田生物
―営農再開後に水田生物は戻ってくるのか?―

1. 原発事故による営農中断と除染

2011 年 3 月 11 日の東日本大震災にともなう東京電力福島第一原子力発電所の事故により，放射線量の高い福島県内 11 市町村の住民は避難を余儀なくされた。そのため，これらの地域では営農が中断されることになったのである。その後，住民の帰還に向けて除染が行われ，農地においても表土を剥ぎ取り，そこに客土するという方法で除染が行われ，

図1 営農再開した水田(飯舘村)

徐々に営農が再開されつつある（図1）。しかしながら，何年も耕作を中断したうえに表土が剥ぎ取られ，新たな土を入れたため，本来その場所に生息していた水田生物が戻ってくるのであろうか。そこで，原発事故により営農中断後，除染を行い再開した水田において生物の生息状況の調査を実施した。

2. 生物多様性の指標を用いた調査

営農再開後の水田生物の調査にあたっては，「農業に有用な生物多様性の指標生物調査・評価マニュアル」（農林水産省, 2012）に基づき，この中の北日本の水田の指標生物 5 種類の中から，アシナガグモ類，アカネ類またはイトトンボ類成虫，ダルマガエル類またはアカガエル類，水生コウチュウ類と水生カメムシ類の合計の 4 種類を選んだ。調査は 2018 年から 3 年間実施した。

調査圃場の条件は次のとおりとした。
(1) 営農中断し表土剥ぎおよび客土を行った圃場（4 市町村 7 地区）
(2) 営農中断のみで表土剥ぎおよび客土を行っていない圃場（1 市 4 地区）
(3) 原発事故後も中断せず営農を行っている圃場（3 市 1 町 7 地区）

3. 減少したトウキョウダルマガエル

調査の結果，アシナガグモ類の個体数と営農中断，表土剥ぎ及び客土の関係については，明瞭な傾向は見られなかった。カエル類ではトウキョウダルマガエルは除染の有無にかかわらず営農中断した水田で少なく，一生を水田とその周辺で

生活する本種にとって，営農中断の影響は大きかったと考えられた。

4. 戻ってきたアキアカネ

アカネ類羽化殻はアキアカネ，ノシメトンボ，ナツアカネ，マイコアカネの4種が確認され，いずれの年もアキアカネが最も多かった。アキアカネは営農中断

図2 水田で羽化するアキアカネ(飯舘村)

していた水田でも多く確認され，営農再開2年目の水田で羽化する個体も確認された（図2）。一方でノシメトンボ，ナツアカネ，マイコアカネは営農中断していた水田では非常に少なかった。イトトンボ類は3年間で8種が確認され，アジアイトトンボが最も多かった。アジアイトトンボは各地に極めて普通に見られる種で津波被災地でも多数確認されていることから，営農再開後でも周辺地域から多数飛来したものと考えられた。

5. 増えた水生昆虫

水生昆虫はコウチュウ目15種，カメムシ目13種，合計28種であった（表1；三田村, 2021）。この中で，営農中断表土剥ぎ客土ありでは24種，営農中断のみで18種，営農中断なしで17種となり営農中断表土剥ぎ客土ありが最も多かった。

図3 水田内で卵嚢を作るコガムシ(南相馬市)

確認された水生昆虫の中ではヒメアメンボやコミズムシ類が営農を中断した圃場で多く確認されており，これらはいずれも移動性の高い種であることから，営農再開後，すぐに飛来したものと考えられる。一方で，ガムシやコガムシ（図3），ケシゲンゴロウ，マルミズムシといった，国や福島県のレッドリストに掲載されている種も確認されていることは，営農再開により水田が水生昆虫にとっての水域として有効な生息環境となったことが考えられる。

コラム

表1　営農中断が水生昆虫の種類数に及ぼす影響（三田村, 2021）

目	科　名	種　名	営農中断あり 表土剥ぎ及び 客土あり	営農中断あり 表土剥ぎ及び 客土なし	営農中断なし
カメムシ目	タイコウチ科	ミズカマキリ	○	○	
	コオイムシ科	コオイムシ	○	○	○
	ミズムシ科	チビミズムシ	○		
		コミズムシ類	○	○	○
	マツモムシ科	マツモムシ	○	○	○
	マルミズムシ科	マルミズムシ**	○		
	イトアメンボ科	ヒメイトアメンボ	○		
	カタビロアメンボ科	ホルバートケシカタビロアメンボ	○	○	○
		マダラケシカタビロアメンボ			○
		ナガレカタビロアメンボ	○		
	アメンボ科	ヒメアメンボ	○	○	○
	メミズムシ科	メミズムシ	○		
	ミズギワカメムシ科	エゾミズギワカメムシ	○	○	○
コウチュウ目	ゲンゴロウ科	コシマゲンゴロウ	○	○	○
		ヒメゲンゴロウ	○		
		ケシゲンゴロウ***	○		
		ホソセスジゲンゴロウ	○		
		チャイロチビゲンゴロウ	○		
		チビゲンゴロウ	○	○	○
	ガムシ科	ガムシ*	○		○
		コガムシ*	○	○	○
		ヒメガムシ	○	○	
		マメガムシ		○	○
		ゴマフガムシ		○	
		ヤマトゴマフガムシ		○	
		トゲバゴマフガムシ	○		
		キイロヒラタガムシ	○	○	
	コガシラミズムシ科	コガシラミズムシ	○	○	○
		種類数	24	18	17

2018年から2020年の3年間，いずれの年も6月中旬に調査を実施した
※：国レッドリスト掲載種，※※：福島県レッドリスト掲載種，※※※：国・福島県両方のレッドリスト掲載種
コミズムシ類はハラグロコミズムシ，エサキコミズムシ，アサヒナコミズムシの3種を確認しているが，♀
および幼虫による同定が困難であるため，区別しなかった。

コラム ❶

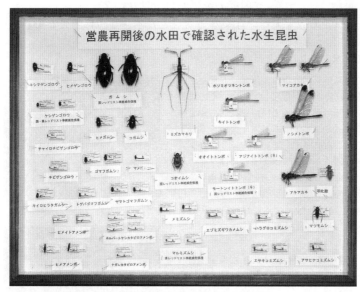

図4 営農再開後の水田で確認された水生昆虫

6. 風評被害の払拭へ

　これらの結果から，原発事故により営農中断した水田においても営農を再開すると，トンボ類や水生昆虫はすぐに戻ってくることが明らかとなり（図4），生き物が多数暮らしている水田として風評被害の払拭にもつながると期待されている。

〔引用文献〕

農林水産省農林水産技術会議事務局（2012）農業に有用な生物幼生の指標生物　調査・評価マニュアルⅠ調査法・評価法. 65pp.
三田村敏正（2021）東日本大震災における東京電力福島第一原子力発電所事故による被災地の水生生物 —営農再開後の水田では生物多様性は保たれるのか. *JARUS*, (128): 17–21.

（三田村敏正）

コラム

放射能の影響だけではない？
原発事故で人がいなくなったことが水生昆虫に与えた影響

1．水生昆虫の宝庫

　福島県双葉町山田地区には有機農法よる3枚の水田が存在していた。その場所を当時，双葉町歴史民俗資料館に勤務するY氏から紹介されて水生昆虫を調査したところ（図1），水路からは多数のタガメが確認され（図2），さらにはゲンゴロウをはじめとした39種の水生昆虫の生息が明らかになったのである（表1；三田村ら，2013）。なかでも，福島県の平地止水域に生息する中型以上の水生カメムシ目，コウチュウ目のすべてが確認されているのは特筆され，水生昆虫の宝庫ともいえる場所であった。さらには，2010年にコウベツブゲンゴロウとして記録された種が，2020年にヒラサワツブゲンゴロウとして新種記載され，その時の標本はパラタイプに指定されている（Watanabe & Kamite, 2020）。

図1　震災前水生昆虫調査（2010年6月）

図2　水路から採集されたタガメ

2．原発事故による耕作中断

　しかしながら，双葉町は2011年3月11日の東日本大震災による東京電力福島第一原子力発電所の事故により全町避難となり，この水田も耕作は中断されることとなった。しかも，この水田は事故のあった原発からわずか6kmしか離れていないこともあり，容易には立ち入れない状態となってしまったのである。

3．消えたタガメ

　水田の耕作が中断されて以降，ここにいた水生昆虫がどうなったか心配だったため，立ち入り許可と所有者で千葉県に避難されているT氏から許可を得て，2012年から調査に入ったのである。耕作中断された水田は，すぐ上にある溜池から漏れ出た水により湿地化していたものの，一部は陸地化し，ススキやセイタカ

コラム ❷

表1　双葉町山田の水田における水生昆虫相の変化(三田村, 2016)

目　名	科　名	種　名	震災前	震災後		
			2010 年	2012 年	2013 年	2014 年
カメムシ目	タイコウチ科	タイコウチ	○	○	○	×
		ミズカマキリ	○	×	×	×
		ヒメミズカマキリ	○	×	×	×
	コオイムシ科	コオイムシ	○	○	○	×
		オオコオイムシ	○	○	○	×
		タガメ	○	×	×	×
	ミズムシ科	ハラグロコミズムシ	○	○	○	○
		アサヒナコミズムシ	○	×	×	×
		エサキコミズムシ	×	○	×	×
		ヒメコミズムシ	×	×	×	○
	マツモムシ科	マツモムシ	○	○	○	○
		コマツモムシ	×	×	×	○
	マルミズムシ科	ヒメマルミズムシ	○	×	×	×
	イトアメンボ科	ヒメイトアメンボ	○	×	×	×
	アメンボ科	アメンボ	○	×	×	×
		ヒメアメンボ	○	×	×	○
		コセアカアメンボ	○	×	○	○
コウチュウ目	コガシラミズムシ科	コガシラミズムシ	○	×	×	×
		マダラコガシラミズムシ	○	×	×	×
		クロホシコガシラミズムシ	○	×	×	×
	コツブゲンゴロウ科	コツブゲンゴロウ	○	×	×	×
	ゲンゴロウ科	ケシゲンゴロウ	○	×	×	×
		チビゲンゴロウ	○	×	×	×
		ツブゲンゴロウ	○	○	○	○
		ヒラサワツブゲンゴロウ	○	○	○	×
		ホソセスジゲンゴロウ	×	×	×	○
		マメゲンゴロウ	×	×	○	○
		クロズマメゲンゴロウ	×	×	○	○
		ヒメゲンゴロウ	○	×	×	×
		ハイイロゲンゴロウ	○	×	×	×
		シマゲンゴロウ	○	×	×	×
		コシマゲンゴロウ	○	×	○	○
		マルガタゲンゴロウ	○	×	×	×
		クロゲンゴロウ	○	×	×	×
		ゲンゴロウ	○	×	×	×
	ガムシ科	クナシリシジミガムシ	○	×	×	×
		キイロヒラタガムシ	○	×	×	×
		キベリヒラタガムシ	○	○	○	○
		ガムシ	○	×	×	×
		ヒメガムシ	○	×	○	○
		コガムシ	○	○	○	○
		エゾコガムシ	○	×	×	×
		タマガムシ	○	×	×	×
		マメガムシ	○	×	×	×
		ヤマトゴマフガムシ	○	×	○	×
	ミズスマシ科	ミズスマシ	×	○	○	○
		合計種類数	39	12	24	14

2 コラム

アワダチソウなどの雑草が繁茂し，開放水面はなくなっていた（図3）。また，タガメが多数確認された水路も水の流れは止まり淀んでいた。この地域は空間放射線量が高かったため，防護服を着ての調査であった（図4）。その結果，2012年に確認された水生昆虫は12種と震災前の約3割まで減少していた。2013年は24種まで回復したものの，2014年には14種と再び減少した（表1；三田村，2016）。比較的個体数が多かったタガメは震災後，1頭たりとも確認することはできなかった。

図3　ススキやセイタカアワダチソウが繁茂したかつての有機水田（2013年10月）

4．崩れた水生昆虫と人との関係

タガメは水田や水路で産卵し，水田で成長し，中干し時には水路へ，水が入ると再び水田へ，そして成虫は溜池や水路，河川へと移動する（大庭，2015）。双葉町において

図4　防護服を着て調査（2013年7月）

も，タガメは震災前には水路だけでなく水田内でもタガメを確認することができたが，耕作放棄により営農が中断されたため，生活の場を失ってしまったものと考えられる。

このように人が水田を営むことによって生活の場を確保できていた昆虫たちが，避難による耕作中断で生息できなくなってしまったことは，間接的ではあるが原発事故の被害といえよう。

〔引用文献〕
三田村敏正・吉井重幸・平澤桂・吉野高光（2013）東日本大震災の原発事故で失われた水生昆虫の楽園・福島県双葉町山田字羽黒沢地区の有機水田とその周辺の水生昆虫相．ふくしまの虫，(31)：4–10.
三田村敏正（2016）東日本大震災が昆虫類に及ぼした影響 ―津波被害による昆虫の回復力と原発事故により崩れた人と昆虫の関係．災害文化の継承と創造，pp.126–138. 臨川書店，京都.
大庭伸也（2015）水田の生物多様性 水田生態系に生息する水生昆虫類の生態と保全．農業および園芸，90(2)：243–255.
Watanabe K, Kamite Y (2020) A New Species of the Genus *Laccophilus* (Coleoptera: Dytiscidae) from Eastern Honshu, Japan, with Biological Notes. *Japanese Journal of Systematic Entomology*, 26(2): 294–300.

（三田村敏正）

> 8 福島第一原発事故による汚染が水生生物類に与えた影響

1. 放射性セシウムの淡水環境への影響

　2011 年 3 月 11 日に福島第一原子力発電所(FDNPP)事故が起きた。この事故によって，多くの放射性物質が周辺環境に放出された(Ohara *et al.*, 2011; MEXT, 2013)。福島第一原子力発電所から放出された放射性物質からなるプルームは，北西に移動し，降水とともに地表に降り注ぎ，東日本の広大な土地に沈着した。そこから，小さなプルームが南西方向にも流れ，数百キロ離れた場所にも到達した(Kinoshita *et al.*, 2011; MEXT, 2013)。これにより，福島第一原子力発電所から 160 km 以上離れた栃木県の奥日光地方や足尾地方なども汚染され，2011 年 5 月の地上 0.5 m の空間線量率は 20 μSv/h を超えていた(Tochigi, 2011)。

　森林域は，森の恵みを得ることのできる空間であるだけでなく，飲料水の供給源にもなっており，都市環境の構成要素として大変重要である。その森林域も汚染されたのである。事故後すぐの頃は，放出された放射性セシウムの大部分が，林冠や土壌の落葉層に沈着したままであった(Hashimoto *et al.*, 2012)。しかし，放射性セシウムは粘土鉱物や土壌有機物に吸着されやすい(Kruyts & Delvaux, 2002)。そして，粘土鉱物や土壌有機物・落葉等に吸着した放射性セシウムは，土壌侵食などが起こると，容易に溶存有機物として川にもたらされることになる(Fukuyama *et al.*, 2005; Kato *et al.*, 2010; Wakiyama *et al.*, 2010; Tsuji *et al.*, 2016; Sakuma *et al.*, 2022)。放射性セシウムを含む養分が，渓畔林に吸収され葉にもたらされた場合でも，葉が落葉になるとその吸収された放射性セシウムは川にもたらされることになるのである。放射性セシウムを吸着した粘土鉱物・土壌有機物・落葉などが川に入り込むと，その一部は懸濁物質として河川水中に存在したり，藻類マットに入りこんだり(Mendoza-Lera *et al.*, 2016)，河川水に溶出したりする(Sakai *et al.*, 2015)。そして，これらの放射性セシウムを含んだ物質は，微生物・プランクトン・植物などに容易に取り込まれ，最終的に，より栄養レベルの高い水生昆虫や淡水魚に食物網を通して取り込まれていくのである(Krivolutzkii &

Pokarzhevskii, 1992; Fukuyama *et al*., 2005; Yoshimura & Akama, 2014; Yoshimura & Akama, 2018）。ただ，その経路は，環境中の放射性セシウムの濃度・生き物の放射性セシウムへの曝露状態・生き物の食性などによって異なってくるのである（Fritsch *et al*., 2008; Wada *et al*., 2016; Ishii *et al*., 2020）（図 8-1）。この章では，放射性セシウムによる汚染状態と水生生物の放射性セシウム濃度との関係を，主に生息空間と空間線量率に焦点を当てながら読み解いていきたい。

2. 生息空間によるちがい（瀬と淵）と放射性セシウム濃度

　河川には様々なタイプの生息環境がある。その中で一番大きく異なる生息環境は，瀬と淵である。瀬には流れがあり比較的浅いが，淵は流れがほとんどなく深い。これらの生息空間に生息している水生昆虫の放射性セシウム濃度を調べてみると，同じ種であっても，淵に生息している個体群の方が，瀬に生息している個体群よりも高くなるのである（図 8-2）。

　ヒメフタオカゲロウ科 Ameletidae などは，瀬と淵を頻繁に行き来するため（Merritt & Cummins, 1996），瀬と淵で放射性セシウム濃度に違いは見られない。また，瀬にも生息するが淵や砂地に生息することの多いミドリカワゲラ科 Chloroperlidae の，瀬に生息している個体群の放射性セシウム濃度は高い。このことから，淵に生息すると放射性セシウムによる汚染度が高く

図 8-1　放射性 Cs の拡散

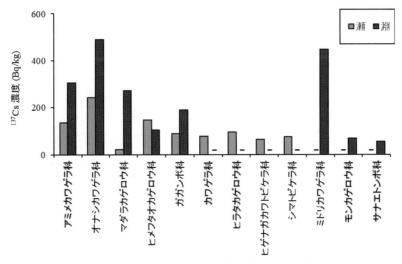

図 8-2　水生昆虫の放射性 Cs 濃度（瀬・淵の比較）

なると言える。また，瀬に生息するが落葉を主な餌としているオナシカワ
ゲラ科 Nemouridae の放射性セシウム濃度も高い。よって，水生昆虫の放射
性セシウムによる汚染は河床上で起こっていると推察できる（Yoshimura &
Akama, 2014）。

　川の水は流れているので，瀬と淵で表層水の放射性セシウム濃度に大きな
違いはない。しかし，河床の砂の放射性セシウム濃度には違いが見られる。
また，淵では流れがほとんどないため，放射性セシウムが付着・吸収した有
機物は，その状態で河床に蓄積する（Naiman *et al.*, 1987; Webster *et al.*, 1994;
Jones, 1997; Benfield *et al.*, 2000; Webster, 2007）。そして，その有機物に付着
した放射性セシウムは，有機物の分解に伴って少しずつ溶出してくるので
ある（Webster & Benfield, 1986; Abelho, 2008; Niu & Dudgeon, 2011; Tsuji *et al.*,
2016）。水の流れのあまりない淵では，この溶出した放射性セシウムの多く
が有機物層の上にたまっている。水生昆虫は河床上で餌を摂取するが，その
際に河床上に溜まった放射性セシウムも餌等と共に取り込んでいるのであろ
う。淵では，河床に溜まった放射性セシウムの量が多くなるため，淵に生息
する水生昆虫の放射性セシウム濃度も高くなるのだと考えられる。

　一方，モンカゲロウ科 Ephemeridae やサナエトンボ科 Gomphidae は，一般

的に淵に生息する傾向にあるが（Merritt & Cummins, 1996），これらの放射性セシウム濃度はミドリカワゲラ科ほど高くない（図8-2）。水の流れの少ない淵のような環境に生息しているモンカゲロウ科は，自らの呼吸のために，鰓を使って生息環境の周りの水を絶えず動かし，溶存酸素濃度を上げている。この行動によって，流れのある瀬の環境に近

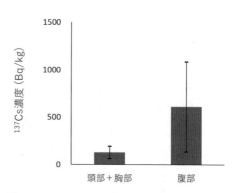

図8-3 モンカゲロウ科における放射性 Cs 濃度の比較

づくため，取り込む放射性セシウムの量は多少減るのだと考えられる。ちなみに，モンカゲロウ科の胃内容物を排泄させると，1-2 日のうちに放射性セシウム濃度は半減する（Negishi *et al*., 2018）。また，モンカゲロウ科 Ephemeridae を頭部＋胸部と腹部の 2 つに分けて放射性セシウム濃度を測定すると，腹部の値は頭部の濃度の 2 倍以上高くなる（図8-3）。モンカゲロウ科と同じように水の流れの少ない淵に生息しているサナエトンボ科は，直腸を用いて水を動かし，すばやく移動することができる（Corbet, 1998）。この機能も，体内への放射性セシウムの蓄積を減らすことに寄与しているであろう。

　淵という放射性セシウム濃度が高くなりやすい環境であっても，1 年経過すると，水生昆虫の放射性セシウム濃度はかなり低くなる。アミメカワゲラ科 Perlodidae やマダラカゲロウ科 Ephemerellidae においては半分程度になる（図8-4）。ヒメフタオカゲロウ科で減少幅が小さいのは，このグループが瀬と淵を頻繁に移動する水生昆虫だからと思われる。

3. 生息空間によるちがい（河川と湖）と放射性セシウム濃度

　ブラウントラウト *Salmo trutta* は，河川にも湖にも生息することが出来る。河川に生息するブラウントラウト個体群と，湖に生息するブラウントラウト

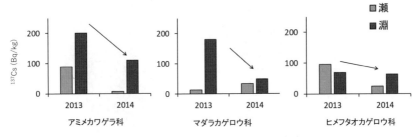

図 8-4　水生昆虫の放射性 Cs 濃度の推移

個体群の放射性セシウム濃度を比較すると，湖に生息する個体群の放射性セシウム濃度の方が，河川に生息する個体群のものよりも高い（図 8-5）。この傾向は，筋肉の放射性セシウム濃度の比較でも，胃内容物を含んだ胃の放射性セシウム濃度の比較でも同じである（図 8-5）。湖のブラウントラウトの胃内容物は，河川のブラウントラウトのものと大きく異なっている（図 8-6）。河川のブラウントラウトの主な胃内容物は昆虫であるが，湖のブラウントラウトの主な胃内容物は魚である。よって，餌の違いが魚の汚染度の違いをもたらしている可能性が考えられる。しかし，湖のブラウントラウトの主な餌であるヨシノボリのセシウム 137 濃度は 57.4 Bq/kg（2012 年測定）であり，河川のブラウントラウトの主な餌である水生昆虫のセシウム 137 濃度は 67.9 Bq/kg（カワゲラ科，アミメカワゲラ科，ヒゲナガカワトビケラ科の平均，2013 年測定）である。餌である両者の放射性セシウム濃度には，河川と湖に

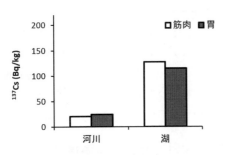

図 8-5　河川・湖それぞれに生息するブラウントラウトの放射性 Cs 濃度の比較

生息するブラウントラウトの筋肉の放射性セシウム濃度ほどの大きな違いは見られない。河川と湖との大きな違いは，水の流れの有無である。水の流れの有無によって魚の汚染度が左右されていると考えられる（Yoshimura & Yokoduka, 2014）。

湖には放射性セシウムで汚染された有機物が周囲から入

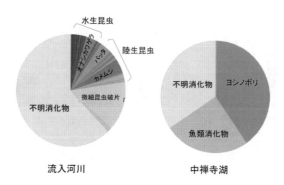

図8-6 河川・湖それぞれに生息するブラウントラウトの餌メニューの比較

り込み，湖底に沈殿し，その有機物が分解することによって放射性セシウム
が湖水に放出されている（Comans *et al.*, 1989; Bulgakov *et al.*, 2002）。放出さ
れた放射性セシウムは，水の流れがないため，湖の底に蓄積する。よって，
湖底近くに生息する魚は，湖底近くの放射性セシウムに汚染された餌生物や
湖水などを体内に取り込んでしまうことになる。また，砂の放射性セシウ
ム濃度は，河床（26.59 Bq/kg; Yoshimura & Akama, 2014）よりも湖底（81.28 Bq/
kg，n = 11，Yoshimura & Yokoduka, 2014）の方が高い。

　周囲から放射性セシウムに汚染された有機物が湖に流入し続けた場合，湖
水の放射性セシウム濃度は高止まりしたままになる。さらに，水の出入りが
ほとんど無い湖では，放射性セシウムが内部で循環するので，水の出入りの
ある湖に比べると，湖水や生き物の放射性セシウムの濃度は極めて高くなる
のである。そして，放射性セシウム濃度は物理学的半減期に沿ってゆっくり
としか減少しないため（Ryabov *et al.*, 1996; Bulgakov *et al.*, 2002），魚の放射性
セシウム濃度も，ゆっくりとしか減少しないのである。水生昆虫の放射性セ
シウム濃度が河川の瀬（流れあり）と淵（流れなし）で違うということと同じ現
象が，河川（流れあり）と湖（流れなし）でも見られるのである。「流れがない」
という状況が汚染の終息を遅らせているといえる。

4．湖に生息する魚の胃内容物と放射性セシウム濃度

　中禅寺湖（図 8-7）に生息する 3 種の魚：ブラウントラウト *Salmo trutta*，ニ

ジマス *Oncorhynchus mykiss*，ヒメマス *Oncorhynchus nerka* の筋肉のセシウム 137 濃度は，ブラウントラウトが最も高く，ニジマスが最も低い(図 8-8)。胃内容物を含めた胃のセシウム 137 濃度も同じパターンを示している。胃と筋肉のセシウム 137 濃度に違いがないということは，胃の中には高レベルに汚染された餌生物は存在しないということでもある。

　3 種の魚の胃内容物は大きく異なっており，ブラウントラウトは 1/3 がヨシノボリ，ニジマスは半分以上が水生昆虫，ヒメマスはほとんどが不明消化物となっている。ヒメマスは，通常は動物プランクトンを食べているため，ヒメマスの不明消化物は，ほとんどが動物プランクトンを消化したものと考えられる(図 8-9)。

　中禅寺湖のブラウントラウトの主な餌であるヨシノボリのセシウム 137 濃度は平均 57.4 Bq/kg であり(n = 20，2012 年 12 月，Yoshimura & Yokoduka, 2014)，ヒメマスの主な餌である動物プランクトンのセシウム 137 濃度は 8.3 Bq/kg である(n = 1，2012 年 12 月，Yoshimura & Yokoduka, 2014)。ヨシノボリが高く動物プランクトンが低いという餌における放射性セシウム濃度の違いは，ブラウントラウトの放射性セシウム濃度が高くヒメマスのものが低いという関係性と同じ傾向であり，魚は餌経由のみで放射性セシウムに汚染されたように見える(Shishkina *et al.*, 2016)。チェルノブイリ事故による研究でも，放射能汚染は食べ物が原因になることが示されている(Forseth *et al.*, 1991; Ugedal *et al.*, 1995)。しかし，ニジマスの餌である水生昆虫のセシウム 137 濃度が 10 Bq 程度以下なのかというと，そうではない。この湖の流入河川に生息している水生昆虫 3 科(カワゲラ科，アミメカワゲラ科，ヒゲナガカワトビケラ科)であっても，セシウム 137 濃度の平均は 67.9 Bq/kg と高い。中禅寺湖においては，ブラウントラウトやヒメマスは稚魚のみ放流されているが，ニジマス

図 8-7　中禅寺湖

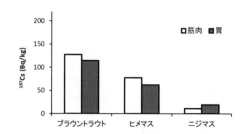

図 8-8 中禅寺湖に生息する魚 3 種の放射性 Cs 濃度の比較

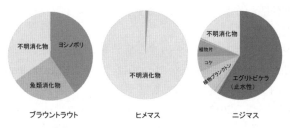

図 8-9 中禅寺湖に生息する魚 3 種の餌メニューの比較(12 月)

は稚魚と成魚の両方が放流されている。成魚として放流されたニジマスは，短期間しか汚染された湖で過ごしていないため，筋肉組織の汚染が少なくなるのであろう。示しているデータは成魚で放流されたニジマス個体のものと考えられる。放射性物質による生き物の汚染が，放射性物質がその生息環境に存在している期間とも関係してくるため，異なる環境に生息することになると，その生き物の放射性セシウム濃度も異なってくるのである(Håkanson, 1992)。

　ブラウントラウトは通常，湖の底層から中間層に生息するが，ニジマスは海岸線近くの中層から上層に生息する(Johnson, 2016)。湖底近くに住む魚は，餌を摂取する際に，湖底にたまっているセシウム 137 に汚染した物質も一緒に摂取する(Yoshimura & Yokoduka, 2014)。止水に存在する放射性物質のほとんどは，有機物等と共に底に溜まっており，止水に生息する水生生物も，食物網を通してその堆積物を摂取することによって，放射性セシウムに汚染されやすくなる(Voshell *et al.*, 1985)。ブラウントラウトのセシウム 137 濃度

の高さは，こうした生息場所の違いが食物網に反映されることによって生じていると考えられる。

中禅寺湖に生息するヒメマスとニジマスのセシウム 137 濃度は，徐々にではあるが比較的早い時期から減少していき，事故から数年後には，厚生労働省が制定した基準値 100 Bq/kg をほぼ下回っていた。しかし，同じ中禅寺湖に生息するブラウントラウトのセシウム 137 濃度は，減少してはいるもののその減少幅は小さく，2016 年時点でも 100 Bq/kg を超えていた。2018 年ごろになってやっと基準値 100 Bq/kg 以下になり始めたのである（MAFF, 2019）。

5. 河川に生息する魚の胃内容物や齢級と放射性セシウム濃度

2012 年時点で，渡良瀬川流域では 250 Bq/kg のイワナ，140 Bq/kg のヤマメ，阿武隈川水系では 600 Bq/kg のイワナ，1,400 Bq/kg のヤマメが採取されている（図 8-10）。渡良瀬川水系や阿武隈川水系に生息するイワナの放射性セシウム濃度は，徐々に減少しているが，事故から数年経過しても高い値を示すこともあり，2019 年でも渡良瀬川で 27 Bq，阿武隈川水系では 110 Bq のイワナが採取されている（MAFF, 2019）。

河川に生息するイワナの胃内容物は主に昆虫から構成されているが，生息場所による違いがみられ（図 8-11），例えば，セシウム 137 濃度が 170 Bq/kg（n = 1，2012 年 12 月 1 日，未発表データ）にもなる緑藻類を多く摂取しているイワナでは，セシウム 137 濃度も高くなるのである（Yoshimura & Yokoduka, 2014）。

河川に入ってきた放射性物質は珪藻などに捕捉され，これらの藻類を食べる水生昆虫は魚の餌となる。生き物に取り込まれた放射性物質は，食物連鎖を通じて上位の捕食者へと移行していくのである。しかし，上位捕食者への放射性物質の蓄積には時間がかかる。プランクトン食の小さな魚における放射性セシウムの取り込みは早く，放射性物質への暴露から数週間でピーク値に達する（Zibold et al., 2002; Jonsson et al., 1999）。しかし，小魚を食べる捕食魚の場合は放射性セシウムの移行がゆっくり進むので，捕食者の放射性セシウム濃度が上がるのは，暴露から 6〜12 ヶ月後になる（Zibold et al., 2002;

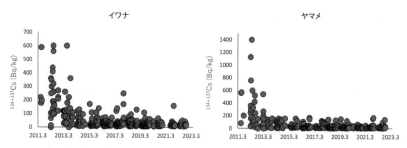

図8-10 阿武隈川水系に生息するイワナ及びヤマメの放射性Cs濃度の推移，水産庁「水産物の放射性物質」の調査結果をグラフ化。

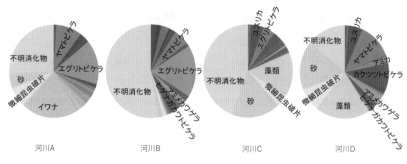

図8-11 河川性イワナの餌メニューの多様性

Elliott *et al.*, 1992）。

　空間線量率が高いと，イワナ *Salvelinus leucomaenis* の放射性セシウム濃度も高くなるが（図8-12），イワナの年齢が上がることでも（老齢），筋肉の放射性セシウム濃度は高くなるのである（図8-13）。しかし，胃内容物を含めた胃の放射性セシウム濃度は，イワナの年齢が小さいほど高い傾向にある。年齢によって食べている餌メニューが異なっている可能性が考えられる。サイズが大きくて重量の重いイワナが食べている餌自体に注目すると，餌の重さは小さなイワナと変わらないのに対し，餌メニューの種数は少なく，特定の餌に偏っているのである（Yoshimura & Akama, 2020）。そして，サイズの大きなイワナは，少ない種数の餌しか食べていないにもかかわらず，放射性セシウム濃度は高くなっているのである。餌と共に取り込んだ放射性セシウム

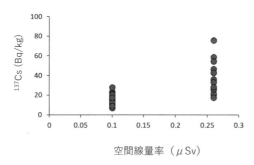

図 8-12 空間線量率と河川性イワナの放射性 Cs 濃度との関係

が筋肉組織に到達するには，相当な日数が必要となるため，イワナの年齢が上がると筋肉の放射性セシウム濃度も高くなる理由の一部は，セシウム137 に汚染された食べ物を長く継続的に摂取したことによる結果であると考えることができる。

　また，大型の魚は，深く水の流れの少ない環境に生息する（Harvey & Stewart, 1991）。そういった場所は，放射性セシウムが蓄積しやすい。年齢とともに変化する生息空間も，年齢による汚染度の違いに影響しているであろう。なお，瀬と淵の間を頻繁に移動する個体であれば，体のサイズが大きくても放射性セシウム濃度はそれほど高くならないと考えられる。放射性物質が食物網を介して上位の捕食者に移動するかどうかは，その生息場所の放射性物質の濃度や，その場所にどれだけの時間を過ごしたか，その上位の捕食者が空腹かどうかなどによって決まってくるからである（Fritsch *et al.*, 2008）。ちなみに，これらのイワナを放射性物質で汚染されていない水環境と餌で飼育すると，その濃度は徐々に下がっていく（Yamamoto *et al.*, 2014）。

　イワナが生息している場所より少し下流には，川底の石に付着した藻類

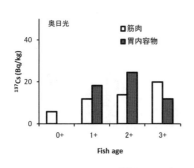
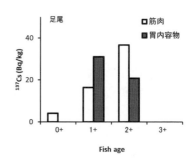

図 8-13 イワナの年齢と放射性 Cs 濃度

を食べるアユが生息している。このアユもイワナと同じような傾向を示す（Tsuboi *et al*., 2015; Iguchi *et al*., 2013）。ただ，放射性セシウムによる汚染度は，イワナなどの肉食系の魚の方が，アユのような草食系のものより高くなる（Mizuno & kubo, 2013）

6. 河川環境における放射性セシウム動態とその値のばらつきについて

2012 年 5 月時点の奥日光地区と足尾地区の空間線量率は，0.1〜0.25 μSv/h の範囲であり，奥日光地域より足尾地域の方が高い（MEXT, 2012）。放射性セシウム沈着量も足尾地区のほうが奥日光地区よりも多い。生き物等（落葉・砂・藻類・水生昆虫など）の放射性セシウム濃度を調べても，空間線量率が高く放射性セシウムの沈着量の多い足尾地域に生育・生息する生き物の放射性セシウム濃度は高くなる。

河床上に存在する落葉の放射性セシウム濃度は，河川周辺の陸域にある落葉の放射性セシウム濃度に比べて，ものすごく低い（図 8-14）。水生昆虫の餌にもなる落葉は，水の中に入ると放射性セシウム濃度がかなり低くなるのである。

河川の中に存在する落葉・砂・藻類の放射性セシウム濃度も，空間線量率の高い地点では高い（図 8-15）。しかし，汚染度の低い場所同士で比較すると，空間線量率と放射性セシウム濃度との間には，はっきりとした関係性がみられないのである。そして，同じ空間線量率であっても，地点によって放射性セシウム濃度に大きなばらつきが見られるのである（Yoshimura & Akama, 2014）。

河川に存在する落葉の多くは，陸域で放射性セシウムに汚染したものであるが，その汚染様式は個々の落葉によって異なる。よって，汚染度も落葉によって異なることになる。また，河川

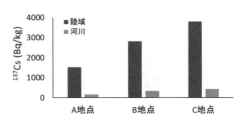

図 8-14 陸域および河川中に存在する落葉の放射性 Cs 濃度

中の落葉群集も周辺
の植生変化に応じて
異なってくるため，
落葉群集の汚染度も
場所によって異なる
ことになる。付着藻
類は河川の中でのみ
放射性セシウムに汚
染される。そして，
藻類は，河川に流入

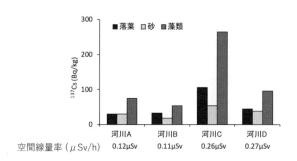

図8-15 河川中に落葉・砂・藻類の放射性Cs濃度

する放射性セシウムが増加すると汚染されやすくなる(Hongve *et al*., 2002)。
しかし，藻類の放射性セシウムによる汚染には，河川水中に溶出した放射性
セシウム(Sasaki *et al*., 2022)が藻類の内部組織に吸収される場合や，藻類の
外部に付着して藻類群に埋もれている場合などいろんな汚染様式がある。そ
の上，付着藻類の群集構造は，水質，流速，照度などによって異なっている
ため，放射性セシウムを捕捉する機能や放射性セシウムを内部組織に取り込
む機能も群集構造によって異なることになる。これらの要因が複雑に絡み合
う結果，落葉や藻類の放射性セシウム濃度は空間線量率が同じであってもば
らつくことになる。

　また，砂の放射性セシウム濃度にもばらつきがみられるため，放射性セシ
ウムは河床空間にまんべんなく分布しているのではなく，河川環境の影響を
受けながら，まばらに放射性セシウム濃度の濃い場所が存在しているという
ことになる。そして，藻類や落葉の放射性セシウム濃度もばらついているた
め，それを食べる水生昆虫の放射性セシウム濃度もばらつくことになるので
ある。もちろん，水生昆虫における放射性セシウム濃度のばらつきには，餌
の放射性セシウム濃度のばらつきだけでなく，流れの有無という水生昆虫の
生息地の違いも影響している。

　イワナでも，年齢が上がると，放射線セシウム濃度自体は高くなるが，そ
のばらつきも大きくなる(Yoshimura & Yokoduka, 2014)。イワナの生息範囲
は，一般に水生昆虫よりも広く，瀬と淵を行き来している。しかし，個体に
よって淵の利用度に偏りがある。高齢魚ほど淵の底を利用する。水生昆虫の

放射性セシウム濃度が瀬と淵で異なっているため，仮に同じ種類の餌をイワナが食べていたとしても，イワナの淵の利用度によって餌自体の放射性セシウム濃度は異なることになる。また，淵と瀬で過ごした時間の割合によっても，同じ河川に生息する同じ年齢のイワナであっても放射性セシウム濃度はばらつくことになる。これらの要因が，イワナの放射性セシウム濃度のばらつきにつながっているのであろう。

　放射性セシウムによる汚染の度合いが大きい福島第一原発付近では，このような違いは誤差になるであろう。しかし，汚染度が低く，空間線量率の違いがそれ程大きくない場所では，同じ地域内における生息環境の違い(瀬と淵など)による影響が大きくなるため，場所による汚染度の違いが生息場所の汚染度のばらつきでマスクされてしまい，高次捕食者になるほど，汚染度の違いがはっきりと見えてこなくなるのだと考えられる。

7. 水生生物の放射性セシウム排出機能

　多くの水生昆虫は1年1化であるが，カワゲラ科の一部は数年1化である。数年1化の昆虫は，2011年3月の放射性物質による暴露と，その後の放射性物質を含んだ餌の摂取によって，1年1化の昆虫に比べ，放射性セシウムの影響をより多く受けていると考えられる。しかし，捕食者であるカワゲラ科の昆虫の放射性セシウム濃度はそれほど高くない(図8-2)。

　水の中に生息している生き物は，外部環境の変化によって体組織の浸透圧が変化しないよう，維持する必要がある。よって，淡水に生息する水生昆虫は，低張性の水分を放出し，無機イオンなどを能動的に吸収している。トビケラ目の幼虫は腹部などに存在する塩類上皮，ユスリカ科やカ科の幼虫は肛門突起，カゲロウ目やカワゲラ目の幼虫は塩類細胞を使って，外部環境から無機イオン等を吸収し，浸透圧調節を行っている(Komnick, 1977; Wichard *et al.*, 2002)。

　淡水域に生息する水生生物の塩類細胞には，イオンを外部から取り込む機能だけでなく排出機能も備わっている。塩類細胞の数は種によって異なっている。また，環境条件や成長段階に応じて容易に変化する。カゲロウ目では，塩分濃度の高い水に数週間浸すと，塩類細胞の数が増加する。高塩分濃

度の水の中で生き延びることができるのは，50％程度であるが，その生き
残った個体は，死亡した個体よりも多くの塩類細胞を持っているのである
（Wichard *et al.*, 1973）。カワゲラ目でも同様の傾向が見られる（Kapoor, 1978）。
また，半翅目のミズムシ科では，成長するにつれて塩類細胞の数が増加す
るだけでなく，塩類細胞の分布パターンも変化する（Komnick & Wichard,
1975）。カワゲラ科の塩類細胞数を比較すると，空間線量率の高いところ
に生息しているものほど，数が多い傾向にある（図 8-16）。カワゲラ科の放
射性セシウム濃度がそれほど高くないのは，カワゲラ科が持っている塩類
細胞（図 8-17）が，放射性セシウムを積極的に排出しているためと考えられ
る。サナエトンボ科も淵に生息している割に放射性セシウム濃度が低いが，彼らも直腸に塩類細胞を持っている（Corbet, 1998）。

ちなみに，魚の塩類細胞の数も，種，発生段階，塩分濃度によって異なっているが（Itazawa & Hanyu, 1991），汚染した魚は浸透圧調節を行っている塩類細胞を使って，放射性セシウムを排出することが出来る（Furukawa *et al.*, 2012a, b）。

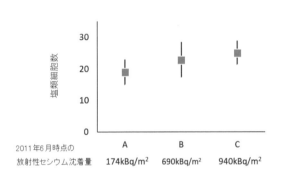

図 8-16　カミムラカワゲラにおける 0.1 × 0.1 mm あたり
の塩類細胞数の比較

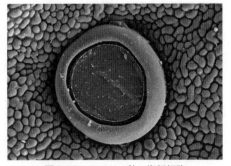

図 8-17　カワゲラ科の塩類細胞

8. 中禅寺湖の流出河川における放射性セシウム濃度

中禅寺湖には何本かの流入

河川があり，一本の流出河川がある。この流入河川と流出河川に存在する藻類・落葉・砂の放射性セシウム濃度を比べると，流入河川よりも流出河川の方が濃度が高い（図 8-18）。中禅寺湖の湖底には，放射性セシウムが大量に沈んでいると推測される。実際，流出河川の水のセシウム 137 濃度は 1 Bq/L 未満，砂のセシウム 137 濃度は平均 17 Bq/kg であるが，湖床の砂のセシウム 137 濃度は 450 Bq/kg もある（MOE, 2013）。

　流出河川においてカワゲラ科，アミメカワゲラ科，ヒゲナガカワトビケラ科のセシウム 137 濃度が高いのは，中禅寺湖から放射性セシウムの付着した物質が流れ出しているからだと思われる。カワゲラ科とアミメカワゲラ科のセシウム 137 濃度も，中禅寺湖への流入河川より流出河川の方が高い（図 8-19）。中禅寺湖から流れ出た細かい粒子は，川に堆積するとともに藻類や落葉を覆うこともあるだろう。ヒラタカゲロウ科やオナシカワゲラ科などは，こういった粒子で覆われた藻類や落葉を食べることになる（Merrit & Cummins, 1996）。カワゲラ科やアミメカワゲラ科などは，こういった植食者を捕食するため，これら捕食者のセシウム 137 濃度も流出河川の方が流入河川のものより高くなるのであろう。その一方，ヒゲナガカワトビケラ科はカワゲラ科やアミメカワゲラ科と異なり，石の間に網を構築し網に引っか

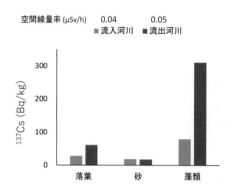

図 8-18　中禅寺湖の流入河川及び流出河川における藻類・砂・落葉の放射性 Cs 濃度

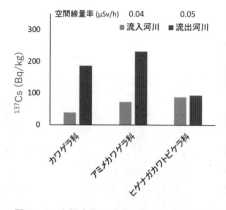

図 8-19　中禅寺湖の流入河川及び流出河川におけるカワゲラ科・アミメカワゲラ科・ヒゲナガカワトビケラ科の放射性 Cs 濃度

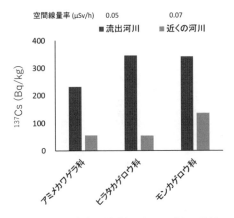

図 8-20 中禅寺湖の流出河川およびその近辺の空間線量率の高い河川に生息するアミメカワゲラ科・ヒラタカゲロウ科・モンカゲロウ科の放射性 Cs 濃度

かった餌を食べるため（Merrit & Cummins, 1996），放射性セシウムが付着したシルトなどの細かい粒子がろ過されやすく，放射性セシウム濃度が高くならないのだと考えられる。

また，空間線量率の少し高い近くの河川（上流に湖がない）よりも，流出河川の方が高い放射性セシウム濃度を示している（図 8-20）。やはり，湖から流れ出す砂の影響が大きいのであろう。流出河川では，湖からもたらされた多くの放射性セシウムが存在するため，なかなか排出できないのではな

これらを生き物が安易に取り込んでしまい，いかと考えられる。

この流出河川に存在する藻類や落葉のセシウム 137 濃度は，事故後，年月とともに減少している。しかし，砂（シルトや粘土など，2 mm 未満のすべての物質）のセシウム 137 濃度は，絶対的な濃度は低いものの，少しずつ増加しているのである（図 8-21）。放射性セシウム濃度は，粒度が小さいほ

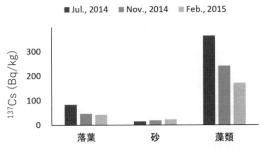

図 8-21 中禅寺湖の流出河川における藻類・砂・落葉の放射性 Cs 濃度の推移

ど高くなる（Bostick *et al.*, 2002; Tsukada *et al.*, 2008）。流出河川の砂の放射性セシウム濃度が徐々に高くなるのは，放射性セシウムが粘土等粒度の細かい粒子に吸着した状態で，流出河川に少しずつ流れ出して

いるからと考えられ
る。そのため，流出
河川では，水生昆虫
もセシウム137濃度
が増加しているので
ある（図8-22）。

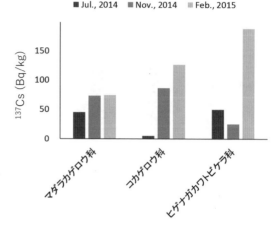

9. 藻類の放射性
　セシウム濃度と
　流速

　一般的に，流速が
速いと単位時間あた
りに流れる水量も多
くなるため，流速が
遅い場合に比べて多

図8-22　中禅寺湖の流出河川におけるマダラカゲロウ科・コカゲロウ科・ヒゲナガカワトビケラ科の放射性Cs濃度の推移

くの懸濁物質等がもたらされる。しかし，流速の速い場所では，懸濁物質のほとんどが河床に沈むことなく下流へ流されていく。

　また，一般的に，粒子が大きくなると河床へ沈降する速度は速くなる（Gibbs *et al*., 1971; Komar, 1981）。粒子の重量が増加しても，重力の影響で，河床へ沈降する速度がさらに速くなる。放射性セシウムなどの物質が付着している粒子は，付着していない粒子よりも重く，大きくなる。したがって，放射性セシウムで汚染された物質は，汚染されていない物質よりも先に河床に沈むはずである（Kozerski, 2002; Camenen, 2007）。

　河川水中の放射性セシウムは，河川水中に溶出したものと懸濁物質に吸着したままのもの，両者が混じりあった状態で存在している（Ueda *et al*., 2013; Sakuma *et al*., 2019）。そして，そのような状態の放射性セシウムは，藻類マットに容易に入り込んだり吸着したりしやすい。よって，河川の中の放射性セシウム濃度への流速の影響を見るには，水生昆虫の餌にもなる藻類に注目するのが良いと考えられる。

　空間線量率の高い場所では，放射性セシウムの量が多い。流速が速いと，流れてくる放射性セシウムの量はさらに多くなる。しかし，放射性セシウム

が付着した懸濁物質も含め，多くの懸濁物質が下流へ流されていくため，河床には放射性セシウムが付着した懸濁物質の一部しか溜まらない。その結果，空間線量率の高い場所では，流れが速いと，藻類の放射性セシウム濃度は低くなる（図 8-23）。同じ瀬であっても，流れが速いと放射性セシウムは溜まりにくいということになる。流れが遅いと，放射性セシウムが付着した懸濁物質は，ほぼすべて河床に沈んでいく。そして，藻類マットへの放射性セシウムの入り込みが発生しやすくなる。空間線量率の高い場所での速い流れは，汚染を減らすことに繋がると考えられる。

　空間線量率の低い場所では，流れてくる放射性セシウムの量は空間線量率の高い場所よりも少なくなる。そして，流速が遅い場合，放射性セシウムが付着した懸濁物質が先に沈むが，流れてきた懸濁物質はほぼすべて川底に沈むことになる。流れが速いと，水量も放射性セシウムの量も多くなる。そして，放射性セシウムが付着した懸濁物質は重いので先に沈み，放射性セシウムが付着していない軽い懸濁物質は，下流へ流されていくことになる。流れてくる放射性セシウムの絶対的な量は，空間線量率の高い場所よりも少ないが，流れの遅い所よりも多いため，河床に存在する放射性セシウムの量は，流れの速い所で多くなるのである（Yoshimura & Akama, 2020）。その結果，空間線量率の比較的低い場所では，流れが速くなると藻類の放射性セシウム濃度（図 8-23）が高くなる傾向がみられることになる。

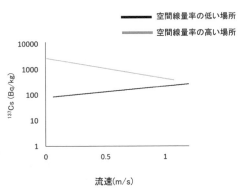

図 8-23　流速と藻類の放射性 Cs 濃度との関係

10. 水生生物における放射性セシウム濃度の生態学的半減期と移行係数

　生態学的半減期は放射性セシウム濃度の推移から求めることができ，種によって大きく異なる。例えば地衣類では，地面に張り付いているタイプの半減期は長く，サルオガセのように垂れ下がっているタイプの半減期は短い(Yablokov *et al.*, 2009)。水の中で生息する生き物の生態学的半減期も種によって大きく異なる(Koivurova *et al.*, 2015)。魚類のセシウム 137 の生態学的半減期は，短いもので半年以内，長いもので 6 年に及ぶ(Prohl *et al.*, 2006)。そしてそれは，その場所の汚染度によっても異なってくるのである(Yoshimura & Akama, 2020)。

　空間線量率が高くなると，砂・藻類・落葉・水生昆虫の放射性セシウム濃度も比例して高くなる。しかし，年月とともに変化する放射性セシウム濃度の推移を見てみると，空間線量率によって現れ方が異なってくるのが分かる。空間線量率の高い地点では，放射性セシウム濃度の絶対値も高い。そして，藻類や砂・落葉・水生昆虫の放射性セシウム濃度は，年月とともに減少していく(図 8-24)。一方，空間線量率の低い地点では，藻類や落葉の放射性セシウム濃度は年月とともに減少してはいるものの，年月との有意な関係は見られない。砂や水生昆虫の放射性セシウム濃度においては増加している。例えば，カワゲラ科やヒラタカゲロウ科の放射性セシウム濃度は年月と

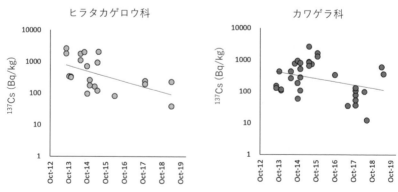

図 8-24　空間線量率の高い場所(0.3-0.7 μSv)における放射性 Cs 濃度の推移

ともに増加しているのである（図8-25）。

　生態学的半減期は，放射性セシウム濃度の推移から計算できるが，放射性
セシウム濃度が年月とともに増加すると，生態学的半減期を計算することが
できない。空間線量率の低い場所でしばしば観察される放射性セシウム濃度
と年月との正の関係は，生態学的半減期が長くなることを示している。空間
線量率の低い場所における藻類の放射性セシウム濃度と流速との関係性から
考えても，空間線量率の低い場所での生態学的半減期はかなり長くなるとい
える。空間線量率の高い地域では，放射性セシウムは継続的に減少する。し
かし，放射性セシウム濃度が低レベルに達した時，放射性セシウム濃度をさ
らに下げることが困難になる，ということを示している。

　空間線量率の高い場所に生息するカワゲラ科やヒラタカゲロウ科のセシウ
ム137の生態学的半減期は約5年である（Yoshimura & Akama, 2020）。しか
し，空間線量率や分類群によって生態学的半減期は大きく異なってくる（図
8-26）。この生態学的半減期の違いには，食べた物の汚染度の違いも関わって
くる（Hessen *et al*., 2002）。放射性セシウムによる汚染が均一ではない場合，生
態学的半減期を推定するにあたっては，観察する時期や場所・期間に注意を
払わないといけない。よって，生態学的半減期を推定するためには，観察す
る期間をかなり長く取ることも有効であるが（Prohl *et al*., 2006），汚染状況に
合わせて時期・場所・期間をこまめに区切って推定することも必要であろう。

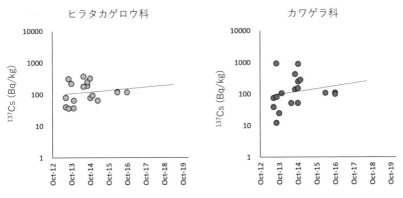

図8-25　空間線量率の低い場所（0.05-0.1 μSv）における放射性Cs濃度の推移

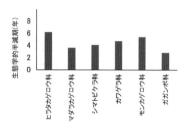

図 8-26 空間線量率の高い場所（0.3-0.7 μSv）における生態学的半減期

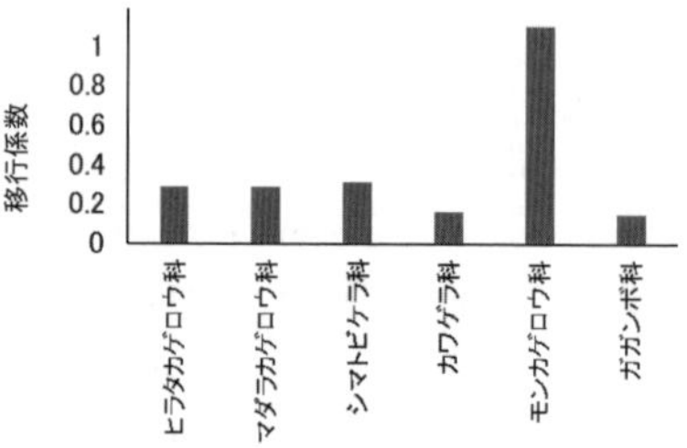

図 8-27 空間線量率の高い場所（0.3-0.7 μSv）における藻類からの移行係数

藻類から水生昆虫への放射性セシウムの移行係数も分類群で異なってくる（図 8-27）。流速が遅く，放射性セシウムが蓄積しやすい場所に生息しているフタスジモンカゲロウ *Ephemera japonica* やヒメクロサナエ *Lanthus fujiacus* の移行係数は高く，瀬に生息することの多いカワゲラ科 Perliddae やヘビトンボ科 Corydalidae の移行係数は低くなる傾向にある。また，空間線量率の低い場所に生息している水生昆虫ほど移行係数も大きくなる傾向にある。

11. チェルノブイリ事故による節足動物等への影響

　チェルノブイリ事故は 1986 年 4 月 26 日に旧ソ連ウクライナ共和国の北部にある原子力発電所で起こった。この事故では，500 万テラベクレル以上の放射性物質が放出され，福島の事故よりも 5-10 倍多い放射性物質が放出されたと考えられている。放出された放射性物質の 60 ％から 90 ％が林冠等に沈着した（Tikhomirov & Shcheglov, 1994）が，雨などによって，事故後 2, 3 ヵ月で落葉層や土壌層へと移行した。そのため，落葉層に生息する節足動物は，長期間にわたって高レベルの放射線に曝されることになった。

　原発から 3-7 km 範囲の森林の落葉層に生息していた節足動物の幼虫は，事故後 2 ヶ月でいなくなり，成虫は約 30 分の 1 に減少した（Krivolutzkii & Pokarzhevskii, 1992; United Nations, 1996）。事故後 1 年が経つと，落葉層に生息する節足動物の個体数は増え始め，2 年半後に元に戻ったが，種数は減ったままであった（Krivolutzkii & Pokarzhevskii, 1992）。原発から 2-3 km の地点では，事故後 13-15 年経っても種数は事故前の 50 ％程度と減ったままで

あった(Pokarzhevsky *et al.*, 2006)。

　林床から土壌層に生息するミミズでは，個体数が4分の1に減少したものの，大量死は見られていない。地下5 cm以上の深さに生息する土壌動物の個体数は，まったく減少していない。放射性物質が深い土壌層にまで移行せず，また，上を覆っていた土壌や落葉が，放射線を遮って土壌動物を守ったからである。

　チェルノブイリ事故で飛散した放射性物質は，様々な水系をも汚染している。半減期の短い放射性ヨウ素なども大量に河川に入り込んだが，これらの核種はすぐに崩壊したため，2週目には，こういった半減期の短い放射性物質の占める割合は1/2に減少した。その結果，水生生物が受けた線量が最大になったのは事故2週間後であり，その線量の60-80%が半減期の短い放射性ヨウ素によるものであった。セシウム137やストロンチウム90などの放射性物質は，事故当初は林冠や土壌に吸着していたため，河川水自体の線量はすぐに減少したのである。その後，徐々に陸域に蓄積していたセシウム137やストロンチウム90が，雪解け水や洪水による土壌侵食によって河川に流れ込んでいき，河床に存在する放射性物質の量が時間とともに増加していった(Yablokov *et al.*, 2009)。

　ストロンチウム90は低分子の形で存在するがセシウム137はコロイドとして存在するため(Salbu *et al.*, 1992)，ストロンチウム90は水に溶解しやすく，セシウム137は底に溜まりやすい(Vakulovsky *et al.*, 1994)。そのため，ストロンチウム90はセシウム137よりも早い段階で海へと運ばれ，河川生態系には存在しなくなった。セシウム137は河川生態系に残りやすいだけでなく，洪水が起こると氾濫原にも懸濁物質と共にセシウム137がもたらされることになるため，氾濫原に生育する一年草などもセシウム137で汚染された(Yablokov *et al.*, 2009)。

　水域に生息する水生生物にも放射性物質の影響が及んでいる。ミズミミズの一種 *Stylaria lacustris* は，通常無性生殖を行っているが，事故から9年経ても約20%の個体に性細胞をもつものが見られている(Yablokov *et al.*, 2009)。チェルノブイリから10 km以内の水域に生息する水生甲殻類や扁形動物においても，突然変異の発生頻度が高くなっている(Yablokov *et al.*, 2009)。

12. チェルノブイリ事故による魚への影響

　事故により，魚も放射性物質に汚染された。しかし，チェルノブイリ近辺の湖に生息するコイ等のセシウム 137 濃度は，事故から約 15 年経つと 2-27 kBq/kg にまで減少した(Kryshev, 1995; Nasvit, 2002)。チェルノブイリから約 200 km 離れたロシアの湖でも，事故から約 5 年経つと，多くの魚種において，セシウム 137 濃度は 0.2-19 kBq/kg になっていた(Fleishman et al., 1994)。魚への汚染は西ヨーロッパ地域でも起こったが，北西に 2000 km も離れたノルウェーの湖 Øvre Heimdalsvatn における汚染はひどく，ブラウントラウトのセシウム 137 濃度が 1987 年には 8,400 Bq/kg にも達していた(Håkanson et al., 1992; Kryshev, 1995; Smith et al., 2000a)。2008 年 に は 200〜300 Bq/kg にまで低下したが(Brittain et al., 1991; Brittain et al., 1992; Brittain & Gjerseth, 2010)，事故後 10 年経った頃から汚染度の低下スピードが遅くなり，近年の汚染レベルは 100-200 Bq/kg 程度で，物理学的半減期に沿って減少しているだけである(Jonsson et al., 1999; Brittain et al., 1991; Kryshev et al., 1993; Vakulovsky et al., 1994; Kryshev, 1995; Brittain & Gjerseth, 2010)。イギリスにおいても水域におけるセシウム 137 濃度はほぼ下げ止まっており，物理学的半減期に沿って減少しているだけである(Smith et al., 2000b)。

　放射性物質による汚染は生殖器官にも大きな影響を与えている。チェルノブイリの湖で 7-8 Gy の被ばくを受けたハクレン *Hypophthalmichthys molitrix* では，数世代にわたって精液量や濃度が大きく減少しており，受精卵では 10 ％程度に異常が見られている(Yablokov et al., 2009)。事故によって放射性物質にさらされたものの，その後線量の低い環境下で飼育されたコクレン *Aristichthys nobilis* であっても，精巣の異常な成長，精子濃度の低下，異常精子の増加が見られている(Yablokov et al., 2009)。精子や卵子に取り込まれた放射性物質の濃度が高いと卵数が減り受精率が下がることも，コイ *Cyprinus carpio* で明らかになっている(Goncharova, 1997)。カワカマス *Esox lucius* の生殖腺においても，汚染された湖に生息している個体では，卵黄形成の際に卵母細胞の退化的な形態変化が見られている(Yablokov et al., 2009)。

13. 放射性セシウム汚染による水生生物全体への影響と福島の現状およびこれから

　事故等で放射性物質が環境中に放出されてしまうと，まずは落葉や林冠など様々な有機物の表面に放射性物質が吸着することになるが，その後，これらの有機物があらゆる生態系を移動していくことで，放射性物質は空間全体に広がってしまうのである。また，流れのない河床や湖底に集水域からの放射性物質の継続的な流入がある場合は，放射性物質が蓄積していくことになり，こういった場所に生息している水生生物は，餌等と共に周りの環境から放射性セシウムを継続的に取り込んでしまうため，これらの生き物の放射性セシウム濃度はなかなか下がらなくなる(Smith *et al.*, 2000a; Brittain & Gjerseth, 2010; Yoshimura & Akama, 2014; Yoshimura & Yokoduka, 2014)。その上，有機物が未分解の状態で存在しているところでは，多くの放射性セシウムがその有機物から継続的に河川水や湖水に放出されるので，放射性セシウム濃度はさらに高くなっていくのである(Saxen & Ilus, 2001; Smith *et al.*, 2004)。

　このように生息環境によっても汚染度が異なってくるが，生き物自身の生理的機能も汚染度に関わってくる。pH や水温によって生き物自身の生理的機能が異なるため，放射性セシウムの生き物への移行も pH，温度，溶存有機炭素などの影響を受ける(Forcella *et al.*, 2006; Smith *et al.*, 2010; Cloyed *et al.*, 2018)。魚では，水温が高くなると放射性セシウムによる汚染度も高くなる(Rowan & Rasmussen, 1994)。水中の放射性セシウムや他のイオン濃度の分布状態も，放射性セシウムの移行や生き物の体内での動きに影響を与えている(Katkowska, 1995; Neal *et al.*, 1996; Moriwaki *et al.*, 2012)。例えば，環境中にカリウムが多く存在すると，放射性セシウムによる汚染は小さくなる(Skoko *et al.*, 2021)。

　汚染された地域に生息する生き物の突然変異率は著しく高い。その突然変異の影響は個体への障害として現れるが，線量と障害との関係性は種によって異なっている(Mietelskia *et al.*, 2010)。例えば昆虫では，線量が増加すると個体数は減少する(Møller & Mousseau, 2009)。200 Gy 程度の線量を浴びると，ほとんどの昆虫は生殖不全になる(Bakri *et al.*, 2005)。突然変異がゲノム不安

定性として世代を超えて蓄積されていくこともある。低線量の放射線に対して敏感なタイプに突然変異すると，次世代の放射性セシウムの生き物への影響はさらに大きく長期的になる（Goncharova, 2005）。

　水生生物の放射性セシウムによる汚染は，主に河川環境から汚染物質を摂取することによって発生している。福島の原発事故後，渓流に生息する水生生物の放射性セシウムによる汚染は，徐々に少なくなっている。汚染度が高いうちは，水の流れがあると放射性セシウム濃度も順調に下がるが，汚染度が低くなると，流れがあっても放射性セシウム濃度は下がりにくくなる（Yoshimura & Akama, 2018; Yoshimura & Akama, 2020）。そして，水生生物のセシウム137濃度による汚染度には，かなりのばらつきが見られるようになるのである。

　チェルノブイリ事故では，遠く離れたノルウェーでも水生昆虫が放射性セシウムによって汚染されており（Solem & Gaare, 1992），水系への放射性セシウムによる影響を管理するための計画が策定されてはいるが（Hofman et al., 2011），水系における放射性物質による生態学的な影響はいまだによくわかっていない。福島県においても，生き物の河床・湖床が汚染されている限り，水生生物の放射性セシウム濃度はなかなか下がりきらず，今後も数十年にわたって水系生態系や生息する生き物を汚染し続けると予想される。放射能レベルを継続的にモニターするとともに，放射性セシウムによる水生生物への生理・生態学的な影響をもっと解明していく必要性があると考えている。

〔引用文献〕

Abelho M（2008）Effects of leaf litter species on macroinvertebrate colonization during decomposition in a portuguese stream. *International Review of Hydrobiology*, 93: 358-371.

Bakri A, Heather N, Hendrichs J, Ferris I（2005）Fifty years of radiation biology in entomology: Lessons learned from IDIDAS. *Annals of the Entomological Society of America*, 98: 1-12.

Benfield EF, Webster JR, Hutchens JJ, Tank JL, Turner PA（2000）Organic matter dynamics along a stream-order and elevational gradient in a southern Appalachian stream. *Verhandlungen des Internationalen Verein Limnologie*, 27: 1341-1345.

Bostick BC, Vairavamurthy MA, Karthikeyan KG, Chorover J（2002）

Cesium adsorption on clay minerals: an EXAFS spectroscopic investigation. *Environmental Science & Technology*, 36: 2670‑2676.

Brittain JE, Gjerseth JE(2010) Long-term trends and variation in 137Cs activity concentrations in brown trout (*Salmo trutta*) from Øvre Heimdalsvatn, a Norwegian subalpine lake. *Hydrobiologia*, 642: 107‑113.

Brittain JE, Storruste A, Larsen E(1991) Radiocesium in brown trout (*Salmo trutta*) from a sub-alpine lake ecosystem after the Chernobyl reactor accident. *Journal of Environmental Radioactivity*, 14: 181‑191.

Brittain JE, Bjørnstad HE, Salbu B, Oughton DH(1992) Winter transport of Chernobyl radionuclides from a montane catchment to an ice-covered lake. *Analyst*, 117: 515‑519.

Bulgakov AA, Konoplev AV, Smith JT, Hilton J, Comans RN, Laptev GV, Christyuk BF(2002) Modelling the long-term dynamics of radiocaesium in closed lakes. *Journal of Environmental Radioactivity*, 61: 41‑53.

Camenen B(2007) Simple and general formula for the settling velocity of particles. *Journal of Hydraulic Engineering-ASCE*, 133: 229‑233.

Cloyed CS, Eason PK, Della AI(2018) The thermal dependence of carbon stable isotope incorporation and trophic discrimination in the domestic cricket, *Acheta domesticus*. *Journal of Insect Physiology*, 107: 34‑40.

Comans RNJ, Middelburg JJ, Zonderhuis J, Woittiez JRW, Lange GJD, Das HA, Weijden CHVD(1989) Mobilization of radiocaesium in pore water of lake sediments. *Nature*, 339: 367‑369.

Corbet PS(1998) *Dragonflies behavior and ecology of Odonata*. Cornell University Press, New York.

Elliott JM, Hilton J, Rigg E, Tullett PA, Swift DJ, Leonard DRP(1992) Sources of variation in post post-Chernobyl radiocaesium in fish from two Cumbrian lakes (north north-west England). *Journal of Applied Ecology*, 29: 108‑119.

Fleishman DG, Nikiforov VA, Saulus AA, Komov VT(1994) 137Cs in fish of some lakes and rivers of the Bryansk region and north-west Russia in 1990‑1992. *Journal of Environmental Radioactivity*, 24: 145‑158.

Forcella M, Berra E, Giacchini R, Parenti P(2006) Leucine transport in brush border membrane vesicles from freshwater insect larvae. *Archives of Insect Biochemistry and Physiology*, 63: 110‑122.

Forseth T, Ugedal O, Jonsson B, Langeland A, Njastad O(1991) Radiocaesium turnover in arctic charr (*Salvelinus alpinus*) and brown trout (*Salmo trutta*) in a Norwegian lake. *Journal of Applied Ecology*, 28: 1053‑1067.

Fritsch C, Scheifler R, Beaugelin-Seiller K, Hubert P, Coeurdassier M, Vaufleury

AD, Badot PM（2008）Biotic interactions modify the transfer of Cesium-137 in a soil-earthworm-plant-snail food web. *Environmental Toxicology and Chemistry*, 27: 1698-1707.

Fukuyama T, Takenaka C, Onda Y（2005）137Cs loss via soil erosion from a mountainous headwater catchment in central Japan. *Science of The Total Environment*, 350: 238-247.

Furukawa F, Watanabe S, Kaneko T（2012a）Excretion of cesium and rubidium via the branchial potassium-transporting pathway in Mozambique tilapia. *Fisheries Science*, 78: 597-602.

Furukawa F, Watanabe S, Kimura S, Kaneko T（2012b）Potassium excretion through ROMK potassium channel expressed in gill mitochondrion-rich cells of Mozambique tilapia. *American Journal of Physiology -Regulatory, Integrative and Comparative Physiology*, 302: R568-R576.

Gibbs RJ, Matthews MD, Link DA（1971）The relationship between sphere size and settling velocity. *Journal of Sedimentary Petrology*, 41: 7-18.

Goncharova RI（1997）Ionizing radiation effects on human genome and its trans-generation consequences. Second International Scientific Conference. Consequences of the Chernobyl Catastrophe: Health and Information. From Uncertainties to Interventions in the Chernobyl Contaminated Regions. November 13-14, Geneva（University of Geneva, Geneva）2: pp. 48-61.

Goncharova RI（2005）Genomic instability after Chernobyl: Prognosis for the coming generations. International Conference. Health of Liquidators（Clean-up Workers）: Twenty Years after the Chernobyl Explosion, PSR/IPPNW, November 12, Berne, Switzerland（Abstracts, Berne）: pp. 27-28.

Harvey BC and Stewart AJ（1991）Fish size and habitat depth relationships in headwater streams. *Oecologia*, 87: 336-342.

Hashimoto S, Ugawa S, Nanko K, Shichi K（2012）The total amounts of radioactively contaminated materials in forests in Fukushima, Japan. *Scientific Reports*, 2: Article number 416.

Hessen DO, Skurdal J, Hegge O, Hesthagen T（2002）Radiocesium decay in populations of brown trout and Arctic char in the alpine Atna area, south-eastern Norway. *Hydrobiologia*, 489: 55-62.

Hofman D, Monte L, Boyer P, Brittain J, Donchyts G, Gallego E, Gheorghiu E, Håkanson L, Heling R, Kerekes A, Kocsy G, Lepicard S, Slavik O, Slavnicu D, Smith J, Zheleznyak M（2011）Computerised decision support systems for the management of freshwater radioecological emergencies: assessment of the state-of-the-art with respect to the experiences and needs of end-users. *Journal of*

Environmental Radioactivity, 102: 119‒127.

Hongve D, Brittain JE, Bjornstad HE(2002) Aquatic mosses as a monitoring tool for 137Cs contamination in streams and rivers-afield study from central southern Norway. *Journal of Environmental Radioactivity*, 60: 139‒147.

Håkanson L, Andersson T, Nilsson Y(1992) Radioactive caesium in fish from Swedish lakes in 1986‒1988 ‒General pattern related to fallout and lake characteristics. *Journal of Environmental Radioactivity*, 15: 207‒229.

Iguchi K, Fujimoto K, Kaeriyama H, Tomiya A, Enomoto M, Abe S, Ishida T(2013) Cesium-137 discharge into the freshwater fishery ground of grazing fish, ayu Plecoglossus altivelis after the March 2011 Fukushima nuclear accident. *Fisheries science*, 79: 983‒988.

Ishii Y, Matsuzaki SS, Hayashi S(2020) Different factors determine 137Cs concentration factors of freshwater fish and aquatic organisms in lake and river ecosystems. *Journal of Environmental Radioactivity*, 213: Article number 106102.

Itazawa Y, Hanyu I(1991) *Fish Physiology*. Ouseisha Kouseikaku, Tokyo.

Jones JB(1997) Benthic organic matter storage in streams: influence of detrital import and export, retention mechanisms, and climate. *Journal of the North American Benthological Society*, 16: 109–119.

Jonsson B, Forseth T, Ugedal O(1999) Chernobyl radioactivity persists in fish, *Nature*, 400: 417.

Johnson JH(2016) Effect of stocking sub-yearling Atlantic salmon on the habitat use of sub-yearling rainbow trout. *Journal of Great Lakes Research* 42: 116–126.

Kapoor NN(1978) Effect of salinity on the osmoregulatory cells in the tracheal gills of the stonefly nymph, Paragnetina-media (Plecoptera Perlidae). *Canadian Journal of Zoology*, 56: 2608‒2613.

Katkowska MJ(1995) The effect of external cesium ions on the muscle-fiber resting potential in mealworm larva (*Tenebrio molitor* L.). *Journal of Comparative Physiology A*, 177: 519‒526.

Kato H, Onda Y, Tanaka Y(2010) Using 137Cs and 210Pbex measurements to estimate soil redistribution rates on semi-arid grassland in Mongolia. *Geomorphology*, 114: 508‒519.

Kinoshita N, Sueki K, Sasa K, Kitagawa J, Ikarashi S, Nishimura T, Wong YS, Satou Y, Handa K, Takahashi T, Sato M, Yamagata T(2011) Assessment of individual radionuclide distributions from the Fukushima nuclear accident covering central-east Japan. *Proceedings of the National Academy of Sciences of the United States of America*, 108: 19526‒19529.

Koivurova M, Leppänen AP, Kallio A(2015) Transfer factors and effective half-lives of (134) Cs and (137) Cs in different environmental sample types obtained from Northern Finland: case Fukushima accident. *Journal of Environmental Radioactivity*, 146: 73−79.

Komar PD(1981) The applicability of the Gibbs equation for grain settling velocities to conditions other than quartz grains in water. *Journal of Sedimentary Petrology*, 51: 1125−1132.

Komnick H(1977) Chloride cells and chloride epithelia of aquatic insect. *International Review of Cytology*, 9: 285−329.

Komnick H, Wichard W(1975) Chloride cells of larval notonecta-glauca and Naucoris-cimicoides (Hemiptera, Hydrocorisae) fine-structure and cell counts at different salinities. *Cell and Tissue Research*, 56: 539−549.

Kozerski HP(2002) Determination of areal sedimentation rates in rivers by using plate sediment trap measurements and flow velocity —settling flux relationship. *Water Research*, 36: 2983−2990.

Krivolutzkii DA, Pokarzhevskii AD(1992) Effect of radioactive fallout on soil animal populations in the 30km zone of the Chernobyl atomic power station. *Science of The Total Environment*, 112: 69−77.

Kruyts N, Delvaux B(2002) Soil organic horizons as a major source for radiocesium biorecycling in forest ecosystems. *Journal of Environmental Radioactivity*, 58: 175−190.

Kryshev II(1995) Radioactive contamination of aquatic ecosystems following the Chernobyl accident. *Journal of Environmental Radioactivity*, 27: 207−219.

Kryshev II, Ryabov IN, Sazykina TG(1993) Using a bank of predatory fish samples for bioindication of radioactive contamination of aquatic food chains in the area affected by the Chernobyl accident. *Science of The Total Environment*, 139−140: 279−285.

Mendoza-Lera C, Federlein LL, Knie M, Mutz M(2016) The algal lift: Buoyancy-mediated sediment transport. *Water Resources Research*, 52: 108−118.

Merritt RW, Cummins KW(1996) *An introduction to the aquatic insects of north America. Third ed.* Kendall/Hunt, Dubuque, Iowa.

Mietelskia JW, Maksimovab S, Szwałkoc P, Wnukd K, Zagrodzkia P, Błażeja S, Gacaa P, Tomankiewicza E, Orlovf O(2010) Plutonium, 137Cs and 90Sr in selected invertebrates from some areas around Chernobyl nuclear power plant. *Journal of Environmental Radioactivity*, 101: 488−493.

Ministry of Agriculture, Forestry and Fisheries (MAFF) (2019) Results of the monitoring on radioactivity level in fisheries products [online]. Available from ⟨http://www.jfa.maff.go.jp/j/houshanou/kekka.html⟩ [accessed 26 November

2022].

Ministry of Education, Culture, Sports, Science and Technology(MEXT)（2012）Database on the research of radioactive substances distribution.〈https://emdb.jaea.go.jp/emdb/en/portals/b1010302/〉 [Accessed 7 July 2022].

Ministry of Education, Culture, Sports, Science and Technology(MEXT)（2013）Summarized version of the "results of the research on distribution of radioactive substances discharged by the accident at TEPCO's Fukushima Dai-ichi NPP". 〈http://radioactivity.nsr.go.jp/en/contents/1000/294/24/PressR04%（2008）02s.pdf〉 [Accessed 20 January 2022].

Ministry of the Environment(MOE)（2013）Database on the environmental monitoring research of radioactive substances in East Japan [online]. Available from 〈http://www.env.go.jp/jishin/monitoring/result_pw130426-2.pdf〉 [accessed 13 July 2022].

Mizuno T, Kubo H（2013）Overview of active cesium contamination of freshwater fish in Fukushima and Eastern Japan. *Scientific Reports*, 3: Article number 1742.

Moriwaki H, Nakagawa T, Nakanishi H（2012）Electrospray ionization mass spectrometric observation of the interaction between cesium ions and amino acids. *Rapid Communications in Mass Spectrometry*, 26: 2822‑2826.

Møller AP, Mousseau TA（2009）Reduced abundance of insects and spiders linked to radiation at Chernobyl 20 years after the accident. *Biology Letters*, 5: 356‑359.

Naiman RJ, Melillo M, Lock MA, Ford TE, Reice SR（1987）Longitudinal patterns of ecosystem processes and community structure in a subarctic river continuum. *Ecology*, 68: 1139‑1156.

Nasvit OI（2002）*Radioecological situation in the cooling pond of Chornobyl NPP. In Recent Research Activity about Chernobyl NPP Accident in Belarus, Ukraine and Russia.* KURRI‑KR, 79: Kyoto University eds, 74‑85.

Neal JJ, Wu D, Hong YS, Reuveni M（1996）High affinity transport of histidine and methionine across *Leptinotarsa decemlineata* midgut brush border membrane. *Journal of Insect Physiology*, 42: 329‑335.

Negishi JN, Sakai M, Okada K, Iwamoto A, Gomi T, Miura K, Nunokawa M, Ohhira M（2018）Cesium-137 contamination of river food webs in a gradient of initial fallout deposition in Fukushima, Japan. *Landscape and Ecological Engineering*, 14: 55‑66.

Niu SQ, Dudgeon D（2011）The influence of flow and season upon leaf-litter breakdown in monsoonal Hong Kong streams. *Hydrobiologia*, 663: 205‑215.

Ohara T, Morino Y, Tanaka A（2011）Atmospheric behavior of radioactive materials from Fukushima Daiichi Nuclear Power Plant. *Journal of the National Institute of*

Public Health, 60: 292–299.

Pokarzhevsky AD, Kryvolutsky DA, Viktorov AG(2006) Soil fauna and radiation accidents. International Scientific and Practical Conference. Twenty Years of Chernobyl Catastrophe: Ecological and Sociological Lessons. June 5, 2006, Moscow (Materials, Moscow) : pp. 205–213 〈http://www.ecopolicy.ru/upload/File/conferencebook_2006.pdf〉(in Russian).

Prohl G, Ehlken S, Fiedler I, Kirchner G, Klemt E, Zibold G(2006) Ecological half-lives of 90Sr and 137Cs in terrestrial and aquatic cosystems. *Journal of Environmental Radioactivity*, 91: 41–72.

Rowan DJ, Rasmussen JB(1994) Bioaccumulation of radiocesium by fish: the influence of physicochemical factors and trophic structure. *Canadian Journal of Fisheries and Aquatic Sciences*, 51: 2388–2410.

Ryabov I, Belova N, Pelgunova L, Poljakova N, Hadderingh RH(1996) Radioecological phenomena of the Kojanovskoe Lake. The Radiological Consequences of the Chernobyl Accident (Proc. Int. Conf. Minsk, 1996), Rep. EUR 16544, Office for Official Publications of the European Communities, Luxembourg, 213–216.

Sakai M, Gomi T, Naito RS, Negishi JN, Sasaki M, Toda H, Nunokawa M, Murase K(2015) Radiocesium leaching from contaminated litter in forest streams. *Journal of Environmental Radioactivity*, 144: 15–20.

Sakuma K, Tsuji H, Hayashi S, Funaki H, Malins A, Yoshimura K, Kurikamia H, Kitamura A, Iijima K, Hosomi M(2019) Applicability of Kd for modelling dissolved 137Cs concentrations in Fukushima river water: Case study of the upstream Ota River. *Journal of Environmental Radioactivity*, 210: article number 105815.

Sakuma K, Hayashi S, Yoshimura K, Kurikami H, Malins A, Funaki H, Tsuji H, Kobayashi T, Kitamura A, Iijima K(2022) Watershed-geochemical model to simulate dissolved and particulate 137Cs discharge from a forested catchment. *Water Resources Research*, 58: e2021WR031181.

Salbu B, Bjornstad HE, Brittain JE(1992) Fractionation of cesium isotopes and 90Sr in snowmelt run-off and lake waters from a contaminated Norwegian mountain catchment. *Journal of Radioanalytical and Nuclear Chemistry*, 156: 7–20.

Sasaki Y, Funaki H, Fujiwara K(2022) Radiocesium transfer into freshwater planktonic Chlamydomonas spp. microalgae in a pond near the Fukushima Dai-ichi Nuclear Power Plant. *Limnology*, 23: 1–7.

Saxen R, Ilus E(2001) Discharge of 137Cs and 90Sr by Finnish rivers to the Baltic

Sea in 1986–1996. *Journal of Environmental Radioactivity*, 54: 275–291.

Shishkina EA, Pryakhin EA, Popova IY, Osipov DI, Tikhova Y, Andreyev SS, Shaposhnikova IA, Egoreichenkov EA, Styazhkina EV, Deryabina LV, Tryapitsina GA, Melnikov V, Rudolfsen G, Teien HC, Sneve MK, Akleyev AV (2016) Evaluation of distribution coefficients and concentration ratios of 90Sr and 137Cs in the Techa River and the Miass River. *Journal of Environmental Radioactivity*, 158–159: 148–163.

Skoko B, Babić D, Franić Z, Bituh T, Petrinec B (2021) Distribution and transfer of naturally occurring radionuclides and 137Cs in the freshwater system of the Plitvice Lakes, Croatia, and related dose assessment to wildlife by ERICA Tool. *Environmental Science and Pollution Research*, 28: 23547–23564.

Smith JJ, Millar JS, Longstaffe FJ, Boonstra R (2010) The effect of metabolic rate on stable carbon and nitrogen isotope compositions in deer mice, *Peromyscus maniculatus*. *Canadian Journal of Zoology*, 88: 36–42.

Smith JT, Comans RNJ, Beresford NA, Wright SM, Howard BJ, Camplin WC (2000a) Chernobyl's legacy in food and water. *Nature*, 405: 141–141.

Smith JT, Kudelsky AV, Ryabov IN, Hadderingh RH (2000b) Radiocaesium concentration factors of Chernobyl Chernobyl-contaminated fish: A stud y of the influence of potassium, and "blind" testing of a previously developed model. *Journal of Environmental Radioactivity*, 48; 359–369.

Smith JT, Wright SM, Cross MA, Monte L, Kudelsky AV, Saxén R, Vakulovsky SM, Timms DN (2004) Global analysis of the riverine transport of 90Sr and 137Cs. *Environmental Science & Technology,* 38; 850–857.

Solem JO, Gaare E (1992) Radiocesium in aquatic invertebrates from Dovrefjell, Norway, 1986 to 1989, after the Chernobyl fall-out. *Journal of Environmental Radioactivity*, 17: 1–11.

Tikhomirov FA, Shcheglov AI (1994) Main investigation results on the forest radioecology in the Kyshtym and Chernobyl accidents zones. *Science of The Total Environment*, 157: 45–47.

Tochigi prefecture (2011) Data base on the dose rate in the air in Tochigi Prefecture from May 13 to May 31. 〈http://www.pref.tochigi.lg.jp/kinkyu/documents/20110601_1400_50cm.pdf〉 [Accessed 20 January 2022].

Tsuboi J, Abe S, Fujimoto K, Kaeriyama H, Ambe D, Matsuda K, Enomoto M, Tomiya A, Morita T, Ono T, Yamamoto S, Iguchi K (2015) Exposure of a herbivorous fish to 134Cs and 137Cs from the riverbed following the Fukushima disaster. *Journal of Environmental Radioactivity*, 141: 32–37.

Tsuji H, Nishikiori T, Yasutaka T, Watanabe M, Ito S, Hayashi S (2016) Behavior of dissolved radiocesium in river water in a forested watershed in Fukushima Prefecture. *Journal of Geophysical Research: Biogeosciences*, 121: 2588‒2599.

Tsukada H, Takeda A, Hisamatsu S, Inaba J（2008）Concentration and specific activity of fallout 137Cs in extracted and particle-size fractions of cultivated soils. *Journal of Environmental Radioactivity*, 99: 875‒881.

Ueda S, Hasegawa H, Kakiuchi H, Akata N, Ohtsuka Y, Hisamatsu S（2013）Fluvial discharges of radiocesium from watersheds contaminated by the Fukushima Dai-ichi Nuclear Power Plant accident, Japan. *Journal of Environmental Radioactivity*, 118: 96‒104.

Ugedal O, Forseth T, Jonsson B, Njastad O（1995）Sources of variation in radiocaesium levels between individual fish from a Chernobyl contaminated Norwegian Lake. *Journal of Applied Ecology*, 32: 352‒361.

United Nations（1996）*Sources, Effects and Risks of Ionizing Radiation (Report to the General Assembly).* Scientific Committee on the Effects of Atomic Radiation（UNSCEAR）, New York.

Vakulovsky SM, Nikitin AI, Chumichev VB, Katrich IY, Voitsekhovich OA, Medinets VI, Pisarev VV, Bovkum LA, Khersonsky ES（1994）Cesium-137 and strontium-90 contamination of water bodies in the areas affected by releases from the Chernobyl nuclear power plant accident: an overview. *Journal of Environmental Radioactivity*, 23: 103‒122.

Voshell JR, Eldridge JS, Oakes TW（1985）Transfer of Cs-137 and Co-60 in a waste retention pond with emphasis on aquatic insects. *Health physics*, 49: 777‒789.

Wada T, Tomiya A, Enomoto M, Sato T, Morishita D, Izumi S, Niizeki K, Suzuki S, Morita T, Kawata G（2016）Radiological impact of the nuclear power plant accident on freshwater fish in Fukushima: An overview of monitoring results. *Journal of Environmental Radioactivity*, 151: 144‒155.

Wakiyama Y, Onda Y, Mizugaki S, Asai H, Hiramatsu S（2010）Soil erosion rates on forested mountain hillslopes estimated using 137Cs and 210Pbex. *Geoderma*, 159: 39‒52.

Webster JR（2007）Spiraling downs the river continuum: stream ecology and the U-shaped curve. *Journal of the North American Benthological Society*, 26: 375‒389.

Webster JR, Benfield EF（1986）Vascular plant breakdown in fresh-water ecosystems. *Annual Review of Ecology, Evolution, and Systematics*, 17: 567‒594.

Webster JR, Covich AP, Tank JL, Crockett TV（1994）Retention of coarse organic particles in streams in the southern Appalachian Mountains. *Journal of the North American Benthological Society*, 13: 140‒150.

Wichard W, Tsui PTP, Komnick H(1973) Effect of different salinities on coniform chloride cells of mayfly larvae. *Journal of Insect Physiology*, 19: 1825-1835.

Wichard W, Arens W, Eisenbeis G(2002) *Biolobical atlas of aquatic insects*. Apollo books, Stenstrup, Denmark.

Yablokov AV, Nesterenko VB, Nesterenko AV(2009) Chernobyl: Consequences of the catastrophe for people and the environment. *Annals of the New York Academy of Sciences*, Volume 1181.

Yamamoto S, Mutou K, Nakamura H, Miyamoto K, Uchida K, Takagi K, Fujimoto K, Kaeriyama H, Ono T(2014) Assessment of radiocaesium accumulation by hatchery-reared salmonids after the Fukushima nuclear accident. *Canadian Journal of Fisheries and Aquatic Sciences*, 71: 1772-1775.

Yoshimura M, Akama A(2014) Radioactive contamination of aquatic insects in a stream impacted by the Fukushima nuclear power plant accident. *Hydrobiologia*, 722: 19-30.

Yoshimura M, Akama A(2018) A Elevated radioactive contamination from the Fukushima nuclear power plant accident in aquatic biota from a river with a lake in its upper reaches. *Canadian Journal of Fisheries and Aquatic Sciences*, 75: 609-620.

Yoshimura M, Akama A(2020) Difference of ecological halflife and transfer coefficient in aquatic invertebrates between high and low radiocesium contaminated streams. *Scientific Reports*, 10: article number 21819.

Yoshimura M, Yokoduka T(2014) Radioactive contamination of fishes in lake and streams impacted by the Fukushima nuclear power plant accident). *Science of The Total Environment*, 482-483: 184-192.

Zibold G, Kaminski S, Klemt E, Smith JT(2002) Time-dependency of the 137Cs activity concentration in freshwater lakes, measurement and prediction. *Radioprotection Radioprotection-Colloques* 37: 75 -80.

（吉村真由美）

③ コラム

"鱒釣りの聖地" 中禅寺湖の復興と残された課題

1. "鱒釣りの聖地" 中禅寺湖と原発事故

　栃木県日光市奥日光に位置する中禅寺湖は, 約2万年前に男体山の噴火によりできた堰止湖であり, 水面標高 1,269 m, 湖面積 11.9 km², 最大水深 163 m の県内最大の湖である (図1)。中禅寺湖には, もともと魚類が生息していなかったが, 1873年に下流大谷川のイワナが放流されて以降, さまざまな魚類が放流された。明治時代, 中禅寺湖は在日外交官など訪日外国人の避暑地として賑わい, 英国の貿易商トーマス・ブレーク・グラバーらによって, 紳士の嗜みであるフライフィッシングが持ち込まれるとともに, 欧米から鱒類が移植され, 西洋式の釣り文化が根付いたことから, 中禅寺湖は "フライフィッシング発祥の地" となった。この釣り文化は, 地元漁業者の集まりである中禅寺湖漁業協同組合 (以下, 漁協) により受け継がれ, 現在では全国から釣り人が訪れる "鱒釣りの聖地" と称される湖になった。グラバーが亡くなってから100年目となる2011年, 漁協では, "歴史と伝統を未来へ" のスローガンのもと, 中禅寺湖の釣り文化を未来に継承していくことを決意し, 湖の振興に向け取り組んでいくところであったが, 3月11日の福島第一原子力発電所事故 (以下, 原発事故) の発生により, 事態は大きな局面を迎えることとなった。

　原発事故によって放出された放射性セシウムは, 東日本の広範囲に沈着し, 原発から160 km 離れる中禅寺湖の鱒類からも検出された。原発事故から約1年後の2012年2月に, 中禅寺湖の複数の鱒類から食品衛生法における基準値 (100 Bq/kg) を超過する放射性セシウムが検出されたことから, 2012年3月に栃木県から漁協に対して, 漁業や釣りの解禁延期が要請された。漁業や釣りの禁止は, 明治時代から受け継いできた釣り文化が途絶えるだけでなく, 地域の水産業や観光業にも多大な影響が生じることから, 漁協では, 苦肉の策として, 釣った魚をその場で湖に戻す "キャッチ・アンド・リリース (以下, C&R)" により, 釣り文化

図1　中禅寺湖の景観

図2　鱒類をリリースする釣り人

の継続に挑戦することとした（図2）。

2. 減少する漁業者と増加する釣り人

　湖の周辺地域に住む漁業者は，主にヒメマス *Oncorhynchus nerka* を漁獲するため漁協の組合員となっているが，2012年のC&R制の導入により，釣った魚を持ち帰ることができず，漁協に加入するメリットがなくなったことから，組合員数が大きく減少した（図3）。C&R制が導入された2012年から2017年までの組合員の減少率は32.4%と地域の人口減少率（19.5%）の2倍程度大きく，深刻な状況である。漁協は，組合員数が20人未満となった場合，水産業協同組合法に基づき解散を余儀なくされる。中禅寺湖の鱒類の資源管理や釣り場の運営を担っている漁協の解散は，資源の枯渇や釣り場環境の荒廃を招くことから，漁協の組合員確保及び運営体制強化が喫緊の課題である。

　鱒釣りの釣り人数（延べ人数）は，C&R制を導入した2012年に5,411人に大きく減少（2010年比35%）したが，2013年以降，釣り人数は毎年増加し，2017年には原発事故以前の水準を上回る19,574人（2010年比126%）となった（図4）。釣り方別に釣り人数を見ると，岸釣りでは，近年スポーツフィッシングとしてC&Rを好む釣り人が多く，C&R制での解禁が話題となったことから，釣り人数は2017年には15,526人と事故前の水準を大きく上回った（2010年比151%）。一方で，船釣りでは，釣った魚を持ち帰り，食を楽しむキャッチ・アンド・イート派の釣り人が多いことから，釣り人数は2017年においても4,048人と事故前の水準に達していない（2010年比77%）。漁協では，C&R制導入以降，

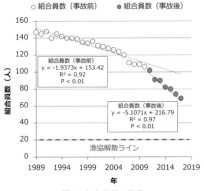

図3　組合員数の推移

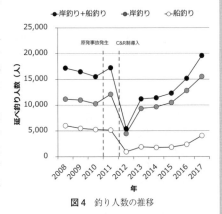

図4　釣り人数の推移

釣り人のニーズに応じた釣り場の運営を行うため，釣りのルールの改正，情報発信の強化など，釣り人の利便性向上に向けた取組を積極的に展開し，原発事故以前より多くの釣り人の集客に成功した。

3. 釣り人の来訪による地域経済の活性化

日本を代表する観光地である中禅寺湖では，原発事故に伴う風評被害によって，観光客数が著しく減少し，地域経済に深刻な影響が生じたが，漁協による釣り人の集客は，地域に好影響もたらした。釣り人は，釣りをする際に地域の飲食店や宿泊施設などを利用しており，1 人 1 日あたりの県内消費額は，岸釣りの場合 7,020 円 / 人 / 日，船釣りの場合 14,576 円 / 人 / 日であった。特に船釣りの消費額は，県内を訪れた観光客の消費額（9,687 円 / 人 / 日）の 1.5 倍であった。C&R 制により釣りを解禁した 2012 年から 2018 年までの 7 年間で，全国から延べ約 9 万 2 千人の釣り人が中禅寺湖を訪れ，総額約 7 億 7 千万円の県内消費が生み出された。釣り人が地域経済の活性化に貢献したと言えるだろう。

4. C&R によって変化した湖の生態系

釣った魚を湖に戻す C&R 制は，魚類の生息数を増加させる効果があり，特に湖の生態系において食物連鎖の上位に位置する魚食性の強いレイクトラウト *Salvelinus namaycush*（図 5 下）やブラウントラウト *Salmo trutta* がよく釣れるようになった。一方で，これらの捕食対象となるヒメマス（図 5 上）の生息数が激減するなど，生態系に大きな変化が見られている。ヒメマスについては，2017 年に放射性セシウム濃度が減少し，釣った魚の持ち帰りが解禁されたものの，現在に至るまで不漁が続いている。湖の特産物として旅館や飲食店で食材利用されているヒメマスの不漁は，漁協や地域にとって非常に深刻な問題である。

図 5 ヒメマス（上）とレイクトラウト（下）

原発事故以降，C&R 制による釣り解禁によって，釣り人の増加や地域経済への好影響などプラスの効果が得られたが，組合員の減少やヒメマスの不漁などさまざまな課題が生じており，"鱒釣りの聖地"中禅寺湖の復興に向け，関係者が一体となって課題解決に取り組んでいく必要がある。

（横塚哲也）

⑨ 福島第一原発事故による汚染が湖の魚類に与えた影響

1. はじめに

　福島第一原子力発電所（FDNPP）事故により，大量の放射性物質が大気や海洋等の環境中に放出された（Hirose, 2016）。特に人工放射性核種である放射性セシウム（セシウム 134 とセシウム 137）の放出量は多く，航空機モニタリング調査結果から，東日本の陸域に高濃度で沈着していることが明らかとなっている（鳥居ら，2012; Onda *et al.*, 2020）。放射性セシウムは，比較的長い物理学的半減期（セシウム 134 は 2.06 年，セシウム 137 は 30.1 年）を有していることから，環境中に放出された場合は汚染の長期化が懸念される放射性核種の 1 つである（和田，2021）。また，放射性セシウムは生物にとって必須元素の 1 つであるカリウムと化学的な性質が似ていることから（両者ともに周期表の 1 族元素（アルカリ金属）に属する），カリウムの代わり利用されて生物の体内に取り込まれ易い状況にある（渡邉ら，2014）。これらのことから，FDNPP 事故により陸域に放出・沈着した多量の放射性セシウムは，そこに生息するきのこ類，山菜，野生鳥獣，魚類等の様々な動植物内に蓄積することで放射能汚染がもたらされている（八戸ら，2015; 田上・内田，2022）。これらの動植物のうち，湖沼に生息する水生生物（特に魚類）は，FDNPP 事故から 10 年以上が経過した 2023 年現在においても，放射性セシウム汚染が継続している。

　湖沼に生息する水生生物の放射性セシウム汚染の実態を考察するためには，世界最大規模の原子力発電所事故と言われているチェルノブイリ原子力発電所（CNPP）事故に関連する知見の整理が必要不可欠である。そこで，本章では CNPP 事故後に発生した湖沼の放射性セシウム汚染に関する研究結果を紹介するとともに，筆者らが研究を行っている FDNPP から直線距離で約 190 km 離れている赤城大沼（図 9-1, 2）における魚類を中心とした研究事例を踏まえながら，FDNPP 事故による放射性セシウム汚染が湖沼に生息する魚類に与えた影響について紹介する。なお，淡水魚における放射性セシウムの減衰過程や食性別の解析等については，物理学的半減期の長いセシウム

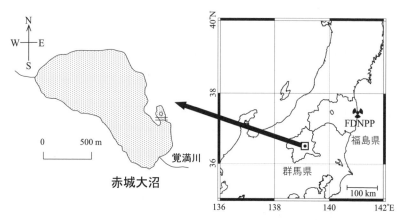

図 9-1 福島第一原子力発電所（FDNPP）と赤城大沼の位置

図 9-2 赤城大沼の写真

137 を用いて説明する。

2. FDNPP 事故の影響

　FDNPP 事故により大気に放出され，陸域に降下した放射性セシウムの総量はセシウム 134 とセシウム 137 ともに 3.4～6.2 PBq と推定されている（Aoyama *et al.*, 2016）。なお，FDNPP 事故による海域への直接放出と降下を

含めた放射性セシウムの総流出量は18.7〜23.9 PBqと推定されていることから，18.2〜23.4％が陸域に降下・沈着していることになる（Aoyama *et al.*, 2016）。この陸域に沈着した放射性セシウムは，FDNPPの北西部に帯状に高濃度の汚染地域が確認されている。また，この汚染地域以外にも，群馬県，栃木県，茨城県，千葉県等の近隣県でも比較的高濃度の沈着が確認されている地域が存在する（鳥居ら，2012）。FDNPP事故で放出さ

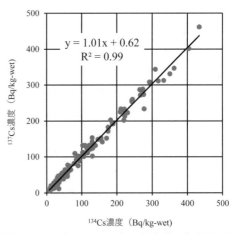

図 9-3 2011年から2013年に福島県，茨城県，栃木県，群馬県，の湖沼で採捕されたワカサギ *Hypomesus nipponensis* のセシウム134(^{134}Cs)とセシウム137(^{137}Cs)濃度の関係(2011年3月11に減衰補正)

れたセシウム134とセシウム137の放射能比は，原子炉の稼働時間等からおよそ1：1でああることが明らかとなっている（Suzuki *et al.*, 2022）。そこで，水産庁が公表している2011〜2013年に福島県，茨城県，栃木県および群馬県の湖沼で採捕されたワカサギ *Hypomesus nipponensis* の放射性セシウム濃度を原子炉の停止した2011年3月11日に減衰補正してセシウム134とセシウム137の濃度比を求めるとほぼ1.0となっている（図9-3）。このことは，湖沼に生息する淡水魚の汚染を引き起こしている放射性セシウムがFDNPP事故由来であることを証明している。

3. 淡水魚における放射性セシウム汚染の長期化要因

　動物が生命を維持するには，体液の浸透圧を一定に保つことが必要不可欠であり，海水魚も淡水魚もともに体液の浸透圧は海水の1/3程度に保たれている。海水魚の場合は，海水の浸透圧が体液の約3倍であるので，体表面から水分が流出し，塩類（イオン）が体内に流入する。そのため，海水魚は多

量の海水を飲み，腸から1価イオンの塩類とともに水を吸収し，過剰となった塩類を鰓の塩類細胞から能動的に排出する。一方，淡水魚の場合は，海水魚とは逆に浸透圧差によって体表面から水が流入し，塩類（イオン）が体外に流出する。そのため，塩類の不足を補うために，淡水魚は鰓から1価イオンの塩類を能動的に取り入れ，腎臓で低張な多量の尿をつくり，過剰となった水分を排出している（図9-4）。つまり，淡水魚は体液の浸透圧調節のために能動的に1価イオンを取り込み，かつ排出しない仕組みとなっている（岩本・平野，1991）。セシウムは1価の陽イオンであり，上述のとおりカリウムと同じ1族元素に分類され，化学的にも性状が似ていることから，カリウムの代わりに魚体内に吸収されることが明らかとなっている（Smith *et al.*, 2000b, Furukawa *et al.*, 2012）。そのため，淡水魚は海水魚と比較して体内に吸収された放射性セシウムを長期間保持すると考えられている。また，放射性セシウム汚染の程度を相対的に示すことが可能とされる濃縮係数（生物中の放射性セシウム濃度／水中の放射性セシウム濃度）という数値を用いて淡水魚と海水魚を比較すると，大気圏内核実験の影響調査やCNPP事故に

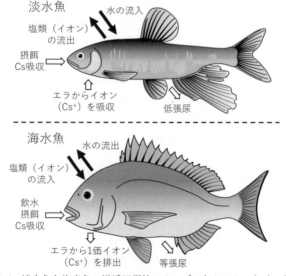

図9-4 淡水魚と海産魚の浸透圧調節メカニズムとセシウム（Cs）の動態

関連する研究等から淡水魚のセシウム 137 の濃縮係数は 400〜3,000 とされ，海水魚の 5〜100 よりも遙かに高い値である（笠松，1999）。実際に筆者らも赤城大沼に生息する淡水魚のワカサギ，オイカワ *Zacco platypus* およびウグイ *Tribolodon hakonensis* の濃縮係数を算出したところ，それぞれ約 900，約 1,500 および約 1,800 となり，これまでの研究とほぼ一致した値であった。

このように，淡水魚は海水魚よりも放射性セシウムを体内に蓄積しやすい生理的な性質を有しており，放射性セシウム汚染が長期化すると予想される。そのため，淡水魚については長期にわたる放射性セシウムのモニタリングが重要となってくる。しかしながら，放射性セシウムは，メチル水銀やカドミウムのように魚体内に蓄積し続ける化学物質とは異なり，代謝により魚体外に排出されるので，水中の放射性セシウム濃度が下がれば魚体内の濃度も低下していくと考えられている。

4. 放射性セシウム濃度の半減期

放射性セシウムを含む放射性核種に汚染された生物における汚染物質からの減衰・回復過程を評価するためには，半減期が最も理解しやすい指標である。半減期とは，放射性セシウム濃度が初期値から半分になるまでに要する時間のことであり。物理学的半減期（T_{phy}），生物学的半減期（T_{bio}），生態学的半減期（T_{eco}）などがある。

物理学的半減期とは，放射性セシウムが物理的な崩壊により半分に減るまでの時間のことであり，放射性核種ごとに決まっており，上述のとおりセシウム 134 とセシウム 137 の物理学的半減期は，それぞれ 2.06 年と 30.1 年である。つまり，セシウム 137 の場合，30 年経過すれば初期濃度の 1/2 に，60 年経過すれば初期値の 1/4 になる。

次に生物学的半減期であるが，この値は魚体内に取り込まれた放射性セシウムが，代謝，排泄などの生物学的過程のみによって，初期値の半分になるまでの時間のことである。生物学的半減期は，基本的に飼育実験によって算出されるものである。

実際に放射性セシウムが蓄積した魚類を汚染のない条件で飼育し，魚体内からの減衰過程を考えた場合，物理学的半減期と生物学的半減期の 2 つの過

程が並行して進む。この 2 つの減衰過程により実際に魚体内の放射性セシウムの量が半分に減るまでの時間を実効半減期(T_{eff})と呼ぶ。なお，実効半減期の逆数は物理的半減期の逆数と生物学的半減期の逆数との和で示すことができる。

$$1/T_{eff} = 1/T_{phy} + 1/T_{eco} 【式 1】$$

　最後に生態学的半減期であるが，この値は自然環境下において魚体内に取り込まれた放射性セシウムが，半分になるまでの時間のことである。生物学的半減期は生物学的な減衰の過程のみを対象としているが，生態学的半減期は天然水域での減衰過程であることから，餌などを通じた放射性セシウムの吸収も考慮した値である。そのため，生態学的半減期は生物学的半減期よりも長期間となることが多い。自然環境下での放射性セシウムの減衰過程を明らかにすることができる生態学的半減期は，汚染実態の把握と将来予測に繋がることから重要な指標である。また，実際の自然環境下における放射性セシウムの減衰過程を考えた場合，上記の生物学的半減期の考え方と同様に物理学的半減期と生態学的半減期の 2 つの過程が並行して進んでいる。この 2 つの減衰過程により魚体内の放射性セシウムの量が半分に減るまでの時間が実効生態学的半減期($T_{eff-eco}$)である。なお，実効半減期と同様に実効生態学的半減期の逆数は物理的半減期の逆数と生態学的半減期の逆数との和で示すことができる。

$$1/T_{eff-eco} = 1/T_{phy} + 1/T_{eco} 【式 2】$$

　このように経時的に得られた放射性セシウム濃度の測定データを用いることで，実際の減衰速度である実効半減期と実効生態学半減期を算出できるが，このデータには物理学的半減期による減衰も含まれていることを理解し，生物学的半減期と生態学半減期を求めるためには，式 1 と式 2 を用いて別途計算する必要がある。なお，各半減期の具体的な算出方法については，以下で示す。

5. 淡水魚における放射性セシウム（セシウム 137）の減衰過程

　魚類におけるセシウム 137 の排出の解析は，実際の測定値を用いることによって 1 成分もしくは 2 成分の指数関数的減衰モデルで表すことが可能であ

る（Jonsson *et al.*, 1999; Smith *et al.*, 2000a）。

　　1 成分モデル：$Q_t = Q\mathrm{e}^{-kt}$【式 3】

　　2 成分モデル：$Q_t = Q_1\mathrm{e}^{-k_1 t} + Q_2\mathrm{e}^{-k_2 t}$【式 4】

　Q, Q_1 および Q_2 は初期のセシウム 137 濃度，t は経過日数，k, k_1 および k_2 は減衰係数を示す。また，この指数関数的減衰モデルにおける半減期（$T_{1/2}$）は，2 の自然対数（log2）を減衰係数（k, k_1 もしくは k_2）で除することで求めることが可能であり，取り扱っているデータにより，実効半減期と実効生態学的半減期が算出できる（具体的な事例を用いて，以下で説明する）。

　　$T_{1/2} = \mathrm{log}2/(k,\ k_1\ もしくは\ k_2)$【式 5】

　放射性セシウムが蓄積した魚類を汚染のない環境で飼育することで，放射性セシウムの魚体内からの減衰は，代謝，排泄の生物学的過程のみと考えることが可能である。このような条件下で経時的に放射性セシウム濃度を測定し，上記の指数関数減数モデルと式 1 を用いることで実効半減期と生物学的半減期を求めることが可能となる。実際に筆者らは赤城大沼で釣獲した放射性セシウムを含むワカサギを用いた飼育実験により，放射性セシウム（セシウム 137）の減衰過程を経時的に測定することで実効半減期と生物学的半減期を算出した。なお，測定している期間が 2011 年 12 月〜2012 年 7 月の 8 ヵ月と短期間であったことから，1 成分モデルを適用した。ワカサギは測定期間中の 2012 年 3〜4 月に繁殖行動が確認されたことから繁殖期前後で実効半減期と生物学的半減期をそれぞれ求めた。繁殖期前の実効半減期と生物学的半減期（95 % 信頼区間）は，それぞれ 178 日（164〜196 日）と 181 日（166〜200 日），繁殖期後は，それぞれ 375 日（313〜469 日）と 389 日（322〜489 日）となり，繁殖期の前後で実効半減期と生物学的半減期には明らかな差異が認められた。ワカサギは成熟産卵後に多くの個体が死亡する 1 年魚であるため（井塚，2005），繁殖期後の生存個体の代謝速度が低下していると考えられ，このことが，繁殖期前後で放射性セシウムの代謝速度が変化している原因と考えられた（鈴木ら，2016）

　次に天然水域における魚類の放射性セシウム濃度の減衰過程を経時的に測定し，上記の指数関数的減衰モデルと式 2 を用いることで実効生態学的半減期と生態学的半減期を算出することが可能である。CNPP 事故で汚染された北欧の湖沼に生息する魚食性の大型魚類のブラウントラウト *Salmo trutta* と

ホッキョクイワナ *Salvelinus alpinus* のセシウム 137 濃度の減衰は 2 成分モデルで表すことが可能あり，それぞれの魚種の速く減衰する成分と遅く減衰する成分の実効生態学半減期が明らかとなっている。ブラウントラウトの速く減衰する成分と遅く減衰する成分の実効生態学的半減期は，それぞれ 1.1 年と 22.4 年と試算されている。また，ホッキョクイワナの速く減衰する成分と遅く減衰する成分の実効生態学的半減期も，それぞれ 0.6 年と 7.7 年と試算されている（Jonsson *et al.*, 1999）。天然水域における魚類の放射性セシウム濃度の減衰過程から得られる 1 成分モデルと 2 成分モデルの早い成分は，主に魚類の代謝によるセシウム 137 の排出に相当し，急激な減少を示す。また，2 成分モデルの遅い成分は同化作用に相当し，生物・物理・化学的な作用を受けて魚類と環境間で動的平衡となり，最終的にセシウム 137 の物理学的半減期のみの緩やかな減衰速度になると考えられている（Jonsson *et al.*, 1999; Smith *et al.*, 2000a; Suzuki *et al.*, 2018）。ブラウントラウトとホッキョクイワナの 2 成分モデルの遅い成分の実効生態学的半減期は 7.7〜22.4 年であり，物理学的半減期に近づいていると考えられた。なお，筆者らの行っている赤城大沼の魚類におけるセシウム 137 の減衰過程については，以下で別途詳細に説明する。

6. 赤城大沼に生息する魚類におけるセシウム 137 濃度の減衰過程

　赤城大沼に生息するワカサギのセシウム 137 濃度の減衰過程についてであるが，測定を開始した 2011 年 8 月から 2012 年 9 月までは急激に減少したが 2012 年 10 月以降は漸減傾向を示している（図 9-5A）。2022 年 8 月までのワカサギのセシウム 137 測定データを用いて上記の 1 成分と 2 成分の指数関数減衰モデルに適合させ，赤池情報量規準に基づくモデル選択を行ったところ 2 成分モデルの方が適切なモデルであった（図 9-5A）。そこで 2 成分モデルの減衰係数から速く減衰する成分と遅く減衰する成分の実効生態学的半減期を求めたところ，それぞれ 0.60 年と 11.8 年と試算された。CNPP 事故後のブラウントラウトやホッキョクイワナと同様にワカサギのセシウム 137 濃度も下げ止まりの様相を呈しており，セシウム 137 濃度の減衰は物理学的半減

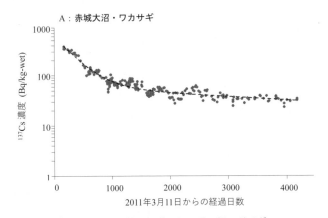

A：赤城大沼・ワカサギ

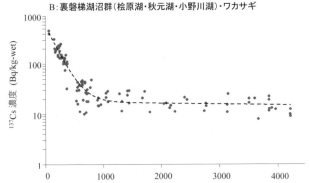

B：裏磐梯湖沼群（桧原湖・秋元湖・小野川湖）・ワカサギ

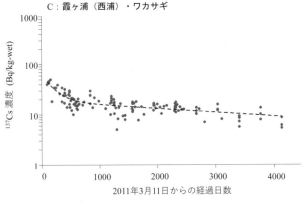

C：霞ヶ浦（西浦）・ワカサギ

図 9-5 赤城大沼，裏磐梯湖沼群および霞ケ浦に生息するワカサギにおけるセシウム 137（¹³⁷Cs）濃度の推移

期に近づいていることが明らかとなった。魚食性魚類や雑食性魚類の放射性
セシウムの減衰過程に関する研究については，大気圏内核実験後や CNPP 事
故後に多くの結果が報告されているが，ワカサギのようなプランクトン食性
の魚類に関する結果は限られており，本研究結果は貴重なデータであると言
える。

　次に，赤城大沼に生息するオイカワのセシウム 137 濃度についても各減衰
モデルを適合させたところ，ワカサギと同様に 2 成分モデルが適する結果と
なり，速く減衰する成分と遅く減衰する成分の実効生態学的半減期は，それ
ぞれ 0.44 年と 4.91 年であった。ワカサギと同様に下げ止まりの現象が認め
られたものの，遅く減衰する成分はワカサギより短かった。最近のオイカワ
のセシウム 137 濃度は，約 40～50 Bq/kg-wet とほぼ一定となっているので，
さらに測定データを積み重ねることで，遅く減衰する成分はより長期間とな
り，ワカサギと同様に物理学的半減期に近づいていくと予想される。なお，
ワカサギとオイカワのセシウム 137 の速く減衰する成分は，0.60 年と 0.44
年と試算され，FDNPP 事故から 10 年以上が経過した現状においては，15
回以上の実効生態学的半減期を迎えているので，速く減衰する成分はほとん
ど 0 Bq/kg-wet になっている。そのため，速く減衰する成分は現在の減衰に
はほとんど寄与しておらず，ワカサギとオイカワのセシウム 137 濃度は，遅
く減衰する成分のみで減少している状況である。

　最後に，赤城大沼に生息するウグイのセシウム 137 濃度についても各減衰
モデルを適合させたところ，1 成分モデルが適合する結果となり，ワカサギ
とオイカワとは異なり一定の速度で減衰している結果となった。魚類におけ
るセシウム 137 の蓄積と減衰は，食性や寿命，体サイズなどに影響を受ける
ことが知られている。プランクトン食性と草食性の魚類は雑食性と魚食性の
魚類よりも，寿命の短い魚類は長い魚類よりも，体サイズの小さい魚類は大
きい魚類よりもセシウム 137 は低濃度であり，減衰速度も速いと考えられて
いる（Jonsson *et al*., 1999; Smith *et al*., 2000a; IAEA, 2006）。ワカサギはプラン
クトン食性で寿命が主に 1 年の小型の魚類であり，オイカワは草食性の強い
雑食性で寿命が 3 年以内の小型の魚類である。一方，ウグイは雑食性で寿命
が 3 年以上の比較的大型の魚類である（棗田ら，2010）。そのため，ウグイの
セシウム 137 濃度は，ワカサギとオイカワよりも高く，減衰速度は遅いと予

想されることから，現状の測定データでは1成分モデルで減衰していると考えられる。今後，さらに測定データを積み重ねれば，ワカサギとオイカワと同様に2成分モデルが適合すると考えられる。

7. ワカサギにおけるセシウム137濃度の減衰過程の比較

航空機モニタリング調査結果から（鳥居ら，2012），赤城大沼と同程度の放射性セシウム汚染が認められた福島県・裏磐梯湖沼群の桧原湖，秋元湖および小野川湖に生息するワカサギと赤城大沼よりも低レベルの放射性セシウム汚染が認められた茨城県・霞ケ浦（西浦）に生息するワカサギのセシウム137濃度について，農林水産省から公表されているデータを用いて減衰過程を解析し，赤城大沼のワカサギとの比較を行った。2022年10月までの裏磐梯湖沼群と2022年7月までの霞ケ浦のワカサギセシウム137濃度データを用いて上記の1成分と2成分の指数関数的減衰モデルに適合させ，赤池情報量規準に基づくモデル選択を行ったところ，両者ともに赤城大沼と同様に2成分モデルが選択された（図9-5B・C）。

裏磐梯湖沼群に生息するワカサギの速く減衰する成分のセシウム137の実効生態学的半減期は0.34年と試算された。一方，遅く減衰する成分の実効生態学的半減期については45.9年と試算されたが，赤城大沼や霞ケ浦の結果と比較して初期の測定値においてばらつきが多く，遅く減衰する成分の実効生態学的半減期は統計的に有意ではないことから，十分な精度で推定できていないと考えられた。しかしながら，ここ数年の測定値は10 Bq/kg-wet程度とほとんど変化が見られないことから，減衰速度は遅くなっていることは明らかであり，遅い成分の実効生態学的半減期は物理学的半減期に近づいていると考えられる。

霞ケ浦に生息するワカサギの早い成分と遅い成分の実効生態学的半減期は，それぞれ0.35年と10.6年と試算された。この値は，ほぼ赤城大沼のワカサギと同じ値であり，セシウム137濃度の減衰は物理学的半減期に近づいていると考えられる。

次に初期の放射性セシウム汚染の程度を考察するために式4から早い成分の初期値（Q_1）と寄与率（$Q_1/(Q_1+Q_2)$）を求め，各湖沼間で比較した。早い

成分の初期値と寄与率は裏磐梯湖沼群で 564.5 Bq/kg-wet と 96.9 ％，霞ケ浦で 45.0 Bq/kg-wet と 70.3 ％，赤城大沼で 551.3 Bq/kg-wet と 89.9 ％ であった。このことから，裏磐梯湖沼群と赤城大沼に生息するワカサギの初期の放射性セシウム汚染レベルは同程度あったが，霞ケ浦の初期の汚染レベルは低いことが明らかとなり，航空機モニタリング調査と一致していた。

　最後に長期における放射性セシウム汚染レベルを考察するため式 4 から遅い成分の初期値(Q_2)と寄与率($Q_2/(Q_1 + Q_2)$)を比較した。裏磐梯湖沼群で 18.0 Bq/kg-wet と 3.1 ％，霞ケ浦で 19.0 Bq/kg-wet と 29.7 ％，赤城大沼で 61.6 Bq/kg-wet と 10.1 ％ であった。裏磐梯湖沼群のワカサギは，初期の放射性セシウム汚染レベルが高かったが，遅い成分の初期値も寄与率も低いことから，赤城大沼と比較して放射性セシウム汚染は速やかに解消したと考えられる。一方，霞ケ浦のワカサギについては，遅い成分の初期値が赤城大沼よりも低かったが，寄与率は高い結果となった。つまり，霞ケ浦の放射性セシウムの減衰速度は裏磐梯湖沼群や赤城大沼よりも緩やかであり，このことが初期の放射セシウム汚染レベルが低かったにも関わらず，現在でも汚染が継続していることに影響を与えていると考えられる。

　CNPP 事故後の調査において，河川や平均滞留時間の短い湖沼の放射性セシウム汚染は速やかに解消されたが，平均滞留時間の長い湖沼では長期的な汚染が確認されている(IAEA, 2006)。裏磐梯湖沼群の湖水の平均滞留時間は 0.046-0.83 年(Wada *et al*., 2016)，霞ケ浦は 0.55 年(神谷ら，2015)，赤城大沼は 2.3 年であり(近藤・濱田，2011)，赤城大沼は他の湖沼よりも明らかに平均滞留期間が長かった。このことがワカサギにおけるセシウム 137 の蓄積と減衰に関与している可能性があり，赤城大沼で放射性セシウム汚染が長期化している 1 つの要因と考えられた。しかしながら，霞ケ浦の平均滞留時間は 0.55 年と赤城大沼よりもはるかに短時間であり，裏磐梯湖沼群と大きな差は見られないにも関わらず，放射性セシウム汚染が長期化している。湖沼における放射性セシウムの動態には，湖水の平均滞留時間だけでなく，湖沼型(富栄養湖，貧栄養湖，腐植栄養湖等)，湖沼の成因(カルデラ湖，ダム湖，堰止湖等)や湖沼の湖盆形態などの様々な要因が影響を与えている可能性がある。そのため，湖沼における放射性セシウムの動態解明には，湖沼毎に放射性セシウムの収支を明らかにし，湖水の平均滞留時間，湖沼型，湖沼

の成因もしくは湖沼の湖盆形態別に比較することが重要であると考えられる。また，湖沼では夏季に水温躍層が形成され，水温躍層よりも下層部では有機物の分解により貧酸素もしくは無酸素状態となり，アンモニウムイオン（NH_4^+）が生成・蓄積される。このアンモニウムイオンと湖底堆積物に吸着しているセシウム 137 との間でイオン交換反応が発生し，湖水中にセシウム 137 が再溶出することが明らかとなっている（Comans *et al.*, 1989; Funaki *et al.*, 2022）。赤城大沼や霞ケ浦でも同様の現象が認められており（Suzuki *et al.*, 2018; Matsuzaki *et al.*, 2021），イオン交換による湖底堆積物からの放射性セシウムの再溶出が，汚染の長期化に影響を与えている可能性もある。そのため，これらの現象も考慮した放射性セシウムの動態と濃度を詳細に予測する計算モデル等の開発が必要である。

8. サイズ効果

　大気圏内核実験の影響調査や CNPP 事故後の調査によると，雑食性魚類と魚食性魚類ではサイズ（体重）依存的に放射性セシウム濃度が増加する「サイズ効果」が報告されている（Elliott *et al.*, 1992; Koulikov & Ryabov, 1992; 笠松，1999）。特に，サイズ効果は寿命の長い魚食性の大型魚で顕著に認められることが明らかとなっている（Elliott *et al.*, 1992; IAEA, 2006）。FDNPP 事故後についても湖沼に生息する魚食性魚類のオオクチバス *Micropterus salmoides*，コクチバス *M. dolomieu*，イワナ *Salvelinus leucomaenis* およびヤマメ *Oncorhynchus masou*，雑食性魚類のフナ *Carassius sp.*，ニゴイ *Hemibarbus barbus*，ウグイなどにおいて，体重もしくは全長が増加するにしたがって放射性セシウム濃度も増加するサイズ効果が報告されている（Takagi *et al.*, 2015; Ishii *et al.*, 2020）。一方，小型のプランクトン食性魚類については，放射性セシウム濃度の測定に必要なサンプルを採捕することが困難であると考えられることから，サイズ効果についての報告はない。そこで，筆者らは赤城大沼のワカサギを用いてサイズ効果について調べた。

　2012〜2019 年の 1 月と 2 月にワカサギを採捕し，体重を 2 g 毎に区分し，セシウム 137 濃度の測定と耳石を用いた年齢査定を行った。年齢査定の結果から，赤城大沼のワカサギには 0+, 1+ および 2+ が存在しており，主に

167

0+ と 1+ で構成されていた。なお，ふ化して 1 年未満の個体を当歳魚(0+)，1 年以上を越年魚とし，越年魚は 1 年以上 2 年未満の個体を 1+，2 年以上 3 年未満の個体を 2+ とした。全ての調査年で 0〜4 g は 0+ であった。越年魚の体重は年によって多少の違い見られたが，8 割以上の個体が属する年齢で分けると，6〜10 g，または 6〜12 g が 1+ であった。次にワカサギの体重とセシウム 137 濃度について解析を行ったところ，2012〜2015 年は体重が増加するとセシウム 137 濃度も増加するサイズ効果が認められたが，体重当たりのセシウム 137 濃度の増加の割合は年々少なくなっていた。このことは，ワカサギのセシウム 137 濃度のサイズ効果が年々小さくなっていることを意味しており，体重別のセシウム 137 濃度に差が無くなってきていることを示している。一方，2016〜2019 年については，サイズ効果は認められず，体重毎のセシウム 137 濃度がほぼ同じであった。サイズ効果のなくなった 2016 年のワカサギについては，耳石解析から 2+ が 1 個体確認されたが，それ以外は 0+ と 1+ であった。0+ は 2015 年 5〜6 月に 1+ は 2014 年 5〜6 月にそれぞれふ化した個体であることから，2016 年に採捕したワカサギは，主に 2014 年 5〜6 月以降にふ化した個体である。赤城大沼のモニタリング調査結果から湖水のセシウム 137 濃度は，2014 年 5 月以降ほとんど変化が見られないことが明らかとなっている (Mori et al., 2017; Suzuki et al., 2018)。つまり，2016 年のワカサギは，生息環境である湖水のセシウム 137 濃度がほぼ一定となってからふ化した個体であるため，2012〜2015 年の調査とは異なりセシウム 137 への暴露の程度が一定であったと考えられ，このことがサイズ効果の認められなくなった 1 つの要因であると推察される。また，サイズ効果は寿命の長い魚食性の大型魚で顕著に認められるが，ワカサギように寿命が短く，比較的小型のプランクトン食性の魚種では，サイズ効果が検出されにくいと推察される。このことも，2016 年以降にワカサギにおいてサイズ効果が認められなくなったことに影響を与えている可能性がある。

　本結果のように，体重区分を細かく設定し，精度の高い解析をすることによって小型のプランクトン食性魚類でも体重依存的にセシウム 137 が増加することが明らかとなり，サイズ効果は魚類全般で認められる現象とあることが分かった。

9. 食性の違いと放射性セシウムの蓄積

CNPP 事故後のノルウェー，スウェーデン，フィンランド，ドイツ等の
ヨーロッパ各地の湖沼における淡水魚の調査によって，放射性セシウムの淡
水魚への蓄積は食性の影響を受けていることが明らかとなっている（IAEA,
2006）。食性とは，動物が日常的に食べている食物の種類を示し，淡水魚の
場合は，プランクトン食性，雑食性，魚食性等に分類が可能である。例えば
フィンランドの南部の森林内にある湖に生息する魚食性魚類のヨーロピア
ンパーチ *Perca fluviatilis* やノーザンパイク *Esox lucius* は，雑食性魚類（非魚
食性魚類）のコイ科のローチ *Rutilus rutilus* やブリーム *Abramis brama* と比べ
て，魚体内のセシウム 137 濃度が明らかに高い傾向が認められた（Rask *et al.*,
2012）。

FDNPP 事故後についても湖沼に生息する魚類における食性の違いが放射
性セシウムの蓄積に与える影響を調査した。具体的には，2012 年と 2013 年
に航空機モニタリング調査で同程度の放射性セシウム汚染が確認された福
島県の裏磐梯湖沼群（桧原湖，秋元湖および小野川湖），栃木県の中禅寺湖お
よび赤城大沼で採捕された魚類について，プランクトン食性のワカサギと
ヒメマス，雑食性のウグイ，オイカワ，フナ，コイ *Cyprinus carpio*，モツゴ
Pseudorasbora parva 等および魚食性のイワナとブラウントラウトに分類して
セシウム 137 濃度の比較を行った。プランクトン食性魚類，雑食性魚類およ
び魚食性魚類におけるセシウム 137 濃度の中央値は，それぞれ 96.0 Ba/kg-
wet，199.0 Ba/kg-wet および 342.5 Ba/kg-wet となり，各魚種間で有意差が認
められ，魚食性魚類の放射性セシウム濃度が最も高い値を示した（図 9-6）。
CNPP 事故後の調査により，食物連鎖の栄養段階が上位になるほど生物濃縮
が起こり，放射性セシウム濃度が高くなる（IAEA, 2006）。特に，魚食性魚類
は，他の魚を捕食することで生物濃縮が起こりやすい状況にあることから，
他の食性の魚類よりも放射性セシウム濃度が高くなったと推察できる。な
お，食性による放射性セシウム濃度の違いは，湖沼に生息する魚類では認め
られるが，河川に生息する魚類では認められていない（Ishii *et al.*, 2020）。湖
と川では生息環境が異なっており，魚種間の放射性セシウムの移行に違いが
あるからと考えられている。

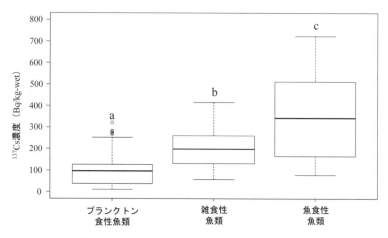

図9-6　湖沼における食性別のセシウム 137（[137]Cs）濃度

異なる英字間には，5％水準で有意差有り（Kruskal-Wallis 検定，Steel-Dwass 多重検定（p < 0.05））

10. 食物連鎖と放射性セシウム

　環境中に放出された放射性セシウムは，生物に取り込まれ，食物連鎖を通じて生物間を移動し，生態系内を循環すると考えられている。湖沼生態系についても食物連鎖を通じて同様の現象が起こっていると推察されることから，赤城大沼の湖沼生態系におけるセシウム 137 の動態について概念図を作成した（図 9-7）。

　図 9-7 の各生物の数値は，湖水の濃度を 1 とした時の相対値である（上述の濃縮係数と同じ値である）。全体的にセシウム 137 は栄養段階が上位の生物ほど高い値となっていることから，食物連鎖過程を良く反映していることが理解できる。特に動物プランクトンおよび魚類間のセシウム 137 は，食物連鎖網を極めて良く移行している。しかしながら，植物プランクトンは，栄養段階が上位の動物プランクトンよりも高い値となっており，食物連鎖とは逆の結果であった。この逆転現象が起こった理由は，植物プランクトンの採集の時期に関連していると考えられる。植物プランクトンの採集は，秋季のブルーミング時期に限られており，この時期は湖水の全循環期でもある。そのため，高濃度の湖底堆積物が湖水中に巻き上げられて植物プランクトン

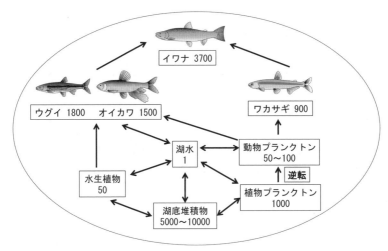

図 9-7 赤城大沼湖沼生態系におけるセシウム 137 の動態

中に混入したことから，植物プランクトンのセシウム 137 濃度は高濃度になった可能性が高い。これまでの筆者らの研究から，動物プランクトン中に含まれるセシウム 137 は，難溶性の割合が低いが，植物プランクトンでは難溶性の割合が高くなっており，湖底堆積物の難溶性の割合と同程度であることが明らかとなっている(Mori *et al.*, 2017)。このことは植物プランクトン中に湖底堆積物が混入している可能性を示す間接的な証拠であり，逆転現象の原因と考えられる。今後は，湖内の食物連鎖によるセシウム 137 の濃縮過程の理解を深めるため，湖底堆積物が植物プランクトンのセシウム 137 濃度にどの程度寄与しているのかを明らかにし，植物プランクトンの真の値(真の濃縮係数)を求める必要がある。

　また，湖底堆積物の値は非常に高い値となっているが，CNPP 事故後の研究から，湖水中のセシウム 137 は速やかに懸濁物質と吸着・沈降し，湖底に堆積することが明らかとなっている(IAEA, 2006)。この湖底に堆積したセシウム 137 は粘土鉱物等と強く吸着していることから，難溶性の形態で存在する割合が多くなっている(Mori *et al.*, 2017)。つまり，湖底堆積物中のセシウム 137 は，湖底に留まっている可能性が高い。しかしながら，湖底堆積物中のセシウム 137 は，上述の通り NH_4^+ とのイオン交換により，湖水中に

再溶出することが明らかとなっている。湖底堆積物のセシウム.137は高濃度であることから, 湖水中にわずかでも湖底堆積物からセシウム137が再溶出するのであれば, 食物連鎖を通じて湖沼生態系に大きな影響を与えると考えられる。そのため, 湖水中のセシウム137の収支計算により湖底堆積物から再溶出するセシウム137の年間量を明らかにすることが, 湖内生態系におけるセシウム137の動態解明には重要であると考えられる。

このように, 湖沼生態系における放射性セシウムの動態については, 多くのことが明らかになってきているが, 湖底堆積物からの再溶出の実態解明や魚類における汚染状況の下げ止まり現象の原因究明等, 明らかにすべき多くの研究課題が残されている。さらに, 現在でも湖沼においてはFDNPP事故由来の放射性セシウム汚染が継続していることから, 長期的な体制で放射性セシウムのモニタリングを継続する必要がある。

〔引用文献〕

Aoyama M, Kajino M, Tanaka TY, Sekiyama TT, Tsumune D, Tsubono T, Hamajima Y, Imomata Y, Gamo T (2016) [134]Cs and ^{137}Cs in the North Pacific Ocean derived from the March 2011 TEPCO Fukushima Dai-ichi nuclear power plant accident, Japan. Part two: estimation of [134]Cs and ^{137}Cs inventories in the North Pacific Ocean. *Journal of Oceanography*, 72: 67-76.

Comans RN, Middelburg JJ, Zonderhuis J, Woittiez JR, Lange GJD, Das HA, Weijden CHVD (1989) Mobilization of radiocaesium in pore water of lake sediments. *Nature*, 339: 367-369.

Elliott JM, Hilton J, Rigg E, Tullett PA, Swift DJ, Leonard DRP (1992) Sources of variation in post-Chernobyl radiocaesium in fish from two Cumbrian lakes (north-west England). *Journal of Applied Ecology*, 29: 108-119.

Funaki H, Tsuji H, Nakanishi T, Yoshimura K, Sakuma K, Hayashi S (2022) Remobilisation of radiocaesium from bottom sediments to water column in reservoirs in Fukushima, Japan. *Science of The Total Environment*, 812: 152534.

Furukawa F, Watanabe S, Kaneko T (2012) Excretion of cesium and rubidium via the branchial potassium-transporting pathway in Mozambique tilapia. *Fisheries science*, 78: 597-602.

笠松不二男 (1999) 海産生物と放射能—特に海産魚中の [137]Cs 濃度に影響を与える要因について—. *RADIOISOTOPES*, 48: 266-282.

八戸真弓・濱松潮香・川本伸一 (2015) 国内農畜水産物の放射性セシウム汚染の年次推移と加工・調理での放射性セシウム動態研究の現状. 日本食

品科学工学会誌，62: 1-26.

Hirose K（2016）Fukushima Daiichi Nuclear Plant accident: Atmospheric and oceanic impacts over the five years. *Journal of Environmental Radioactivity*, 157: 113-130.

IAEA（International Atomic Energy Agency）（2006）Environmental Consequences of the Chernobyl Accident and their Remediation: Twenty Years of Experience. Report of the UN Chernobyl Forum Expert Group "Environment", Vienna.

Ishii Y, Matsuzaki SS, Hayashi S（2020）Different factors determine ^{137}Cs concentration factors of freshwater fish and aquatic organisms in lake and river ecosystems. *Journal of environmental radioactivity*, 213: 106102.

井塚隆（2005）第 10 章 ワカサギ．淡水魚，（隆島史夫，村井衛 編）: 103-113，恒星社厚生閣，東京．

岩本宗彦・平野哲也(1991) 5.浸透圧調節．魚類生理学(板沢靖男・羽生功編): 125-150，恒星社厚生閣，東京．

Jonsson B, Forseth T, Ugedal O（1999）Chernobyl radioactivity persists in fish. *Nature*, 400: 417-417.

神谷宏・大城等・嵯峨友樹・佐藤紗知子・野尻由香里・岸真司・藤原敦夫・神門利之・菅原庄吾・井上徹教・山室真澄(2015) 浅い湖沼における滞留時間と栄養塩濃度が湖内での COD 生産に与える影響．応用生態工学，17: 79-88.

近藤智子・濱田浩美(2011)群馬県赤城山大沼における湖沼学的研究．千葉大学教育学部研究紀要，59: 319-332.

Koulikov AO, Ryabov IN（1992）Specific cesium activity in freshwater fish and the size effect. *Science of the total environment,* 112: 125-142.

Matsuzaki SS, Tanaka A, Kohzu A, Suzuki K, Komatsu K, Shinohara R, Nakagawa M, Nohara S, Ueno R, Satake K, Hayashi S（2021）Seasonal dynamics of the activities of dissolved ^{137}Cs and the ^{137}Cs of fish in a shallow, hypereutrophic lake: links to bottom-water oxygen concentrations. *Science of the Total Environment*, 761: 143257.

Mori M, Tsunoda K, Aizawa S, Saito Y, Koike Y, Gonda T, Abe S, Suzuki K, Yuasa Y, Kuge T, Arai H, Tanaka H, Watanabe S, Nohara S, Minai Y, Okada Y, Nagao S（2017）Fractionation of radiocesium in soil, sediments, and aquatic organisms in Lake Onuma of Mt. Akagi, Gunma Prefecture using sequential extraction. *Science of the Total Environment*, 575: 1247-1254.

棗田孝晴・鶴田哲也・井口恵一朗(2010)絶滅のおそれのある日本産淡水魚の生態的特性の解明．日本水産学会誌，76: 169-184.

Onda Y, Taniguchi K, Yoshimura K, Kato H, Takahashi J, Wakiyama Y, Coppin F,

Smith H(2020) Radionuclides from the Fukushima Daiichi nuclear power plant in terrestrial systems. *Nature Reviews Earth & Environment*, 1: 644-660.

Rask M, Saxén R, Ruuhijärvi J, Arvola L, Järvinen M, Koskelainen U, Outola I, Vuorinen PJ(2012) Short- and long-term patterns of ^{137}Cs in fish and other aquatic organisms of small forest lakes in southern Finland since the Chernobyl accident. *Journal of environmental radioactivity*, 103: 41-47.

Smith JT, Comans RNJ, Beresford NA, Wright SM, Howard BJ, Camplin WC (2000a) Chernobyl's legacy in food and water. *Nature*, 405: 141-141.

Smith JT, Kudelsky AV, Ryabov IN, Hadderingh RH(2000b) Radiocaesium concentration factors of Chernobyl-contaminated fish: a study of the influence of potassium, and "blind" testing of a previously developed model. *Journal of Environmental Radioactivity*, 48: 359-369.

鈴木究真・小野関(湯浅)由美・田中英樹・松岡栄一・久下敏宏・角田欣一・相澤省一・森勝伸・野原精一・藥袋佳孝・長尾誠也(2016) ワカサギにおける放射性セシウムの生物学的半減期の推定. 日本水産学会誌, 82: 774-776.

Suzuki K, Watanabe S, Yuasa Y, Yamashita Y, Arai H, Tanaka H, Kuge T, Mori M, Tsunoda KI, Nohara S, Iwasaki Y, Minai Y, Okada Y, Nagao S(2018) Radiocesium dynamics in the aquatic ecosystem of Lake Onuma on Mt. Akagi following the Fukushima Dai-ichi Nuclear Power Plant accident. *Science of the Total Environment*, 622-623: 1153-1164.

Suzuki K, Watanabe S, Tanaka H, Mori M, Tsunoda KI(2022) Radiocesium concentrations in great cormorants (*Phalacrocorax carbo*) between 2011 and 2012 after the Fukushima Dai-ichi Nuclear Power Plant accident. *Analytical Sciences*, 38: 207-214.

Takagi K, Yamamoto S, Matsuda K, Tomiya A, Enomoto M, Shigenobu Y, Fujimoto K, Ono T, Morita T, Uchida K, Watanabe T(2015) Radiocesium Concentrations and Body Size of Freshwater Fish in Lake Hayama 1 Year After the Fukushima Dai-Ichi Nuclear Power Plant Accident. *Impacts of the Fukushima Nuclear Accident on Fish and Fishing Grounds*: 201-209.

田上恵子・内田滋夫(2022) 食品モニタリングデータを用いた放射性セシウム基準値超過食材の経時変化に関する考察. *RADIOISOTOPES*, 71：9-22.

鳥居建男・眞田幸尚・杉田武志・田中圭(2012) 航空機モニタリングによる東日本全域の空間線量率と放射性物質の沈着量調査. 日本原子力学会誌 *ATOMOΣ*, 54: 160-165.

和田敏裕(2021) 福島第一原子力発電所事故に伴う海水魚と淡水魚の放射性セシウム汚染. 地球化学, 55: 159-175.

Wada T, Tomiya A, Enomoto M, Sato T, Morishita D, Izumi S, Niizeki K, Suzuki S, Morita T, Kawata G（2016）Radiological impact of the nuclear power plant accident on freshwater fish in Fukushima: An overview of monitoring results. *Journal of Environmental Radioactivity*, 151: 144-155.

渡邉泉・野村あづみ・増川武志・尾崎宏和・渡井千絵・林谷秀樹・五味高志・吉田誠・横山正（2014）福島県二本松市東部で採取された野生動物（数種の鳥類および哺乳類）の放射性セシウム蓄積．環境放射能除染学会誌, 2: 241-250.

（鈴木究真）

◆ 4 ◆ コラム

放射線被ばくの野ネズミ個体群への影響

1. 被ばく検証における野ネズミの有用性

　自然界に放出された放射性物質が野生生物に及ぼす影響については，さまざまな動植物を対象として研究が行われてきた。なかでも，最も研究蓄積が多いのは野ネズミである。ネズミは，国際放射線防護委員会（ICRP）によって人間以外の生物への放射線影響を評価するための 12 の標準動物・植物の 1 つに定められている（ICRP, 2008）。放射線影響を評価する上で，野ネズミには次のような多くの利点が存在する。世界中に広く分布し，捕獲が容易で多くの試料を集めやすいこと。生活圏が代表的放射性核種である放射性セシウムが蓄積する地表や浅い地中であり，影響を検証しやすいこと。世代時間が短いので，継世代影響の検証にも向いていること。また，放射能汚染の程度は同じ地域内でも大きな変異があるため，行動圏の狭い野ネズミが対象であれば，被ばく程度と影響との関連を明確にしやすいこと。加えて，マウスやラットなどの実験動物と近縁なため，その知見を援用しやすいという利点もある。

　放射線の影響は，遺伝子，染色体，細胞，器官，繁殖や寿命などの個体の形質，個体数，個体群構造など多様な階層に及ぶ。上記の ICRP 報告書は，野生生物に対する放射線影響についての最終的な関心は個体群レベルにおける，より幅広い生物学的な影響を評価することだと指摘し，個体群のサイズや構造の変化へとつながると想定される，致死率，罹患率，遺伝的影響，繁殖率等を具体的な評価項目として挙げている。しかしながら，最終的な関心とされる個体群への影響については未だ研究例が少なく，十分な知識が得られているとは言いがたい。そこで，本稿では，野ネズミ個体群に関わる放射線被ばくの影響に焦点を当てて過去の研究例を概観し，個体群への影響を評価する上での課題を整理する。

2. 海外での被ばく事例

　ICRP は実験動物等の知見から，標準動植物ごとに被ばくした放射線量（線量率）と想定される影響との関係をまとめている。ネズミについては，0.1–1 mGy/d では影響が生じる可能性は非常に低く，1.0–10 mGy/d では繁殖成功率低下の可能性があり，10–100 mGy/d では繁殖成功率低下に加えて罹患率の増加と寿命短縮の可能性があり，100–1,000 mGy/d では寿命の短縮が認められるとしている。この基準を踏まえて，実際の事例を紐解く。なお，以下の文章では，断りのない場合は，被ばく放射線量として平均線量率を示している。

　野ネズミの放射線影響に関する研究史は意外に古く，1986 年のチェルノブイリ

コラム ④

事故以前から，旧ソ連でのキシュテム事故（1957 年，主要な放射性核種は ^{90}Sr），アメリカのネバダ核実験場での野外放射線曝露実験（1960 年代，^{137}Cs），カナダでのホワイトシェル核研究施設における野外放射線曝露実験（1970～80 年代，^{137}Cs）などに関して，野ネズミへの影響が調査されている。

　繁殖に関わる形質への影響として，一腹産仔数や胎児数の減少，出生前死亡率の増加が広く報告されている（Sazykina & Kryshev, 2006）。キシュテムでは，ヒメヤチネズミ *Myodes rutilus* について，対照区と比較して，線量率 60–500 mGy/d の地点では約 30％の胎児数の減少，線量率 6–50 mGy/d の地点では約 10％の減少が報告されている。チェルノブイリでも，線量率 1–80 mGy/d の地点でユーラシアハタネズミ *Microtus arvalis* などの野ネズミ類の出生前死亡率が増加していた。一方で，このような影響が認められない事例もある。キシュテムでのモリアカネズミ *Apodemus sylvaticus* に関する調査では，調査時期は異なるが線量率 1–2 mGy/d と 11 mGy/d のいずれの事例でも，胎児数の減少や出生前死亡率の増加は認められていない。以上はメスの形質であるが，チェルノブイリ事故では，オスのハツカネズミ *Mus musculus* について，30 km 圏立入禁止区域（34 mGy/d）で一時的なものも含めて無精子症が高い頻度で発見され，線量率 23 mGy/d と 67 mGy/d の地点で精巣重量の低下も認められた。

　これら個体レベルでの影響の帰結として，繁殖率（繁殖状態のメスの割合）の低下や繁殖期間の短縮といった個体群レベルでの影響も生じている。キシュテムでは，モリアカネズミの繁殖率が対照区で 5–10％程度であったのに対し，高線量区（11 mGy/d）では 0.8–1.0％と大幅に低下した。この結果は事故の 5 年後と約 30 年後でほぼ同様の結果であり，放射能汚染による繁殖への影響が長く持続していることが判明した（Sazykina & Kryshev, 2006）。チェルノブイリでの 2010 年代の調査でも同様に，線量率が高い地域ほど繁殖率が低下することが報告されている（Mappes *et al.*, 2019）。一方，ホワイトシェルでの放射線曝露実験では，部分的に非常に高い線量率の区画も存在したが，アメリカヤチネズミ *My. gapperi*（最大線量率 367 mGy/d）およびアメリカハタネズミ *Mi. pennsylvanicus*（最大線量率 81 mGy/d）のいずれについても，繁殖率への影響は認められなかった（Mihok *et al.*, 1985; Mihok, 2004）。

　これらの報告と比較できるようなデータは福島では今のところ報告されていないが，アカネズミ *A. speciosus* では，精子の形態異常発生率（3.9 mGy/d; Okano *et al.*, 2016）や体外受精能（0.18–0.59 mGy/d; Nihei *et al.*, 2022）に対照区との違いは認められていない。

　生存率の低下も広く認められている（Sazykina & Kryshev, 2006）。キシュテムでは，

◆ コラム

キタハタネズミ *Mi. agrestis*（60 mGy/d）とモリアカネズミ（11 mGy/d, 0.57 mGy/d）について生存率の低下とそれに伴う齢構造の変化（若齢化）が報告されているが，ヒメヤチネズミ（28 mGy/d）については顕著な変化は認められていない。例えば，キタハタネズミの場合，若い個体（前年繁殖期後半の生まれ）の割合が対照区では約50％であったのに対し，高線量区では98％に達し，顕著な若齢化が進んでいた。また，放射線曝露実験についても，ホワイトシェルではアメリカヤチネズミ（最大線量率367 mGy/d），ネバダではオナガポケットマウス *Chaetodipus formosus*（9 mGy/d）について生存率の低下が認められている（French *et al.*, 1974; Mihok *et al.*, 1985）。マウスを用いた室内放射線曝露実験では，線量率0.05 mGy/dでは生存率の低下は生じなかったが，1 mGy/dではオスで，20 mGy/dでは雌雄共に寿命の短縮が認められている（Tanaka *et al.*, 2003; Tanaka *et al.*, 2007）。

　これらの野外研究における生存率の低下の原因は解明されていないが，放射線による生理面での影響との相乗効果によって，生態学的な要因が生存率の低下に寄与している可能性がある（Sazykina & Kryshev, 2006）。例えば，キシュテムでは，被ばく線量の高いモリアカネズミ個体ほど猛禽に捕食されやすいことが報告されている。また，高線量区のネズミでは，ダニや内部寄生虫の寄生率が高まることがヨーロッパヤチネズミ，キタハタネズミ，モリアカネズミについて報告されている。

3. 野ネズミの個体数への影響

　個体数への影響については，チェルノブイリ事故直後の調査では，ヨーロッパヤチネズミ *My. glareolus*（500 mGy/d）とセスジネズミ *A. agrarius*（4,390 mGy/d）などで個体数の大幅な減少が報告されている（Sazykina & Kryshev, 2006）。これは急性放射線影響による生存率の低下が原因であると考えられる。30 km圏立入禁止区域では，その後数年で，隣接する低汚染地域からの移入により野ネズミの総個体数は回復したが，事故前に比べてハッカネズミが大幅に増加した一方，セスジネズミとヨーロッパヤチネズミは減少していた。10 km圏内および30 km圏内で行われた1992–93年の調査では（最大線量率2.4 mGy/d），野ネズミ個体数（捕獲数）には対照区との違いは認められなかった（Baker *et al.*, 1996）。ホワイトシェルでは，アメリカヤチネズミおよびアメリカハタネズミのいずれについても，放射線曝露の個体数への影響は認められていない（Mihok *et al.*, 1985; Mihok, 2004）。しかし，2010年代に行われたチェルノブイリ周辺48箇所での大規模調査では，線量率の増加に伴うヨーロッパヤチネズミの繁殖率，産仔数，そして個体数の減少が検出されている（Mappes *et al.*, 2019）。この研究において，低線量地点では給

コラム ④

餌によってヨーロッパヤチネズミの個体数増加が認められたが，高線量地点では認められなかった。このことは，放射線影響が，直接的な動物への影響だけでなく，食物資源の減少といった間接的な影響としても表れる可能性を示している。また，ネバダのオナガポケットマウスの研究では，対照区に比べて高線量区での個体群増加率が約36%低下することが報告されている（French *et al.*, 1974）。

4. まとめ

　以上，放射線被ばくの個体群レベルでの影響を見てきたが，総じて言えば，野ネズミ種間の違いは顕著ではなく，影響の程度は線量率に依存しているといえるだろう。また，例外はあるものの，ICRPの基準が概ね当てはまることも確認できた。留意したいのは，ほとんどの研究，とくに影響範囲の狭い野外放射線曝露実験では，低汚染地域からの移入個体による「うすめ効果」を排除できていないことである。放射線影響が認められない事例の中には，「うすめ効果」によって正確な影響が隠されている場合もあるだろう。また，動物の個体数は，環境条件あるいは内的な要因によって変動するのが自然であるが，年次変動を考慮して個体数への影響を評価した研究も非常に限られている。結果の解釈の際には，これらの点にも留意する必要がある。

　個体群，あるいはさらに上の群集レベルでの影響を調査するためには時間が必要である。チェルノブイリ事故についても近年報告が出始めたところであり（Mappes *et al.*, 2019），福島第一原発事故の影響についても個体群レベルでの影響を見据えた研究が必要とされている。

〔引用文献〕

Baker RJ, Hamilton MJ, Van Den Bussche RA, Wiggins LE, Sugg DW, Smith MH, Lomakin MD, Gaschak SP, Bundova EG, Rudenskaya GA, Chesser RK (1996). Small Mammals from the Most Radioactive Sites Near the Chornobyl Nuclear Power Plant. *Journal of Mammalogy*, 77: 155–170.

French NR, Maza BG, Hill HO, Aschwanden AP, Kaaz HW (1974). A Population Study of Irradiated Desert Rodents. *Ecological Monographs*, 44: 45–72.

International Commission on Radiological Protection (ICRP) (2008) Environmental protection: the concept and use of reference animals and plants, ICRP publication 108.

Mappes T, Boratyński Z, Kivisaari K, Lavrinienko A, Milinevsky G, Mousseau TA, Møller AP, Tukalenko E, Watts PC (2019). Ecological Mechanisms Can Modify Radia-tion Effects in a Key Forest Mammal of Chernobyl. *Ecosphere*, 10: e02667.

Mihok, S. (2004). Chronic Exposure to Gamma Radiation of Wild Populations of Meadow Voles (Microtus pennsylvanicus). Journal of Environmental Radioactivity 75: 233–266.

Mihok S, Schwartz B, Iverson SL (1985). Ecology of Red-Backed Voles (*Clethrionomys*

コラム

gapperi) in a Gradient of Gamma Radiation. *Annales Zoologici Fennici*, 22: 257–271.

Nihei K, Tokita S, Yamashiro H, Swee Ting VG, Nakayama R, Fujishima Y, Kino Y, Shimizu Y, Shinoda H, Ariyoshi K, Kasai K, Abe Y, Fukumoto M, Nakata A, Miura T (2022). Evaluation of Sperm Fertilization Capacity of Large Japanese Field Mice (Apode-mus speciosus) Exposed to Chronic Low Dose-Rate Radiation after the Fukushima Acci-dent. *Journal of Radiation Research and Applied Sciences*, 15: 186–190.

Okano T, Ishiniwa H, Onuma M, Shindo J, Yokohata Y, Tamaoki, M (2016). Effects of Environmental Radiation on Testes and Spermatogenesis in Wild Large Japanese Field Mice (Apodemus speciosus) from Fukushima. *Scientific Reports*, 6: 23601.

Sazykina T, Kryshev I I (2006). Radiation Effects in Wild Terrestrial Vertebrates – the EPIC Collection. *Journal of Environmental Radioactivity*, 88: 11–48.

Tanaka S, Tanaka IB, Sasagawa S, Ichinohe K, Takabatake T, Matsushita S, Matsumo-to T, Otsu H, Sato F (2003). No Lengthening of Life Span in Mice Continuously Ex-posed to Gamma Rays at Very Low Dose Rates. *Radiation Research*, 160: 376–379.

Tanaka IB, Tanaka S, Ichinohe K, Matsushita S, Matsumoto T, Otsu H, Oghisoa Y, Sato F (2007). Cause of Death and Neoplasia in Mice Continuously Exposed to Very Low Dose Rates of Gamma Rays. *Radiation Research*, 167: 417–437.

（島田卓哉）

10 放射線の人への影響について

1. 放射線の影響

　放射線による被ばくで DNA の二重鎖切断が発生した細胞は，元通りに回復するか，細胞死するか，突然変異を起こすか，のいずれかをたどることになる。細胞死であっても突然変異であっても，その影響は細胞からなる組織やいくつかの組織が集まった臓器における放射線障害として，いずれは顕在化してくる（表 10-1）。このような細胞への障害は，細胞死に由来して組織や臓器に障害をおこす確定的影響と，突然変異に由来してがんを引き起こす確率的影響に分けることができる（図 10-1）。

表 10-1　放射線障害のしきい値

被ばく組織		放射線量（Gy）	発現時期
骨髄	造血機能低下	0.5	3〜7日
皮膚	一次的脱毛	4	2〜3週間
	紅斑	3〜6	1〜4週間
	火傷	5〜10	2〜3週間
精巣	一時的不妊	0.1	3〜9週間
	永久不妊	6	3週間
卵巣	不妊	3	1週間

（ICRP, 2007）

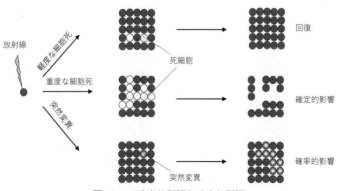

図 10-1　確率的影響と確定的影響

181

2. 造血臓器への影響

　血液を構成する細胞を作る臓器は，骨髄やリンパ組織である。ヒトの場合，血液を作る幹細胞は骨髄にある。骨髄で作られた血液細胞が，成熟した機能細胞として血管の中を通り，末梢血管へ送られていくのである。一般に，成人の血液 1 mm³ の中には，白血球が約 7,000 個，赤血球が約 500 万個，血小板が約 20 万個存在している。白血球と血小板の数には男女差があまりないが，赤血球の数は男性の方が女性よりも若干多い。ちなみに，白血球とは顆粒球(好中球，好酸球，好塩基球等)やリンパ球など血球色素を持たない細胞の総称である(図 10-2)。

　骨髄は，人の体の中で最も放射線感受性の高い組織の 1 つである。骨髄の幹細胞が数 Gy の照射を受けるだけで，細胞分裂が 30 分以内に止まってしまい，新しい細胞の供給がなくなってしまうのである。照射を受ける前までに作られた赤血球などの機能細胞は，放射線に対する抵抗性をもっているため，放射線の影響をあまり受けず，それぞれの寿命にしたがって消失していく。短いもので 1 週間程度，長いもので 4 ヵ月程度存在している。しかし，被ばく後の時間経過とともに，末梢血管の中にあるこれらの放射性物質(核種)の影響をあまり受けなかった血液細胞も徐々に減少していくことになる。リンパ球の形態変化は 0.25 Gy 程度の暴露で生じる。その一方で，赤血球は放射線への抵抗性を示す。よって，血液成分の放射線への感受性は，リンパ球＞顆粒球＞血小板＞赤血球の順に低くなる。

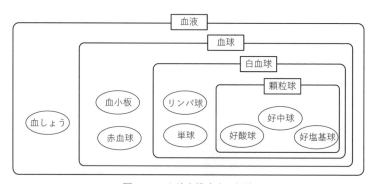

図 10-2 血液を構成する細胞

3. 皮膚組織への影響

　皮膚は，表皮・真皮・皮下脂肪・毛包・毛根・血管などから構成されている。そして，皮膚表面から深部に向かって，表皮（皮膚上皮），真皮，皮下組織の順に並んでいる（図10-3）。表皮の最も深部（真皮寄り）には，幹細胞が存在する基底層がある。幹細胞はさかんに分裂する細胞であるため，皮膚の表皮は放射線への感受性が高い組織となっている。真皮の中には，毛が伸長する源泉である毛包があり，ここもさかんに細胞分裂をしている。そのため，毛包の放射線感受性も高く，被ばくによって脱毛が生じやすい。1-2 Gyの放射線の照射を受けると毛髪の成長阻害が起こり，4 Gyの照射を受けると2-3週間後には脱毛が起こる。しかし，毛包の回復力は高く，この程度の被ばくであれば1ヵ月後ぐらいには再び毛髪が生え出してくる（表10-2）。

　皮膚に3-4 Gyの照射を受けると，表皮の幹細胞が増殖阻害をおこすようになる。被ばく線量がもう少し増えて4-5 Gy程度になると，毛細血管が拡

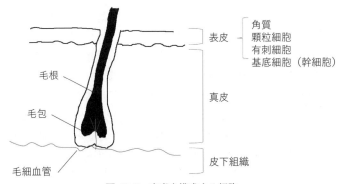

図 10-3　皮膚を構成する細胞

表 10-2　脱毛の種類と症状

脱毛の種類	被ばくレベルと症状
一時的脱毛	3Gy程度の被ばくで毛のうの成長が止まり，3週間程度の潜伏期を経て脱毛する。しかし，被ばく後約1ヶ月で再び生え出し，2〜3ヶ月程度で元の状態に戻る。
永久脱毛	7Gy以上の被ばくで発生する。

(ICRP, 2000b)

183

張して，1-4 週間後には皮膚に紅斑が見られるようになる。5-10 Gy の放射線を受けると，放射線被ばくが原因の火傷になる。20-25 Gy の被ばくでは皮膚に水泡ができるが，このレベルの線量を受けても表皮の幹細胞の再生能力はまだ残っているのである。しかし，さすがに 30 Gy 以上の被ばくをすると，治療してもケロイドが残る。このように，同じ皮膚組織であっても，放射線への感受性は部位によって異なっているため，感受性の高い部位が真っ先に放射線による障害を受けることになる。また，放射線による障害は痛みなどがほとんど出ないため，皮膚が脱落し，再生できなくなって初めて，障害が明らかになることが多い。

4. 生殖組織への影響

　男性は精巣・女性は卵巣が生殖組織に相当する。男性の場合，精原細胞から精子ができるまで約 90 日かかる。そして，精子の寿命は 40 日ほどである。精巣は感受性の高い組織であるが，精巣にあるすべての細胞が放射線への感受性が高いわけではない。精原細胞の感受性は高いが，成熟した精子の感受性は低いのである。よって，放射線の照射を受けた場合，不妊の症状が出るのは放射線を浴びてから 3-9 週間後となる。精巣が 0.1 Gy 以上の被ばくを受けた場合，精原細胞の分裂は一時的に止まり，2-15 ヵ月間は男性不妊となる。精巣が 6 Gy 以上の被ばくを受けると，永久不妊となってしまう。

　卵巣の場合は精巣とは大きく異なる。思春期前の第一次卵母細胞においては，放射線への抵抗性は高いが，思春期以降の第 2 次卵母細胞になると，放射線への感受性が高くなるのである。0.65-1.5 Gy の放射線を浴びると，受精能力が低下し，2.5 Gy 以上の被ばくでは 1-2 年間の女性不妊となる。そして，3 Gy 以上の被ばくでは，永久不妊となってしまうのである。

5. 消化管組織への影響

　小腸や大腸の粘膜の深部には，腸腺窩というくぼみがある。ここでは，食物吸収の役割を果たす絨毛細胞を供給している幹細胞が，さかんに細胞分裂をしている（図 10-4）。そのため，食物の吸収の役割を果たす小腸の放射線感受性は高くなっている。

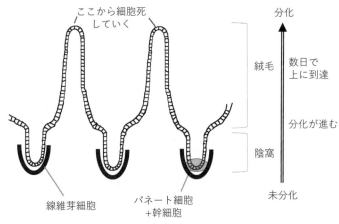

図 10-4 小腸を構成する細胞

　5-8 Gy の放射線の照射を受けると，新しい絨毛細胞が作られなくなる。その結果，古い絨毛細胞の寿命がくると，線量に応じて消化不良・下痢・脱水・潰瘍・下血などが起こることになる。10 Gy 以上の照射を受けると，強い下痢や下血を起こし，血液中に細菌が増殖する敗血症になって死亡してしまうのである。これを腸死という。

6. 急性障害

　体の大部分に大量の被ばくを受けた場合，3 ヵ月以内に線量に応じた症状が現れてくる（表 10-3）。これが急性障害である。全身への被ばく線量が 1 Gy を超えた場合，48 時間以内に初期症状が現れる。これを前駆症状と呼ぶ。食欲不振・吐き気・下痢などの胃腸症状と，疲労・発汗・発熱・頭痛・震え・血圧低下などの神経筋肉症状があらわれてくる（表 10-4）。多量の放射線の照射を受けた場合，比較的短期間のうちに死に至る（表 10-5，図 10-5）。
　一般的に，横軸に放射線量，縦軸に被ばく後 60 日以内の死亡率をとると，シグモイド曲線状に死亡率が増加する（図 10-6）。つまり，被ばく線量が高いほど生存期間が短くなる。被ばく後 60 日以内に 50 ％が死亡する放射線量を半致死線量といい，LD50/60 と表す。人の場合，LD50/60 は約 4 Gy と推定されているが，若い人は幼児や老人に比べて，女性は男性に比べて LD50/60 が大きいため，放射線への抵抗性が高いと言える。また，ある線量の放射線を 1 回で受けるのではなく，何回かに分けて受けたほうが，

表 10-3　急性障害における放射線の線量と症状の関係

被ばく線量 (Gy)	症状
0〜0.25	染色体検査や精子数検査などの精密検査をすれは，異常が見つかる場合もあるが，通常は異常がない。目に見える症状もない。
0.25〜0.5	血液検査で白血球の数の減少が判明する（0.25Gyは血液検査で変化を検出できる最小値）。目に見える症状や自覚症状はない。
0.5〜1.0	白血球の数が減少するが，通常，数日以内に完全に回復する。
1.0〜2.0	前駆症状が起きはじめる。リンパ球の減少による細菌感染や血小板の減少による血液凝固不全も起こる。
2.0〜3.0	急性放射線症候群を発症する。2Gyでは3時間後に約50%の人に，3Gyでは2時間後にほぼ全員に，放射線による影響が生じる。数%~25%程度の死者が出る。
4.0〜5.0	被ばくした人の約50%が急性放射線症により死亡する。
7.0程度以上	被ばくした人のほぼ全員が60日以内に死亡する。

表 10-4　急性放射線症候群の推移

時期	症状
初期	被ばくから2日目まで。吐き気・おう吐・脱力感などの自覚症状と，リンパ球の減少。
潜伏期	被ばく2日目から1週間程度。自覚症状がなくなる。
増悪期	被ばく1週間後から数週間。リンパ球・顆粒球・血小板・赤血球が減少し，皮膚の紅斑・脱毛・食欲不振などが続く。出血や死も起こる。
回復期	線量が少ない場合は，1ヶ月以降に回復に向かう。

LD50/60 が大きくなり，放射線への抵抗性が高くなる。さらに，γ線などの低 LET 放射線の方が，中性子やα線などの高 LET 放射線よりも LD50/60 が大きくなる。

表10-5　放射線による死亡原因の分類

様式	照射線量/ Gy	状態
分子死	数100以上	体を構成する重要な部分が変性して，被ばく後数時間以内に死亡する。
中枢神経死	50〜100	被ばく直後に脳の中枢神経に異常が起き，1〜5日で死亡する。けいれんや震えなどの神経症状が起きる。
腸死	10〜100	腸の幹細胞が障害を受け，腸粘膜の欠落・脱水・下痢・潰瘍・下血が現れ，10〜20日程度で敗血症によって死亡する。
骨髄死	2〜10	幹細胞の分裂が停止し，白血球や血小板が減少し，細菌感染による敗血症や出血などの症状が出て，30〜60日で死亡する。

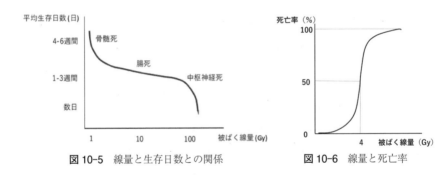

図10-5　線量と生存日数との関係　　　図10-6　線量と死亡率

7. がんとは

　異常に増殖する細胞集団を腫瘍というが，この中には良性腫瘍と悪性腫瘍がある。このうちの悪性腫瘍をがんという。DNAに放射線が当るとDNAに損傷が起き，ある確率で突然変異が起こり，ある確率でがんが起こる。何度も細胞分裂した後に，新たに染色体異常が発生して，がんを起こすこともある。がんとは，異常に増殖して，周囲に存在する正常な組織を侵害し，致命的な影響をおよぼす細胞集団のことである。異常に増殖する細胞ががん細胞，ということではない。正常細胞の中にも，がん細胞よりも増殖スピードの速いものが存在する。がん細胞が人にとって有害なのは，異常に増殖しながら，周囲の正常組織に浸潤したり，血流にのって転移したり，そこでさらに

周囲の正常組織に浸潤したりすることで，全身がむしばまれるからである。

　ヒトの体内では，一生の間に約 10^{16} 回の細胞分裂がおこっている。1回の細胞分裂で起こる突然変異の割合を $1/10^6$ と仮定しても，ヒトの一生のあいだには 10^{10} 個の突然変異が細胞分裂に伴って起こっていることになる。がん細胞も突然変異した細胞の一種である。しかし，1つの突然変異が起こっただけでがん化することは，ほとんどない。

　細胞ががん化するには，いくつかの突然変異が蓄積する必要がある。たとえば，白血病の場合は1つの細胞に3個程度，大腸がんの場合は1つの細胞に6個程度の突然変異が，がん遺伝子などに生じる必要がある。

　がんの始まりは，正常な細胞の遺伝子が放射線や発がん物質などにより変化することである。この段階では，生物の外見上の変化はみえない。何かのきっかけで増殖が促進されると，第2段階に入る。この段階まで来ても，増殖を促進する作用がなくなれば，もとの状態に戻ることができる。しかし，さらに変化が起こると，悪性化して本当のがんになり，後戻りはできなくなる。

8. がんに関係する遺伝子

　ある細胞に突然変異が蓄積しても，必ずしもその細胞ががん化するわけではない。しかし，細胞が持っている遺伝子のうち，特定の遺伝子に突然変異が起こった場合は，必ずがん化がおこる。このような遺伝子には，がん抑制遺伝子とがん遺伝子のふたつがある（表10-6）。

　放射線によって DNA が傷つくと，すぐにその損傷を修復する必要が生じる。また，異常になった細胞が無限に増殖しないように，異常をすぐに感知して，その細胞に細胞死を誘導することも必要になる。このように遺伝子の中には，細胞の増殖を抑制したり，細胞の DNA に生じた傷を修復したり，細胞にアポトーシス（細胞死）を誘導したりする働きをしている遺伝子が存在

表10-6 遺伝子が関わるがん

がん抑制遺伝子	大腸がん
	食道がん
	乳がん
	脳腫瘍
がん遺伝子	白血病
	上皮がん
	繊維肉腫

する。がん抑制遺伝子とは，これまで持っていた機能（ブレーキの機能）を遺伝子の突然変異によって失うことで，細胞ががん化することにつながる遺伝子のことである。

　一方，がん遺伝子とは，突然変異によって，それまでに持っていなかった新しい機能を獲得することで，がん化につながる遺伝子のことである。例えば，細胞を増殖させる役割をもつ遺伝子ががん化して，不必要なときにも細胞を増殖させるようになった遺伝子のことである。がん遺伝子によってつくられるタンパク質は，正常細胞の増殖もコントロールしている。そのため，がん遺伝子に傷がつくと，細胞増殖のアクセルが踏まれたままの状態になるため，正常細胞もコントロールできなくなる。

9. 白血病

　白血病は，骨髄の被ばくによる血液細胞のがんである。健康な状態では，白血球の数は赤血球の 1/500 から 1/1,000 程度しかないのに対し，白血病になると，血液中の白血球数が異常に増え続けるのである。骨髄は放射線への感受性が高いので，骨髄の被ばくによって白血病が高頻度で誘発されることになる。ただ，白血病は放射線の影響で起こりやすいがんではあるが，他のがんに比べてケタ違いに起こりやすいというものではない。また，がんは通常長い潜伏期間を経て発症するが，白血病の潜伏期間は短い。被ばく後 2〜3 年で発症しはじめることが多く，6〜7 年経つと多くの人が発症する。長い年月が経った後に発症することは少ない。被ばくから発症までの潜伏期が短いため，高頻度で起こりやすい様に見えるだけである。ちなみに，白血病以外のがんの潜伏期間は通常 10 年程度と長く，被ばくしたときの年齢が若いほど潜伏期間は長くなる傾向にある。放射線による白血病の死亡率は，0.1 Sv の被ばくで 0.03-0.05％，1 Sv の被ばくで 0.6-1％である（表 10-7）。白血病には，骨髄性とリンパ性，急性と慢性などの病型があるが，慢性リンパ性白血病だけは放射線で誘発されにくい。

10　固形がん

　固形がんの放射線による死亡率は，0.1 Sv の被ばく線量で 0.36-0.7％，1

Svの被ばく線量で 4.3-7.2％である（表 10-7）。また，固形がんの中には，食道がんのように治療効果が低く致死的なものと，甲状腺がんのようにがんになるリスクは高いものの死亡率は低いものが存在する。

放射線に被ばくした場合，体のすべての発がん率が一様に上がるわけではない。放射線によってがん化しやすい器官とそうでない器官が存在する。白血病は血液のがんであるが，胃がんや肺がんなどは，がん細胞が塊で増殖する固形がんである。一般的には，乳がん・甲状腺がん・肺がん・胃がんなどによる死亡率が高いが，これには放射線によるものだけでなく自然発生のがんによる死亡もふくまれている（図 10-7）。これらの自然発生的ながんを排除すると，特定の組織に特異的に発症し，放射線との関係性が強いがんはないと考えられる。放射線による発がんの頻度と，自然発生的な発がんの頻度を比べても，組織ごとの発がん頻度に顕著な違いが見られないのである。

表 10-7　放射線による白血病と固形がんの死亡率（％）

放射線量（Sv）	白血病	固形がん
0.1	0.03-0.05	0.36-0.77
1.0	0.6-1.0	4.3-7.2

（UNSCEAR, 2010）

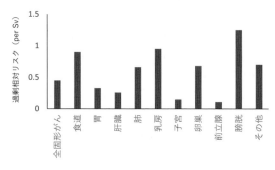

図 10-7　組織ごとの発がん頻度（Preston *et al.*, 2007; 2008）

11．放射線によるがんの発生に影響する因子

個体レベルでの放射線による影響には，細胞レベルでは影響のみられなかった要素も関与してくる。個体レベルで放射線による発がんに大きく影響してくるのは，主に被ばく時の年齢・性別・遺伝子構成の 3 つである。

10 歳未満で被ばくした場合は，それ以上の年齢で被ばくした場合にくら

べて，発がん率は 2〜3 倍ほど高くなる。その傾向は白血病で顕著になる。がんによる死亡率においても，50 mSv の被ばくで 30 歳では 1×10^{-4} 以下なのに対し，60 歳になると 1×10^{-3} を超え，70 歳になると 20 mSv の被ばくでも 1×10^{-3} を超えることが分かる（表 10-8）。ただ，固形がんの場合は，発症するのが老齢になってからなので，がんによる死亡リスクには他の要素も関わってくる。

また，女性の方が男性よりも放射線によるがんの発生リスクが 20 ％ほど高い（表 10-9）。がんになる要因も男女で異なっており，男性の場合は 1 番目が喫煙で 2 番目がウイルス等の感染であるが，女性の場合は 1 番目がウイルス等の感染で 2 番目が喫煙である。発がん率に性差がみられるのは，男女の間でホルモン状態が異なるからと考えられている。

遺伝子構成は人によって異なっているため，放射線への感受性に関係する遺伝子構成も人によって異なっている。そのため，放射線による発がん率も

表 10-8 がん死亡率と年齢との関係

線量（mSv/年）	年齢				
	30	40	50	60	70
20	0.017×10^{-3}	0.075×10^{-3}	0.23×10^{-3}	0.59×10^{-3}	1.3×10^{-3}
30	0.025×10^{-3}	0.11×10^{-3}	0.34×10^{-3}	0.88×10^{-3}	2×10^{-3}
50	0.042×10^{-3}	0.19×10^{-3}	0.57×10^{-3}	1.5×10^{-3}	3.2×10^{-3}

（Preston *et al.* 2003）

表 10-9 がんの自然発生率と放射線による発生率における性差

がんの部位	自然発生率 （男性/女性）	放射線による発生率 （男性/女性）
白血病	1.76	0.83
食道がん	6.64	0.15
胃がん	1.94	0.23
肝臓がん	2.43	5.56
肺がん	2.85	0.17
皮膚がん	0.86	1.04
甲状腺がん	0.29	1.14

（UNSCEAR, 1993; 1994）

人によって変わってくる。集団の違いやライフスタイルの違いも，発がん率に影響を及ぼしている。紫外線を頻繁に浴びる生活を行っていると皮膚がんが発生しやすくなり，喫煙者はラドンの内部被ばくによる肺がんが起こりやすくなる。

　妊娠中の母体にいる胎児が放射線被ばくすることを胎内被ばくという。胎内被ばくの特徴は，放射線への感受性が高いこと，妊娠に気がつかない妊娠初期の被ばくでも障害が起こりうること，胎児の発育時期によって影響が異なることである。発育時期によって，胚死亡・奇形発生・精神発達遅滞・発育遅延・新生児死亡などの異なる影響がみられるが，これらはすべて確定的影響である。例えば，奇形が発生するしきい線量は 0.15 Gy 程度になる。発育遅延については，胎児期だけでなく生まれてから被ばくしても起こる（表10-10）。

12. 放射線による遺伝的影響

　がんの発生も遺伝的影響も放射線による確率的影響である。しかし，標的となる器官が異なっている。がんの発生の場合は，人体を構成する様々な器官や組織が標的となっており，器官や組織によって発がんリスクが異なっている。一方，遺伝的影響の場合は，生殖組織が標的となる。

　遺伝的影響とは，生殖細胞に突然変異がおこり，それが子供に伝わって発現する影響のことである。染色体レベルで子供に伝わっただけでは，遺伝的影響とはいわない。個体レベルで実際に子供に発現したものを遺伝的影響という。発がんの場合と同様に，遺伝的影響にも自然発生があるため，放射線

表 10-10　胎児の発育と被ばく

胎児の発育状態	時期	被ばくの影響
着床前期	受精卵が子宮に着床する前 (受精後約6-7日後に着床)	生きるか死ぬ（胚死亡）か
器官形成期	多くの器官が作られる時期 (受精後約8週まで)	被ばくの時期に応じて，奇形が発生
胎児期	各器官が出生に必要な 大きさになるまで	精神発達遅滞・発育遅延・ 新生児死亡が生じる

（ICRP, 2000a）

によって誘発されたものと区別できない。

放射線が遺伝的な影響をおよぼすことは、ミュラーによるショウジョウバエを使った実験で明かにされている。また、放射線による遺伝的影響の研究は、ムラサキツユクサなどでも盛んにおこなわれている。ただ、ヒトが放射線被ばくした場合の影響を直接実験するわけにはいかないので、ヒトへの遺伝的影響を知るための研究はマウスを用いて行われている。

生殖細胞への放射線の影響は、生殖細胞の成熟過程や性で大きく異なる。低線量の放射線のほうが高線量のものよりも生殖細胞への影響は少ないが、雄よりも雌のほうがその違いがはっきりしている。また、放射線への感受性は、成熟段階によって異なっている。細胞死になる場合と突然変異になる場合とでも、放射線への感受性は大きく異なる。例えば、細胞死は、精原細胞の時期に感受性が最も高くなり、精細胞や精子では低くなる。一方、突然変異は、精子に分化する前段階の精細胞の時期に感受性が最も高くなり、精原細胞では低くなるのである。

〔参考文献〕

馬場朝子・山内太郎(2012) 低線量汚染地域からの報告. NHK出版，東京

Gofman JW(1981) *Radiation and Human Health.*(伊藤昭好訳：1991 人間と放射線 医療用X線から原発まで). 社会思想社，東京.

ICRP(2000a) *Pregnancy and medical radiation.* ICRP Publication 84, Annals of the ICRP, 30(1).

ICRP(2000b) *Avoidance of radiation injuries from medical interventional procedures.* ICRP Publication 85, Annals of the ICRP, 30(2).

ICRP(2007) *The 2007 recommendations of the international commission on radiological protection.* ICRP Publication 103, Annals of the ICRP, 37(2–4).

中西準子(2014) 原発事故と放射線のリスク学. 日本評論社，東京.

Ozasa K, Shimizu Y, Suyama A, Kasagi F, Soda M, Grant EJ, Sakata R, Sugiyama H, Kodama K (2012) Studies of the mortality of atomic bomb survivors, report 14, 1950–2003: An overview of cancer and noncancer diseases. *Radiation Research*, 177: 229–243.

Preston DL, Shimizu Y, Pierce DA, Suyama A, Mabuchi K(2003) Studies of mortality of atomic bomb survivors. Report 13: solid cancer and noncancer disease mortality: 1950–1997. *Radiation Research*, 160: 381–407.

Preston DL, Ron E, Tokuoka S, Funamoto S, Nishi N, Soda M, Mabuchi K,

Kodama K（2007）Solid cancer incidence in atomic bomb survivors: 1958–1998. *Radiation Research*, 168: 1–64.

Preston DL, Cullings H, Suyama A, Funamoto S, Nishi N, Soda M, Mabuchi K, Kodama K, Kasagi F, Shore RE（2008）Solid cancer incidence in atomic bomb survivors exposed in utero or as young children. *Journal of the National Cancer Institute*, 100: 428–436.

UNSCEAR（1993）*Sources and effects of ionizing radiation*. United Nations Scientific Committee on the Effects of Atomic Radiation（UNSCEAR）, 1993 Report to the General Assembly with Scientific Annexes. United Nations sales publication No. E.94.IX.2.

UNSCEAR（1994）*Sources and effects of ionizing radiation*. United Nations Scientific Committee on the Effects of Atomic Radiation（UNSCEAR）, 1994 Report to the General Assembly with Scientific Annexes. United Nations sales publication No. E.94.IX.11.

UNSCEAR（2010）*Report of the United Nations Scientific Committee on the Effects of Atomic Radiation (UNSCEAR) 2010*. Fifty-seventh session, includes Scientific Report: summary of low-dose radiation effects on health. United Nations sales publication No. M.11.IX.4.

UNSCEAR（2021）*Sources, effects and risks of ionizing radiation*. United Nations Scientific Committee on the Effects of Atomic Radiation（UNSCEAR）, 2020/2021 Report to the General Assembly with Scientific Annexes. United Nations sales publication No. E.22.IX.2.

吉井義一（1992）放射線生物学概論．北海道大学図書刊行会 第 3 版, 北海道.

（吉村真由美）

11 様々な被ばく

1．環境放射線

　原始の宇宙空間では，水素やヘリウムによる核融合によって少し重い元素が作られ，超新星爆発による重い元素同士の核反応で，さらに重い元素が作られていった。地球は約46億年前に誕生したが，その時にはすでに多量の放射性核種が存在していたのである。ちなみに，宇宙空間における核反応は現在も続いている。かつて地球に存在していた多量の放射性核種は，現在，そのほとんどが壊変して消滅してしまっているが，ウランやトリウムなどの半減期の長い放射性核種は，いまだに地球上に存在している。これらの放射性核種の壊変によってエネルギーが生み出され，大陸のプレートを運ぶエネルギーの一部となり，地震の原因にもなっている。太古の昔にできた放射性核種が地表近くに存在する場合，生き物に外部被ばくをもたらす自然放射線源となる。

　放射線は，自然放射線と人工放射線に大別できる。自然放射線は，太古の昔から自然界に存在するものである。そのため，自然放射線の線量や種類はずっと変わらないものと考えがちであるが，地球の歴史とともに変化している。自然放射線源には，宇宙線，宇宙線によって生成された放射性核種，大地放射線，空気中のラドンガスなどが含まれる。自然放射線による世界の実効線量は年平均約 2.4 mSv である。人工放射線源は 20 世紀になって新たに加わったものである。人工放射線源には，放射性核種を使った機器，核実験による放射性落下物，医療診断や医療用機器からの放射線などがある。健康診断で行う胸のレントゲン検査では，1 回で 0.05 mSv 程度被ばくする。医療放射線による世界の実効線量は年平均 0.6 mSv 程度であるが，日本の実効線量はそれよりも高く年平均 3.9 mSv 程度になっている。

2．宇宙放射線による被ばく

　太陽は核融合反応を続けており，太陽光とともに放射線が地球に降り注いでいる。宇宙のどこかで起こった超新星誕生の際に発生する放射線も，宇宙

線として地球に到達している。宇宙放射線は，太陽を発生源とする太陽粒子線，超新星爆発に由来する銀河宇宙線，地球の磁力線に捕らえられた捕捉粒子線の大きく3つに分けることができる。この中で地球の生き物に対する影響力が最も大きいものは，銀河宇宙線である。

　銀河宇宙線とは，宇宙から地球に直接飛んでくる高速の原子核（90％程度は陽子で残りの大部分がヘリウム）のことである。これを一次宇宙線という。最低でも 100 MeV 以上のエネルギーを持っており，平均的なエネルギー量は 1 GeV にもなる。ただ，太陽活動が活発なフレア時期には，太陽プラズマが銀河宇宙線を太陽系の外にはじき飛ばしてくれるので，地球にやってくる銀河宇宙線の数は少なくなる。地球にやってきた一次宇宙線は，大気中に存在する酸素・窒素・アルゴンと衝突し，中性子・陽子・π 中間子などの二次宇宙線を発生させる。それらはさらに核反応や壊変をおこして，最後には電子や X 線などとして地表に大量に降り注いでくることになる。宇宙放射線によってつくられる放射性核種を，反応生成物である炭素 14 やトリチウムなども含めて，宇宙線生成核種という。

　大気は，宇宙放射線を遮蔽する役割を果たしている。このため，宇宙放射線の線量率は上空ほど高くなっている。仮に，海面での線量率が 0.03 μSv/h であったとしても上空 12 km では 5 μSv/h と 100 倍以上になる。つまり，富士山に登って山頂にいると，平地の 5 倍ほどの量の宇宙放射線を受けることになる。日本からニューヨークまでを飛行機で往復すると，約 0.15 mSv の被ばくを受けることになる。また，地球磁場の影響で，高緯度地域では宇宙放射線が回り込んでいるため，高緯度地域の線量率は，赤道地域の約 3 倍高くなっているのである。宇宙放射線および宇宙線生成核種による世界の実効線量は，年平均で 0.39 mSv と見積もられているが，日本では 0.3 mSv とすこし少ない。これは，日本では高山に居住している人数が少ないからである。

3.　大地放射線による外部被ばく

　地球が誕生した時代から，地球上には 55 種の放射線核種が存在している。このうちの 41 種が，放射性核種を生み出す半減期の長い 4 つの壊変系列に

属している（図 11-1）。半減期が 141 億年のトリウム 232 を起源とするトリウム系列，半減期が 45 億年のウラン 238 を起源とするウラン系列，半減期が 7 億年のウラン 235 を起源とするアクチニウム系列，半減期が 214 万年のネプツニウム 237 を起源とするネプツニウム系列である。ただ，親核種であるネプツニウム 237 は半減期が短いので，すでに消滅している。ウラン 235 も比較的半減期が短いので，現在では，天然ウランとしては当初の 0.7％が存在するだけである。4 つの壊変系列に属さない残りの 14 種は，カリウム 40 など，半減期が長く自身の壊変によって放射性核種ができないタイプの放射性核種となっている。

　これらの放射性核種が大地に存在するかどうかは，その大地の地質がどのような岩石で構成されているかで決まる。火成岩は，地球の内部に存在するマグマが地表に出てきて冷え固まったものである。トリウム系列，ウラン系列，カリウム 40 は，このような火成岩に多い。同じ火成岩であっても，含有量は玄武岩で少なく花崗岩で多い傾向にある。ただ，できた時期やでき方

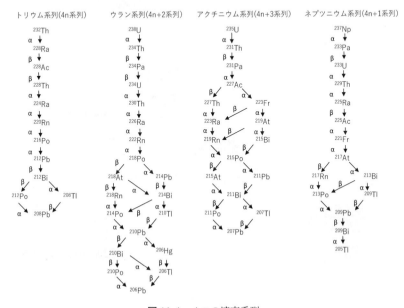

図 11-1　4 つの壊変系列

によって，同じ花崗岩であっても含有量が少ない場合もあり，一概には言えない。神奈川県の丹沢や山梨県の甲府岩体の花崗岩などは，放射性核種の含有量が極めて少ない。一方，中部から西日本に存在する花崗岩では，放射性核種の含有量が多い。よって，西日本の放射線量は東日本と比べると高くなっており，東京と大阪では年間 0.17 mSv の違いがある。放射線量の最も高い地域と最も低い地域では，年間約 0.5 mSv 程度も差が出てくるのである（図 11-2）。ちなみに，石灰質の骨格をもつ生き物によってできた石灰岩地質や，砂の堆積によってできた砂岩地質には，放射性核種はあまり存在しない。

　世界には，日本以上に大地放射線量の高い地域がある。例えば，ブラジ

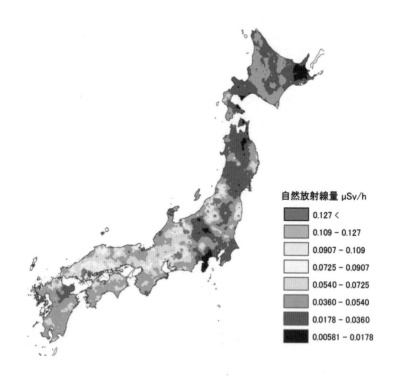

自然放射線量 μSv/h

0.127 <
0.109 - 0.127
0.0907 - 0.109
0.0725 - 0.0907
0.0540 - 0.0725
0.0360 - 0.0540
0.0178 - 0.0360
0.00581 - 0.0178

図 11-2　大地の放射線(今井ら，2004)

ル・ガラパリ海岸，インド・ケララ，イラン・ラムサールなどが，大地放射線の高い地域として知られている。ブラジルのガラパリとインドのケララの高線量は，放射線を出すトリウムを含む細砂（モナザイト）が原因であり，イランのラムサールの高線量はラジウムが原因となっている。年間の放射線量は，インドのケララで 13.1 mGy/ 年，イランのラムサールで 6.7 mGy/ 年となっている。ブラジルのガラパリの放射線量は年間平均 5.5 mGy であったが，近年の都市化によるアスファルト舗装の結果，空間線量率がかなり減少し，4 分の 1 から 10 分の 1 程度になっている。地表にもたらされる宇宙放射線の線量は，地域差が比較的小さいため，これらの地域の年間の放射線量（宇宙放射線と大地放射線の合計）は，世界平均の 10〜100 倍にもなる。

4. 空気中に存在する放射線源を吸入することによる被ばく

　空気中には，ウラン 238 から壊変してできたラドン 222 と，トリウム 232 が壊変してできたラドン（トロン）220 が含まれている。どちらも呼吸器の奥深くまで侵入し，α線を放出し，上皮細胞を被ばくさせる。ちなみに，ウラン鉱山では，この α 線の被ばくによる肺がんの発生が多い。

　放射性のラドンは空気よりも重い気体である。そのため，大地から染み出したり水に溶けたりしているラドンは，くぼみや密閉した空間にたまりやすい。欧米のラドン・トロンによる年間の実効線量は，平均 1.3 mSv もあり，自然放射線量（2.4 mSv/ 年）の約半分を占めている。一方，日本のラドンとトロンの年間の実効線量は 0.48 mSv であり，自然放射線量（2.1 mSv/ 年）の 4 分の 1 程度となっている。

　ラドンは病気に効くと考えられている。日本でも，三朝温泉や玉川温泉はラジウム温泉で有名であり，ラジウムに由来する高いラドン濃度が観測されている。これらの温泉地に 1 年間滞在した場合の実効線量は，三朝温泉で年間 1.2 mSv，玉川温泉で年間 10〜15 mSv と見積もられている。

5. 摂取による被ばく

　食品から被ばくする場合，そのほとんどがカリウム 40 である。カリウム 40 は天然のカリウムの中に約 0.012％だけ含まれており，天然カリウム 1 g

あたり約 30 Bq である。大然カリウムの量は体重の 0.2％を占めるので，例えば 60 kg の人の場合，約 3,600 Bq のカリウム 40 が体の中に存在していることになる。カリウム 40 は，89.3％が 1,312 keV の β 線を出してカルシウム 40 に，10.7％が 1461 keV の γ 線を出してアルゴン 40 に壊変して安定する。そのため，カリウム 40 から出る β 線や γ 線によって，年間 0.17 mSv の被ばくを受けていることになる。また，カリウムは筋肉細胞に多く含まれているので，脂肪細胞の比較的多い女性は，男性に比べて体の中のカリウム 40 の量は少なくなっている。

ウラン系列のラジウム 226・ポロニウム 210・鉛 210 も，植物に吸収されたのちに人の体に取り込まれている。例えば，北極に住んでトナカイを食べている人たちは，それ以外の人たちに比べて 35 倍以上の鉛 210 やポロニウム 210 を体内に取り込んでいる。トナカイがこれらの元素を多く含む地衣類を食べているからである。鉛 210 やポロニウム 210 は，海産物にも多く含まれている。よって，魚介類を多く食べる日本人における鉛 210 やポロニウム 210 からの被ばく線量は，実効線量で年間 0.8 mSv に達する。

6. 自然放射線被ばくの内訳

世界における自然放射線の実効線量の平均は，年間 2.4 mSv である。その総線量のうち，ラドンなどによる内部被ばくの割合が 65 ％，大地放射線による外部被ばくが 20 ％，宇宙線由来の外部被ばくの割合が 15 ％となっている。内部被ばくの内訳をみると，ラドンの吸入による被ばくが最も大きく，内部被ばく全体の 74 ％を占めている。カリウム 40 の摂取による被ばくは，10 ％程度である。日本では，年間の外部被ばく線量が 0.63 mSv，内部被ばく線量が 1.47 mSv，合計 2.1 mSv となっている（表 11-1）。

年間の実効線量は，地域や個人によって大きく（1～10 mSv）異なっているが，世界の人口の約 65 ％は 1～3 mSv/ 年の範囲に居住している。そして，世界の人口の 25 ％の人々が 1 mSv/ 年以下の場所に居住している。残りの 10 ％の人々が，3 mSv/ 年以上という高い被ばく線量を受ける地域に居住しているのである。自然放射線源による被ばくは，長期間にわたってほぼ同じ線量率で続くため，被ばくからの防護は難しい。

表 11-1　自然放射線による被ばく線量

自然放射線の種類	年間平均実効線量 世界（mSv/年）	年間平均実効線量 日本（mSv/年）
ラドン	1.26	0.48
体内被ばく	0.29	0.99
大地放射線	0.48	0.33
宇宙線	0.39	0.3
合計	2.42	2.10

（UNSCEAR, 2000）

7.　人工放射線源

　人工放射線核種は 1934 年に初めて製造され，現在，1,700 種類もの人工放射線核種が存在する。X 線や人工放射線核種を取り入れた医療機器が次々と開発されており，治療や診断に用いられている。放射線医療を受ける患者は，放射線の被ばくによって直接便益を受けることから，患者への被ばくは他の線源からの被ばくとは法律上で区別されている。ちなみに，医療放射線による被ばくは，世界平均で 0.6 mSv/ 年であるが，日本の 1 人当たりの平均は 3.9 mSv/ 年と高くなっている（表 11-2）。

　医療用機器からだけでなく，他の用途からも人工放射性核種による被ばくを受けている。大気圏内における核実験によるフォールアウトは，その 1 例である。

8.　様々な機器から放出される放射線による被ばく

　私たちが使用している日用品には，微量の放射性物質（核種）が様々な形で使用されていた。代表的なものとして，煙感知器，夜光時計，リン酸肥料な

表 11-2　世界の人工放射線源による年間個人被ばく線量（m Sv）

大気圏内核実験	0.005
職業被ばく	0.005
チェルノブイリ事故	0.002
核燃料サイクル	0.0002
医療	世界(0.6)、日本(3.9)

（UNSCEAR, 2008b）

どがある。

　イオン化式煙感知器には，アメリシウム241などの放射性物質(核種)が組み込まれていた。空気を電離する作用の強いα線を出すアメリシウム241は，感知器内に存在する空気を常に電離し，この電離によって，一対の電極の間にイオン電流を発生させている。そこに煙が入ってくると，イオンが煙粒子に吸着されることにより，イオン電流が減少するため，煙を感知できるのである。感知器から2 m離れた場所に1日8時間いると，年間0.07 μSvの被ばくをうける。ただし，2004年に「放射性同位元素等による放射線障害の防止に関する法律」が改正され，アメリシウム241使用の規制値が3,700 kBqから10 kBqに変更されたため，現在は光電式の煙感知機に置き変わっている。

　1967年より以前に製造された腕時計には，蛍光物質として放射性ラジウムが使用されていた。ラジウムの子孫核種はγ線も放出するので，このような時計を身に付けることで全身に放射線を浴びていたことになる。腕時計の蛍光物質として放射性ラジウムを使用しなくなった後も，放射性のトリチウムやプロメチウム147が代用されてきた。なお，1990年代後半以降には，非放射性の蛍光物質に置き換わっている。

　市販のリン酸肥料には微量のラジウム226が含まれている。その壊変過程でトロンが生成されるが，それが大気中に拡散すると，トロンから壊変した鉛210がタバコの葉に付着し，ポロニウム210に壊変する。また，土壌からも鉛210とポロニウム210がたばこに吸収されている。タバコに含まれるポロニウム210の大部分は肥料に由来しているが，自然放射性物質(核種)として存在するラジウム由来のポロニウム210も吸収されている。平均的(1日20本)な喫煙者の年間実効線量は，51 μSvと見積もられている。

　空港の手荷物検査には，X線が用いられているが，手荷物にX線が照射される場所や時間は限定されている。また，照射される放射線量は1 μSv程度となっている。なお，近年全身ボディスキャナーが導入されているが，この最新のスキャナーはミリ波を使用しており，X線を使用していない。しかし，ミリ波はテラヘルツ光子を照射しているので，DNAの複製を妨害するなど細胞機能に影響を及ぼす恐れがあり，完全に安全とはいえない。

9. 環境中の人工放射性核種による被ばく

環境中に放出されている人工放射性核種の多くは，大気圏内で行われた核実験(1945〜1980年)に由来している。核実験により環境中に放出された放射性物質(核種)の一部は，短時間の内に実験場周辺に降下しているが，^{90}Sr，^{95}Zr，^{131}I，^{137}Cs，^{141}Ce，^{239}Pu，^{240}Pu などの放射性物質(核種)は，気流にのって遠方まで運ばれて，地上に降下している。成層圏にまで達した放射性核種もあるが，地球全体に拡散したあと長い時間をかけてゆっくりと対流圏に移行し，フォールアウトとして地表に降下した。これらの地表に溜まった放射性核種は，食物や飲料水にとりこまれ，人の体にも取り込まれている。

1963年には，核兵器実験禁止条約が締結されたが，この年の世界における年平均の実効線量は，自然放射線量の7%程度にも達している。その後実効線量は減少し，1966年には自然放射線量の2%程度にまで減少した。しかし，例えば^{90}Srに注目すると，地球全体の年間降下量は1963年をピークに減少してはいるが，蓄積量は1980年になっても依然 39×10^{16} Bq 程度と見積もられており，そのうちの76%が北半球に存在している。核実験が停止されても，長寿命核種である^{90}Srや^{137}Csなどによる放射能は残ったままなのである。

10. 医療被ばく

医療被ばくは，人工放射線被ばくのほぼすべてであると言っても過言ではない。UNSCEAR(2000)の報告によると，診断・検査によって受ける医療被ばくが最も多くなっている(0.1〜10 mSv)。例えば，マンモグラフィーを行った場合，約0.5 mSvの被ばくを受ける。CT撮影を行った場合は，5〜30 mSvの被ばくを受ける。ちなみに，100万人当たりのCT装置数は世界平均で14台であるが，日本では断トツ1位で92.6台(2002年時点)である。CT撮影や血管造影装置などを用いながら検査や治療を行うインターベンショナルラジオロジー(IVR)を行った場合は，1回の検査や治療で2 Svを超える被ばくを受けることがある。ただ，この線量は皮膚の確定的影響のしきい値をこえているため，IVRを使うことによる障害の発生が危惧されている。

医療被ばくの大きさは，各国の医療水準と密接に関係している。日本や米

国のような医療水準の高い国が，世界の集団実効線量のレベルを決めている
といっても過言ではない。このような国では，検査件数やX線撮影枚数な
どの多さとともに，IVRのような被ばく量の大きな診断方法も取り入れられ
ているからである。

11. 災害による被ばく

　世界では様々な原子力災害が起こっている（表11-3）。核兵器の製造も行っ
ていた英国セラフィールドにある原子力発電施設では，1957年にプルトニ
ウム生産炉で火災事故が起こった。この事故によって，セシウム137，ヨウ
素131，キセノン133などが大量に放出された。なお，この施設は2003年
には閉鎖が決定されている。

　1979年にはスリーマイル島原子力発電所の2号機で，炉心溶融の事故が
発生した。事故時に発電所周辺にいた場合は最大値で1 mSv，5マイル以内
にいた場合は，平均0.09 mSvの線量を浴びていたと推定されたが，この事
故による健康影響はなかったとされている。

　1986年に原子炉の爆発と火災をおこした旧ソ連チェルノブイリ事故では，

表11-3　世界の代表的な原子力災害

主な原因	災害	年代
事故	チェルノブイリ原子力発電所事故（旧ソ連）	1983
	スリーマイル島原子力発電所事故（アメリカ，ペンシルバニア州）	1979
火災	セラフィールド原子力施設での被ばく（イギリス）	1957
労働	ハンフォード原子力施設（アメリカ，ワシントン州）	1977に判明
	東海村JCO臨界事故	1999
放出	マヤック核物質製造施設（旧ソ連）	1949〜1956
投下	広島・長崎原爆被爆	1945
核実験	ビキニでの核実験（マーシャル諸島）	1946〜1958
	マグロ延縄漁船第5福竜丸乗組員被ばく（ビキニ環礁近郊）	1954
	ロプノール核実験（中国）	1966
	セミパラチンスクでの核実験（旧ソ連）	1949〜1989

事故発生時に原子炉近くにいた 203 人が急性の障害を受けた。事故後 4 か月以内に作業員など 29 名が死亡した。周辺住民には，放射線による急性の影響はなかったとされているが，障害の危険性が残る大きな被害を与えた。事故後 10 日間，ヨウ素 131 やセシウム 137 などの放出が続いたため，住民の平均的な甲状腺の線量は 0.47 Gy であったと推定されている。放射性ヨウ素に汚染された牛乳などを摂取した小児では，事故後 4〜5 年から甲状腺がんが増加し，1992〜2006 年の間に約 6,000 例以上（事故当時 18 歳以下）の甲状腺がん発症が報告されている。

12. 職業被ばく

　ICRP1990 年勧告から，職業被ばくの項目に自然放射線源が新たに加わった。労働者の放射線被ばくは，約 60 ％が自然放射線源から約 40 ％が人工放射線源からもたらされているからである。労働者における職業被ばく（5.3 mSv/ 年）のおもな原因は，この自然放射線源による被ばく（2.9 mSv/ 年）であるが（表 11-4），ラドンとその娘核種による影響がとくに大きい。人工放射線源（2.4 mSv/ 年）では，核燃料サイクル関連による影響が大きい。作業時の防護対策を改善すれば，被ばく線量は減少すると考えられる。

　鉱山における被ばく線量は，鉱山の種類によって大きく異なっており，数百倍から数千倍の幅がある。鉱山の場合，主にラドンの吸引，鉱物粉塵の吸入，γ 線による外部被ばくの 3 つの経路から被ばくしている。例えば石炭鉱山では，年間平均 2.4 mSv の被ばくを受けている。また，石炭を処理した際に生じるスラグには，850〜2,400 Bq/kg のラジウム 226 が含まれている。

表 11-4　職業被ばく線量

	年間平均実効線量（mSv）
自然放射線源	2.9
核燃料サイクル	1
放射線の医学利用	0.5
放射線の工場利用	0.3
防衛活動	0.1
その他	0.5

（UNSCEAR, 2008b）

　航空機搭乗による被ばくの場合，1 フライト当たりの被ばくは 0.3 μSv から 60 μSv と幅があるが，国際線旅客機の乗務員の年間の被ばく線量は 2〜3 mSv と見積もられてい

る。旅客機よりも上空を飛行する人工衛星では，1 日当たり 0.19〜0.86 mSv
の被ばくを受けることになる。

13. 世界と日本の年間放射線被ばく

　世界と日本の 1 人当りの年間実効線量は，世界が 2.8 mSv/ 年，日本が 3.8
mSv/ 年となっている。1 人当りの年間実効線量は日本が 1 mSv/ 年ほど高い。
これは，日本の医療被ばくが世界の平均よりも約 2 mSv 高いことから生じ
ている。ただ，日本の自然放射線による実効線量は 1.44 mSv/ 年であり，世
界平均よりも約 1 mSv/ 年ほど低い。この原因は，日本でのラドンやトロン
による被ばくが 0.43 mSv/ 年であり，世界平均の 1.25 mSv/ 年よりも低いか
らである。

　日本では，放射線による被ばくの原因の 1 位は医療被ばくであり，その次
が自然放射線源からの被ばくになっている。しかし，世界平均では，ラドン
の内部被ばくに代表される自然放射線源からの被ばくの寄与が最も高く，そ
の次が医療被ばくになっている。

〔参考文献〕

馬場朝子・山内太郎(2012) 低線量汚染地域からの報告．NHK 出版，東京．

Gofman JW(1981) *Radiation and Human Health.*(伊藤昭好訳：1991 人間と放
　射線 医療用 X 線から原発まで) 社会思想社，東京．

ICRP(1990) *Recommendations of the international commission on radiological
　protection.* ICRP Publication 60, Annals of the ICRP, 21(1-3).

ICRP(2013) *Radiological protection in paediatric diagnostic and interventional
　radiology.* ICRP Publication 121, Annals of the ICRP, 42(2).

今井登・寺島滋・太田充恒・御子柴(氏家)真澄・岡井貴司・立花好子・富
　樫茂子・松久幸敬・金井豊・上岡晃・谷口政碩(2004) 日本の地球化学図．
　Chishitsu News, 604: 30-36.

今井登・岡井貴司(2014) 自然放射線図．「日本の地球化学図」補遺，産業
　技術総合研究所 地質調査総合センター．

石原舜三(2011) 花崗岩類からの放射線量．日本地質学会，e-フェンスター，
　コラム.〈http://www.geosociety.jp/faq/content0313.html〉

岩岡和輝・米原英典(2010) 喫煙者の実効線量評価—タバコに含まれる自然
　起源放射性核種—．Radioisotopes, 59: 733-739.

松田秀晴・湊進(1999) 日本における主な岩石中の放射能．Radioisotopes,

48: 760-769.

中西準子(2014) 原発事故と放射線のリスク学. 日本評論社, 東京.

長倉三郎・井口洋夫・江沢洋・岩村秀・佐藤文隆・久保亮五(1998) 岩波理化学辞典 第5版. 岩波書店, 東京.

高田純(2002) 世界の放射線被曝地調査. 講談社, 東京.

UNSCEAR(2000) *Sources and Effects of Ionizing Radiation.* United Nations Scientific Committee on the Effects of Atomic Radiation (UNSCEAR) 2000 Report to the General Assembly with Scientific Annexes. United Nations sales publication No. E.00.IX.3.

UNSCEAR(2008a) *Sources and Effects of Ionizing Radiation.* Volume II: Scientific Annexes C, D and E. United Nations Scientific Committee on the Effects of Atomic Radiation (UNSCEAR) 2008 Report to the General Assembly with Scientific Annexes. United Nations sales publication No. E.11.IX.3. United Nations, New York.

UNSCEAR(2008b) *Sources and Effects of Ionizing Radiation.* Volume I: Scientific Annexes A and B. United Nations Scientific Committee on the Effects of Atomic Radiation (UNSCEAR) 2008 Report to the General Assembly with Scientific Annexes. United Nations sales publication No. E.10.XI.3.

吉井義一(1992) 放射線生物学概論. 北海道大学図書刊行会 第3版, 北海道.

(吉村真由美)

Ⅲ．放射線の利用

12 産業界における放射線の活用─農業での利用

1. はじめに

　放射線の用途としては発電のようなエネルギー利用に多くの注目が集まるが，工業，医療・医学，農業など，さまざまな分野でわれわれの生活と深く関係している。わが国の農業分野に限っても，馬鈴薯の芽止め，コメやナシの育種，ミバエ類やゾウムシ類の防除など，その技術は広範囲に及ぶ。また近年，世界的には食品衛生や害虫侵入防止措置のための植物防疫など，放射線利用が急速に需要を伸ばしている分野もある。

　2015 年のわが国における放射線利用の経済規模は 4 兆 6,985 億円で（内閣府，2017），その規模は，1997 年（3 兆 5,000 億円），2005 年（4 兆 1,117 億円）を上回る（柳澤ら，2001; 柳澤，2011; 内閣府，2017）。そのうち発電などのエネルギー利用は全体の 7％に過ぎず，残りは，工業，医療・医学，農業における放射線利用となっている。農学分野の経済規模 2,435 億円のうち，大部分を突然変異育種（2,539 億円）が占め，同位体を利用した放射能分析（145 億円），沖縄・奄美群島で行われる不妊虫放飼を利用した害虫防除（67 億円）と続く。突然変異育種の大部分（96.6％，2,453 億円）はイネの育種である（日本原子力研究開発機構，2007; 内閣府，2017; Kume *et al.*, 2002）。

　農業分野のうち食品照射と放射線育種の経済規模のデータ（1997 年）を米国のものと比較すると，米国では国民総生産（GDP）の 0.17％（1 兆 7,496 億円）に対し，日本では GDP の 0.019％（973 億円）と算出され，この差の大きな要因は食品照射の規模にあると指摘されている（Kume *et al.*, 2002）。例えば，2005 年の食品照射に関する統計では，馬鈴薯に対する放射線照射のみが認められている日本の経済規模約 13 億円に対し，香辛料や肉類など，多くの品目で照射が認められている米国での経済規模は，約 8,494 億円となっている。現在も日本で食品照射が認められるのは馬鈴薯のみで，その量に大きな増加はないものの，世界の食品照射の処理量は年々増加し，2013 年にその量が 100 万トンを超えたと推定され（久米，2022），放射線の農業利用における経済規模の日本と諸外国の差は現在さらに広がっていると思われる。

　農業分野の放射線利用は，われわれの日常生活と切り離せないものになっているにも関わらず，放射線利用の認知度は必ずしも高くはなく，誤解も散見される。そこで本章では，農業分野における放射線利用で大きな経済的価値を生み出している食品照射，植物の放射線育種，害虫管理の各分野について，これまで得られている知見を紹介する。

2.　食品照射のための放射線利用

　食品や農産物を病害虫から守り衛生的に保管する技術には，加熱処理や化学薬剤処理，ガス燻蒸処理，冷蔵・冷凍などがあり，放射線照射もその1つである。放射線が生物に照射されると，生体内を透過するあいだに放射線のエネルギーは染色体 DNA をはじめ細胞に含まれる水分子に作用し，これが DNA の損傷につながる。損傷は細胞に本来備わる修復系により修復・除去されるが，透過する放射線量が増えると，損傷の蓄積が修復を上回り，結果的に細胞は死に至る。放射線による致死作用は照射量によって人為的に操作できるため，食品の衛生化(病原菌，寄生虫の殺滅)，保存性の延長(腐敗菌，食害昆虫の殺滅，発芽防止や熟度調整)，化学的作用(重合，分解)及び物理的作用(高分子化合物の高次構造変化)による改質効果など，さまざまな用途で放射線照射技術が開発されてきた(Farkas *et al.*, 2011, Eustice, 2017; 等々力, 2022)。

　食品への照射の技術開発の歴史は古く，レントゲンによる X 線の発見(1895 年)直後より放射線の生物効果への応用が試みられている。馬鈴薯の発芽防止効果が報告(1952 年)されて以降，米国を中心に食品や農産物に放射線を照射する食品照射の研究が数多く行われており(Molins, 2001; Farkas *et al.*, 2011)，現在その技術は医療器具の放射線殺菌同様に国際的に標準化されている。食品照射を認めている国は国連に加盟する 197 ヵ国のうち 60 ヵ国を上回り(2022 年の時点)，市場にはさまざまな照射食品が流通している(等々力, 2022 など)。わが国でも食品照射は認められており，馬鈴薯の照射が 1974 年より北海道で実用化されている(後述)。近年の地球温暖化やグローバル化による人の移動や貿易の拡大は，農業害虫や生態系に害をもたらす生物の移動と定着のリスクを増加させている。こうした害虫の分布拡大

を防止するため，国際植物防疫条約（後述）に基づく規約のもと，農産物の蒸熱・低温・薬剤処理とならぶ新たな植物検疫手法として，食品照射の需要が世界的に高まっている。

（1）食品照射の利点・欠点と利用分野

　食品に対する放射線照射の利点とは，(1)放射線が均一に食品中を透過するため，厚みがある食品や表面の形状が複雑な食品でも殺菌できる。(2)処理時に食品の温度をほとんど上昇させず，処理による食品の風味や色合いの低下を招かない。(3)薬剤の残留や汚染がない。(4)放射線は透過性に優れ食品を包装した後に照射できる，などがある（林，2007）。こうした利点は，加熱殺菌により食品を劣化させる香辛料，乾燥食品，生鮮食品，冷蔵・冷凍食品の殺菌や滅菌と相性が良い。食品照射の目的と対象品目を表 12-1 に示す。

　放射線を照射された食品は放射線照射食品もしくは照射食品と呼ばれ，照射の対象となる品目は国ごとに異なる。食品照射が許可されている食品のうち，最も多くの国で実用化されているのは香辛料と乾燥野菜で，2005 年の時点で照射食品の合計約 40 万トンのうち 19 万トン（47.5％）を占める（小林，2022）。通常，香辛料は 10^4-10^7 個 /g のレベルで微生物に汚染しており，これが香辛料を利用した加工食品の腐敗の原因となっている（古田ら，2010）。日本では食品衛生法で「食肉製品，鯨肉製品，魚肉ねり製品を製造する場

表 12-1　食品照射の利用分野と一般に利用される線量（Farkas & Mohácsi-Farkas（2011），等々力（2022）をもとに作成）

照射の目的	線量（kGy）	対象品目
発芽・発根抑制	0.03-0.15	馬鈴薯，タマネギ，ニンニク，ニンジン，栗など
殺虫および不妊化	0.1-1.0	穀類，豆類，果実，カカオ豆，乾燥魚，乾燥肉，豚肉など
成熟遅延	0.5-1.0	バナナ，パパイヤ，マンゴー，キノコなど
貯蔵期間の延長	1.0-3.0	生鮮魚，イチゴなど
殺菌	1.0-7.0	生鮮魚介類，冷凍魚介類，生鮮鶏肉・畜肉，冷凍鶏肉・畜肉
物性変化による品質改善	2.0-7.0	ブドウ，乾燥野菜など
食品素材の殺菌	3.0-10.0	香辛料，乾燥野菜，酵素製剤，天然ガムなど
工業的滅菌	20-50	肉，鶏肉，魚介類，調理済み食品，宇宙食，実験動物飼料

合，香辛料，砂糖及びでん粉は，その 1 g 当たりの芽胞数が，1,000 以下で
なければならない」と定めており，加工食品の微生物汚染を避けるには，何
らかの方法で香辛料中の微生物数を基準値以下に抑える必要がある。香辛料
の殺菌には 150-200 ℃の過熱水蒸気を数秒間処理する気流式殺菌が用いられ
る(小林・菊池, 2009)が，気流式殺菌は照射殺菌に比べ香辛料自体の香りの
減少や色調の変化を引き起こしてしまう(千葉ら, 2016)。そのため，香辛料
では処理の際にほとんど熱上昇しない放射線照射に利があり，世界でも多く
の国が実用化している(等々力, 2022)。

　馬鈴薯やタマネギ，ニンニクなど，発芽や発根の元となる組織は細胞分裂
が盛んに行われ，その他の組織に比べて放射線の感受性が高い。そのため，
収穫後の適当な時期に放射線照射を行うと，発芽や発根の抑制もしくは防止
が可能で，わが国でも発芽抑制を目的とした馬鈴薯への照射が行われている
(後述)。また，果実や野菜に照射することで成熟を遅延させ，食品としての
寿命を延長させることもできる。

　生の果実や野菜，切り花などの植物を輸入する際，本来は生息しない病
害虫を意図せず持ち込む可能性があり，近年の物流の増加はそうしたリス
クを増大させている。ミバエ類には農業上重要な害虫が多く含まれ(Drew &
Romig, 2016)，一旦侵入し蔓延すると侵入先の農業や生態系は甚大な被害を
被るため，対策として水際での検疫が重要になる。米国農務省(USDA)・動
植物検疫所(APHIS)は，一部のミバエ類を検疫害虫として指定し，マンゴー
やライチなどの熱帯果実を本土に輸入するには，輸入した青果から成虫が羽
化した場合でもその個体の繁殖を阻害するために，青果物輸入の際には出荷
国に照射処理(150-400 Gy[グレイ])を求めている。こうした照射処理は，青
果物を輸出するメキシコやフィリピンなど 10 ヵ国以上に加え，国内移動と
なるハワイにも求めており，2015 年の時点で米国には 30,000 トンの照射青
果物が輸入されている(輸入後米国の施設で照射されたものを含む)(久米・
等々力, 2019)。

　放射線照射(1-7 kGy)は，温度を上昇させず複雑な形状でも効果的にサル
モネラ菌，カンピロバクター，ノロウィルス，腸管出血性大腸菌 O157 など
の病原性微生物の殺菌や滅菌できるため，肉類や魚介類など多様な品目で実
施され，食中毒の防止に役立っている。他にも，ハム，ベーコン，ビーフス

テーキ，ローストポークなどさまざまな食品類が放射線照射により完全殺菌され，米国では軍用食として利用されることもある(等々力, 2015)。日本でも実験用動物飼料に放射線滅菌が利用され市販されている(廣庭, 2015)。

　一方で，放射線照射は肉類や鶏肉の異臭，一部のコメの食味低下，一部の小麦の加工適性の低下を引き起こすといった欠点もあり(伊藤, 2003; 小林・菊池, 2009)，食品に応じて適切な照射条件を選ぶ必要がある。

(2) 各国の食品照射の動向

　世界の食品照射の処理量と経済規模を表 12-2 に示す。中国は世界の照射食品の 56% を処理する最も実用化が進む国で(小林・菊池, 2009)，ニンニクや香辛料を中心に，近年は鶏肉加工食品の照射が急増している。食品照射のための施設も急増しており，2018 年時点でガンマ線 126 施設，電子線 60 施設が報告されている(小林, 2022)。中国に次いで処理量が多いのはベトナムで，照射の主体は冷凍エビであるが，ドラゴンフルーツやマンゴーなど，米国への輸出を目的とした青果への照射が拡大している(等々力, 2015; 小林, 2022)。

　オーストラリアとニュージーランドの間では，両国で統一した食品安全基準を定め検疫照射が行われている。2021 年にはすべての生鮮野菜と果実の検疫照射が許可され，主にオーストラリアからニュージーランドに向けて輸出されている。また，オーストラリアには一部地域でクインズランドミバエ *Bactrocera tryoni* のような検疫害虫が生息しており，その分布拡大を防ぐため，国内での農産物の移動が一部規制され，国内検疫で照射処理が実施されている(小林, 2022)。

　米国では，米国農務省が 1980 年代に寄生虫制御や成熟抑制のため，豚生肉や青果物全般の照射(最大 1 kGy)を許可している。1990 年代には病原菌抑制のため，冷蔵・冷凍赤身肉や鶏肉の照射(最大 7 kGy)が，2000 年代には甲殻類(最大 6 kGy)の照射が認められ，2010 年の時点で，青果物が 15,000 トン，肉類で 8,000 トン照射処理されている。また，オーストラリア同様，国内検疫に照射処理が利用され，ハワイからの青果物の出荷で利用されている(等々力, 2022)。

　EU では，香辛料・ハーブ類のみ規制(最大 10 kGy)を定め運用し，その他

表 12-2　世界の食品照射の処理量と経済規模（久米(2008)をもとに作成）

処理量の順位	国名	主な照射食品	処理量(t)	日本円に換算した経済規模(億円)
1	中国	ニンニク, 香辛料, 穀物	146,000	2,321.3
2	米国	肉, 果実, 香辛料	92,000	8,493.9
3	ウクライナ	コムギ, オオムギ	70,000	100
4	ブラジル	香辛料, 乾燥ハーブ, 果実	23,000	2,185.2
5	南アフリカ	香辛料, その他	18,185	1,657.8
6	ベトナム	冷凍エビ	14,200	247.3
7	日本	馬鈴薯	8,096	12.6
8	ベルギー	カエル脚, 鶏肉, エビ	7,279	157.1
9	韓国	乾燥農産物	5,394	271.9
10	インドネシア	冷凍食品, 乳児食, 香辛料	4,011	117.3
11	オランダ	香辛料, 乾燥野菜, 鶏肉	3,299	182.9
12	フランス	鶏肉, カエル脚, 香辛料	3,111	80.4
13	タイ	香辛料, 発酵ソーセージ	3,000	59.7
14	インド	香辛料, タマネギ	1,600	46.4
15	カナダ	香辛料	1,400	52.1
16	イスラエル	香辛料	1,300	45.4
	その他の国		2,929	107.1
	合計		404,804	16,138.4

は各国が個別に許可を行っている。域内で照射された食品の総量は 2017 年に 5,000 トンで, カエル脚, 香辛料類が主な品目となっている(等々力, 2015; 小林, 2022)。

(3) 日本における食品照射

　日本では食品衛生法の「食品, 添加物等の規格基準(昭和三十四年厚生省告示 370 号)」により, 食品の製造・加工及び保存の目的での放射線照射は原則禁止されている。この法律が 1972 年一部改正され, 発芽防止のための馬鈴薯への放射線照射が認められ, 北海道士幌町の士幌町農協が運営する馬鈴薯照射施設「士幌アイソトープ照射センター」(現 JA 士幌, コバルト照射センター)が建設された(図 12-1; 内海, 2003)。この施設では ^{60}Co(コバルト 60)線源を 30 万 Ci 装着し, 1 日に 350 トン, 年間で 3.5 万トン処理でき

る設計になっている。1974年春から出荷が始まり，例年8,000トン程度の馬鈴薯が処理され小売店に出荷されてきたが，近年の処理量は4,000-6,000トンで推移している（小林, 2022; 堤, 2022）。

a)

b)

図12-1 北海道士幌町の馬鈴薯照射施設「士幌アイソトープ照射センター」。
a) 全景。b) 照射室内部。写真奥に並ぶのは馬鈴薯が入った金属コンテナ（1.7 × 1.1 × 1.4 m）で，手前のプールに線源である⁶⁰Coが格納されており，照射時には線源がせり上がってくる。

(4) 照射食品の安全性と国際規格

　食品照射は適正な管理方法に従って実施されなければならず，世界保健機関（World Health Organization: WHO），国連食糧農業機関（Food & Agriculture Organization of the United Nations: FAO），国際原子力機関（International Atomic Energy Agency: IAEA）などが関わり，照射と照射食品の安全性評価の技術開発の整備が行なわれている。特に照射食品がヒトの健康に及ぼす影響については，毒性学的安全性，微生物学的安全性，栄養学的適格性の3つの観点から「健全性」が検討されている。具体的には，食品照射による急性毒性，慢性毒性，発がん性などの毒性の増加や，照射に起因する食品中の汚染微生物の突然変異や放射線抵抗性の高い微生物の異常増殖など，栄養価の低下やアレルゲン生成物が生じず食品としての総合的な安全性や適格性を備えていることを指す（古田, 2022）。

　国際的には，1980年にFAO/IAEA/WHOの合同専門家委員会が「10 kGy以下の照射食品の健全性に問題が無い」ことを結論づけ（WHO, 1981），これを反映し，1983年に国際的な食品基準を定めることで消費者の健康を守ることを目的とするFAO/WHOの国際食品規格（Codex: コーデックス）委員会が，照射食品に関する一般規約「Codex General Standard for Irradiated Foods」を採択している。その後WHOの専門委員会はさらに高い線量での食品照射についても検討し，「いかなる線量の照射食品もついても適正な照射が行われていれば健全性に問題はない」と結論し（WHO, 1999），現在はこの知見に基づき照射食品の一般規約（FAO/WHO, 2003）が採択されている。

　照射食品に関する一般規約（FAO/WHO, 2003）では，食品照射に利用できる線源の種類と吸収線量の上限，施設管理や衛生管理の基本的考え方，再照射の原則禁止，表示などを規定している。例えば，照射で利用できる放射線は食品に放射能が誘導されないよう，主に^{60}Coから放出される透過力の高いガンマ線，もしくは電気的に発生させるX線，電子線といった核種に限定し，ガンマ線とX線では吸収線量の上限が5 MeV（メガ・エレクトロンボルト：百万電子ボルト），電子線では上限が10 MeVに制限されている。また，原材料としてわずかでも照射食品が使用された場合「出荷説明書に照射の事実を記載する」こと，「バラ売り商品であれば，食品名とともにロゴマークと照射されている旨を容器に記載する」ことなどを求めており，多く

図 12-2　RADURA（ラデュラ）マークと呼ばれる，照射食品であることを示す国際的なロゴマーク

の国で，照射食品には放射線を照射したことを示すロゴマーク（図 12-2）が提示されるとともに言語でも情報を表示し，消費者に選択権を提供している。

（5）放射線照射された食品の検知

　世界では多くの品目が放射線照射の対象となっており，放射線を照射した食品にはその旨を示す表示が求められている。しかし，表示自体に保障はなく，照射食品が適正な基準に従って照射されていることを検査するための「検知法」が必要になる（古田, 2022）。すでにさまざまな検知法が開発されており，原理的に（1）物理的検知法：照射によって食品中に生じる比較的安定なラジカルを電子スピン共鳴装置によって検出する「電子スピン共鳴法（ESR 法）」や，食品に付着した鉱物（ケイ酸塩）を分離し，放射線照射によりトラップされた不対電子を熱的に励起させ，その際発する光を検出する「熱ルミネッセンス法（TL 法）」など。（2）化学的検知法：食品中に含まれる脂質放射線分解によって生成する 2-アルキルシクロブタノンを GC/MS などによって検出する「アルキルシクロブタノン（ACB）法」など。（3）生物学的検知法：食品中に含まれる DNA の損傷を定量化する「コメットアッセイ法」など，3 つの検知法に分けられる（小林・菊地, 2009; 菊地・小林, 2017）。日本では食品衛生法違反になる照射食品の流通を防ぐため，厚生労働省は TL 法，ACB 法，ESR 法の 3 つを輸入食品を対象とする通知法（公定法）として認めている。これら検知法は原理が異なるため，対象となる食品の性質に合わせて適切な検知法を選択する必要がある。検知法は照射の有無を判定する方法で，吸収線量は推定できない。

（6）植物検疫

　国際植物貿易条約（International Plant Protection Convention: IPPC）とは，植物に有害な病害虫が侵入・蔓延することを防止するために，加盟国が講じる

植物検疫処置の講和を図ることを目的とするものである。2022年現在，日本を含めた184の国と地域が加盟し，加盟国は植物検疫処理の国際基準を定め，各国ともこのルールに基づき自国の植物検疫を実施している。2021年現在，条約で定めている処理は4つ（放射線照射処理，低温処理，加熱処理，くん蒸処理）あり，侵入・蔓延が農業生産上重大な被害をもたらすミバエ類を中心に，生育阻止や不妊化を目的とした18害虫種の放射線の最低吸収線量に基準を設けている。現在の放射線照射処理の国際基準では，それぞれの対象害虫に対し，発生や繁殖を阻害する最低吸収線量を個々に設定しているが，将来的には，昆虫の科や属を対象とした包括的標的線量，すなわち「ジェネリック線量」の導入に向かうとの指摘もある（土肥野，2022）。国際基準が変更された場合，照射食品の国際的な取引が加速するとも考えられ，わが国にも何らかの対応が必要になる可能性がある。

3. 突然変異育種のための放射線利用

われわれが口にする食料の多くは，野生種の持つ有用な形質を人為選択することによって作り出されたものである。人類の歴史において，有用形質の改良（家畜化もしくは栽培化）は農耕や畜産の発祥とともに取り組まれ，文明の発展に重要な役割を果たしていると考えられている。生物の改良は長い間，突然変異によって生じた偶然に見つかる形質を選抜し，かけ合わせることで進められてきた。ただ，野外で生じる突然変異の頻度自体が極めて低く，品種改良の効率は20世紀に入るまで高くはなかった。こうした問題の解決の引き金になったのは，X線を利用したショウジョウバエ *Drosophila melanogaster* の突然変異の誘発（Muller, 1927）や，X線とガンマ線を用いたオオムギとトウモロコシの突然変異の誘発（Stadler, 1928）の研究である。以来，世界では多くの作物で，電離放射線を利用した突然変異育種が行われている。IAEAのデータベース（Mutant Variety Database: MVD, FAO/IAEA, 2016）によると，X線，ガンマ線，中性子線などの電離放射線を利用して作出された品種はこれまで少なくとも192品目で2,384種にのぼる（2023年1月現在）。コメや大麦，小麦といった主要な穀物が大半を占め，中国，日本，インドなど，アジア圏からの登録が多いのが特徴である（表12-3）。

　わが国では 1960 年代以降，放射線育種場，国立遺伝研究所，農業技術研究所を中心に，ガンマ線を利用した植物の突然変異育種の研究が盛んに行われ，IAEA の MVD にも多くの品種が登録されている（表 12-3）（FAO/IAEA, 2016）。中でも，放射線により誘発された突然変異を利用した農作物及び果樹・林木等の品種改良を目的とする放射線育種場では，半径 100 m の円形圃場の中心に ⁶⁰Co 線源を持つ照射塔が設置され，周囲を高さ 8 m の放射線防御壁で囲うガンマーフィールドが整備し，研究が行われてきた。ここでは放射線源からさまざまな距離で植物を栽培することで自然界の 2,000-30 万倍（線源からの距離に依存する）の放射線が照射でき，突然変異を誘発させる方法で多くの新品種の作出が行われてきた。

（1） 突然変異育種による経済効果と生まれた品種

　2008 年時点で，日本で突然変異育種が利用されたのは 61 作物で 242 品種，そのうち放射線が利用されたのは 188 品種となっている。利用された線種で最も多いのはガンマ線（60.3％）で，その後に培養変異（15.7％），化学変異（6.6％），X 線（9.5％），イオンビーム（5.8％）その他放射線（2.1％）と続く。ガンマ線がよく利用されるのはキクで 31 品種，ダイズ 14 品種，イネ 12 品種となっている（中川, 2009）。放射線を利用した突然変異育種の経済規模は

表 12-3　国際原子力機関（International Atomic Energy Agency: IAEA）の突然変異育種データベース（MVD）に，品種登録を行った国の上位 10 カ国と，品目の上位 10 品目（FAO/IAEA（2016）を元に作成）

順位	登録国名	品種数もしくは品目数	登録品目	品種数もしくは品目数
1	中国	489	コメ	608
2	日本	362	キク（花き）	267
3	インド	259	大麦	245
4	オランダ	173	小麦	143
5	ドイツ	156	ダイズ	118
6	米国	95	バラ（花き）	56
7	ロシア	64	ピーナッツ	48
8	バングラディシュ	63	ダリア（花き）	36
9	パキスタン	43	アルストロメリア（花き）	35
10	ブルガリア	38	綿花	33

2005 年の時点で 2,539 億円で，そのほとんど（2,453 億円，96.6%）がイネによるものと算出されており，その額は平成 27 年度（2015 年）の調査でも大きく変わっていない（日本原子力研究開発機構，2007; 内閣府，2017）。

　穀類や花きなど，放射線照射による突然変異を利用してこれまでさまざまな品種が作出されてきた。ここでは主に日本で作出・育成されてきた品種を紹介する。

①コメ：わが国では 1958 年に，耐病性や耐寒性を持つ親系統フジミノリの籾にガンマ線を照射し，短稈化により耐倒伏性に優れた水稲「レイメイ」が育成されている（中川，2006）。近年「レイメイ」自体の栽培はかなり減ってはいるものの，得られた特性はその後も多くの子孫品種に引き継がれ（農研機構，2023），酒米としても利用されている。また，酒米として人気のある「美山錦」は，親系統「高嶺錦」にガンマ線を照射し得られたものである（美山，1983）。
　食品への機能性の付与も新品種育成の大きな目的の 1 つで，放射線照射を利用してさまざまな機能を持つコメが育成されている。近年，コメに含まれるタンパク質の一部がアレルゲンとなる患者が増加しており（山田ら，2006），コシヒカリへのガンマ線照射で得られたグロブリン含量の少ない突然変異品種「フラワーホープ」が開発されている（中川，2006）。また，腎臓病で食事制限が必要な患者向けに，種子貯蔵タンパク質のグルテリンが減少した突然変異体由来の品種「LGC1」や，コシヒカリにガンマ線を照射して得られた突然変異体を交配して育成した「LGC 活」「LGC 潤」なども作出されている（Nishimura *et al.*, 2005）。

②ダイズ：低アレルゲンダイズの品種「ゆめみのり」は，親品種にガンマ線 200 Gy を照射して選抜・固定することによって育成されている（高橋ら，2004）。また，親系統にガンマ線を照射した後代から選抜することで，大豆特有の青臭みの原因である過酸化酵素を欠失させた品種「いちひめ」が育成されている（羽鹿ら，2002）。このほかにも，「フクユタカ」にX線を照射して育成された白目品種「むらゆたか」（中村ら，1991）や，在来種「青目大豆」にガンマ線照射を行い，早生・短茎化を図った「あきたみどり」（佐々木ら，2000）などがある。

③ナシ：「二十世紀」は，明治 21 年千葉県松戸市で偶然発見された品種

で，果実の品質が優良であるため現在でも青ナシの主要栽培品種ではある（農林水産省, 2022）。ただ，ナシ黒斑病に罹病性であることから，薬剤散布と袋がけなどに大きな労力を必要とする。黒斑病抵抗性の遺伝解析により，抵抗性は1遺伝子に支配され，劣勢ホモで耐病性，ヘテロで罹病性であることが明らかになり，ガンマ線照射による劣勢ホモの枝代り（その枝だけが形質が異なるもの）の誘発が期待され，放射線育種場のガンマーフィールド整備直後の1962年に「二十世紀梨」の株が定植された。線源に近いものは枯死したが，生存した個体のうち最も線源に近い53 m地点の株に，黒斑病を発症しない枝があることが1981年に確認された。その後この枝を繁殖させ，優位性を確認した上で, 1990年に黒斑病耐病性突然変異体「ゴールド二十世紀」として命名登録された（Sanada *et al.*, 1988; 壽ら, 1992; Sanada *et al.*, 1993）。新品種は，薬剤防除に要する費用と時間をおおよそ半減させ，青ナシの主要な品種として流通しており，経済的にも環境にとっても大きな成果となっている（渡辺, 1998）。

④柑橘類：柑橘類へのガンマ線照射は，種子の無いカンキツを誘導するのによく使われる手法である（Goldenberg *et al.*, 2018）。日本で消費されるグレープフルーツのほとんどは海外からの輸入されたもので，近年，果肉が赤く種子を持たない品種「スタールビー」や「リオレッド」の流通が増加している。これらの品種は，米国で親系統「ハドソン」の種子にX線や熱中性子（運動エネルギーの低い中性子のこと）を照射し，突然変異によって作出されたものである（Hensz, 1971; Louzada & Ramadugu, 2021）。スタールビーやリオレッドは現在，トルコ，南アフリカ，オーストラリア，スペイン，中国，インド，アルゼンチンなど，世界的の多くの国で栽培されている（Da Graça *et al.*, 2004; Louzada & Ramadugu, 2021）。

⑤花き：多くの植物で突然変異育種が行われているが，穀類などの種子繁殖する植物の育種では，耐病性などの有用形質が突然変異で得られた場合でも，その個体の生産性や種子稔性が劣っている場合は品種として育成することができない。一方，栄養繁殖する鑑賞植物は，低い種子稔性が増殖に影響を及ぼすことがないため，品種として登録されることが多い（中川, 2006）。わが国における切り花の主要品目の1つであるキク *Chrysanthemum morifolium* の舌状花弁にはアントシアニンとカロテノイド

が含まれ，これらの種類や量により異なる花色となる（玉木, 2016; 玉木ら, 2017）。ガンマーフィールドでキク「大平」（花色；桃色）にガンマ線の生体緩照射（0.25-1.5 Gy/day × 100 day）を行ったものに，組織培養や葉片へのガンマ線の急照射を組み合わせるなどして，花色や花形の異なる突然変異体10品種が育成されている（Nagatomi *et al.*, 1997; 永冨ら, 2003）。

ガンマーフィールドは多くの品種の作出に利用されてきたが，残念なことに，2018年度をもって照射研究は終了し（西村, 2022），現在の放射線育種研究は，ガンマールームや次に説明するイオンビーム利用したものに変わりつつある。

(2) イオンビーム

イオンビームは原子から電子を取り除き，プラスの電荷を帯びた原子核（イオン）を，荷電粒子として加速器を用いて光の速さ（約30万km/秒）の50-10%近くまで高速に加速したものである。イオンビームは，水素やヘリウム，炭素イオンやアルゴンイオン，鉄イオンなど，さまざまな質量の元素を高速に加速することで得られ，水素とヘリウムを除く元素をイオン化した原子核は特に重イオンビームと呼ばれる。放射線育種でよく用いられるX線やガンマ線は電磁波であるのに対して，イオンビームは質量と電荷を持つ粒子線である。こうした違いによりそれぞれの生物影響の程度は異なる。ガンマ線とイオンビームの違いを表12-4にまとめた。

表12-4　ガンマ線とイオンビームの特徴の比較

	ガンマ線	イオンビーム
本質	放射性物質から放出される電磁波	電子加速機から人工的に放出される粒子
発生方法	ガンマ崩壊	電離，加速
物質の透過力	高い	弱い
エネルギー付与（LTE）	均一に与え小さい	局所的に与え大きい
DNAの損傷	散発的に生じ比較的小さい	集中的に生じ大きい
突然変異率	低い	高い
目的形質以外で生じる付随変異	多い	少ない
照射する材料の制約	大型植物でも可能	シャーレに入るサイズ
利用できる施設の数	多い	少ない（日本では3ヵ所）

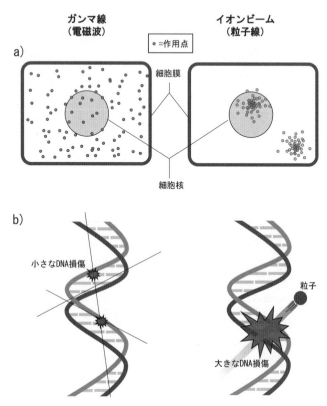

図12-3 ガンマ線の電磁波とイオンビームの粒子線の違いを示す模式図
a) 電離作用の空間的な違いと b) エネルギー付与の違い。イオンビームは大きな粒子が局所的な DNA 損傷を引き起こし二本鎖を破断するが，近傍の塩基には影響が少ない。

放射線が物質を通過する際に物質に与えるエネルギーの大きさは線エネルギー付与（Linear energy transfer：LET）と呼ばれ，単位 keV/μm で表される。X 線やガンマ線の LET は 0.2-2 keV/μm であるのに対し，重イオンビームは数十から数千 keV/μm で，その量は圧倒的に異なる。細胞に高 LET 線を照射すると，エネルギーは飛跡に沿って局所的にエネルギーを付与し，数 nm の近傍で複数の損傷が同時に生じるクラスター DNA 損傷を引き起こす。一方，低 LET 線照射ではエネルギーは照射される細胞全体にほぼ均一に付与

され，細胞内に多く含まれる水の電離を引き起こし，その際生じた活性酸素（ラジカル）が DNA と反応することで小さな DNA 損傷が低密度で生じる。図 12-3 に電磁波と粒子線のそれぞれが DNA 損傷に与える影響を模式的に示した。イオンビーム（高 LET 線）と X 線やガンマ線（低 LET 線）を比較すると，同じ生物効果（突然変異）を得るための照射線量はイオンビームの方が小さくなる。したがって，イオンビームは(1)低線量で高い変異率が得られ，(2)低線量のため生存率を低下させず，(3)元素の選択が自由で照射の位置や深度が精密にコントロールできるため，放射線育種で利用するのに都合が良い。

(3) イオンビームによる突然変異育種

イオンビームを用いて生物の育種を行う加速器施設は世界に 5 ヵ所あり，そのうちの 3 ヵ所が日本の理化学研究所，高崎量子応用研究所，若狭湾エネルギー研究センターにある（阿部, 2022）。これまで施設で育成された新品種は 89 で（2023 年 1 月現在），その多くは花色の変異となっている。その理由として，花きでは花色のバリエーションを豊富に揃えてシリーズ化することが市場で求められており，花弁の色の遺伝子だけで変異が生じ，矮性や花弁の形状などに関しては影響しないような突然変異が必要になることが挙げられる。イオンビーム照射は細胞内で局所的にクラスター DNA 損傷を引き起こし，他の遺伝子に大きな影響を及ぼしにくい特徴を持つため，花色のみを変化させる用途で都合が良い（平野, 2022）。このほかにも，低カドミウム蓄積のイネ，辛味が少なく涙が出ないタマネギ，単為結実性のトマト，清酒用の酵母などの開発にもイオンビームが用いられている（Ishikawa *et al.*, 2012; 畑下・髙城, 2022; 渡部ら, 2022）。近年，理化学研究所などのグループは，炭素（C）イオンおよびアルゴン（Ar）イオンの重イオンビームを複数の線量条件でそれぞれ照射し培養することで，養殖マグロ仔魚の生き餌として利用される動物プランクトンのオミズツボワムシ *Brachionus plicatilis* の大型化に成功しており（Tsuneizumi *et al.*, 2021），今後イオンビームを使った育種の用途はさらに広がるものと思われる。

4．地域全体の総合的害虫管理のための放射線利用

　放射線の照射は生物の生殖細胞の染色体に優性突然変異や転座などの異常を引き起こし，正常な配偶子の生成やそれに続く有糸分裂の阻害，受精卵や胚の死を誘引する（図 12-4）。この原理を利用する不妊虫放飼法（sterile insect technique: SIT）とは，大量増殖した害虫に致死的ではない適度な放射線を照射して不妊化したのちに野外に放飼し，不妊雄と交配した野生雌の卵の発生を防ぐことで次世代の個体群を減らす防除法である（図 12-5）。SIT は対象とする昆虫の配偶行動を利用するため，農薬を利用することなく標的とする害虫個体群だけを管理することができる。また，継続的に不妊虫を放飼し防除が進むと野生虫に対する不妊虫の割合が高まり不妊虫はより野生虫と交尾しやすく，防除効果が逆密度依存的に現れるという特徴を持つ（Knipling, 1955）。

　一般に圃場単位の防除は害虫個体群の局所的な管理となるが，移動能力

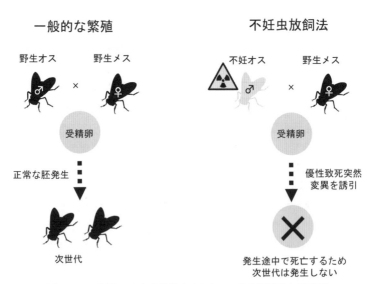

図 12-4　不妊化により次世代が生じないことを説明する模式図

不妊化した雄の精子は，野生雌の卵との受精に利用されても発生の途中で優性致死突然変異を誘因するため，受精卵が死亡し次世代が生じない。

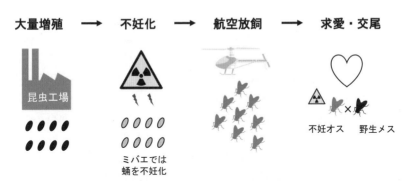

大量増殖 ➡ 不妊化 ➡ 航空放飼 ➡ 求愛・交尾

昆虫工場

ミバエでは
蛹を不妊化

不妊オス　野生メス

図 12-5　　不妊虫放飼法の原理を説明する模式図

昆虫工場で大量生産した虫を照射して不妊化（ミバエ類の場合は蛹照射，ゾウムシ類の場合は成虫照射）した後に，野外に航空放飼を行う。放飼された不妊虫は，自ら分散して配偶相手を探し，交尾を行う。

の高い害虫は，圃場単位で防除するよりも地域全体で防除したほうが，効果的で環境にやさしい（Keenan & Burgener, 2008; Faust, 2008）。生物的防除や化学的防除など複数の防除を統合し，地域全体の害虫の数を管理しようとする方法は地域全体の総合的害虫管理（Area wide integrated pest management: AW-IPM）と呼ばれ，主要な戦略の 1 つとして SIT を組み込み，害虫の少ないエリアの確立，害虫の封じ込め，害虫のいないエリアの確立とその維持に用いられ，作物生産や家畜管理でわれわれに大きな利益をもたらしている（Knipling, 1972, 1980; Keenan & Burgener, 2008; Klassen & Vreysen, 2021）。ここでは農業害虫を中心に，世界で進行中のものを含めた SIT を用いた AW-IPM について説明する。

（1）不妊虫放飼の歴史

　害虫の個体群管理の方法として，野生集団に何らかの手段で不妊化を誘発することで，害虫の個体群を制御しようとするアイデアは，1930 年代から 1940 年代にかけ，モスクワ大学のセレブロフスキー（AS Serebrovskii），タンガニーカ（現タンザニア）のツェツェ研究所のヴァンダープランク（FL Vanderplank），米国農務省（USDA）のニップリング（EF Knipling）らが独自に取り組んでいた（Klassen *et al.*, 2021）。これらのうち，セレブロフスキーによる遺伝子系統間で生じる繁殖に伴う不妊化は，ルイセンコによる反メンデル

遺伝学の影響でうまくいかずに終わった（Klassen *et al*., 2021）。ヴァンダープランクは野生のツェツェバエの一種 *Glossina swynnertoni* の個体群を制御するために，近縁種 *G. morsitans* の蛹を放飼する大規模野外実験を行い大きな成果を得た（Vanderplank, 1944, 1947）。防除のために放飼する近縁種が害虫という問題があり，この技術は一般的に利用されるには至らなかった（Honma *et al*., 2019; Klassen *et al*., 2021）ものの，原理は繁殖における種間相互作用として説明される繁殖干渉（Gröning & Hochkirc, 2008; 高倉, 2018）である。

　ニップリングが取り組んだラセンウジバエの一種 *Cochliomyia hominivorax*（New world screw warm: 新世界ラセンウジバエ［以下，断りのない場合ラセンウジバエと呼ぶ］）（図 12-6a）は，家畜の傷に産卵し，孵化した幼虫が生きた動物の肉を食う中米原産の害虫である。米国では少なくとも 1842 年には南西部に侵入していたことが記録されているが，大きな問題となったのは1933 年にフロリダ半島に侵入し北上を続けた後である（Brown, 1945; USDA, 2016）。ニップリングは観察で雌が生涯で 1 度しか交尾しないことに気づき，不妊雄を大量に放飼することで野生個体群の数を制御できるという不妊虫放飼法の基盤となるアイデアに 1937 年には到達していた（Lindquist, 1955）。ただ，当時はラセンウジバエの大量増殖法が開発されておらず，第二次世界大戦もありこのアイデアを検証するには至らなかった（Klassen *et al*., 2021）。

　マラー（H. J. Muller）による電離放射線を照射したショウジョウバエが突然変異と優勢致死突然変異を誘発させるという研究（Muller, 1927）を，ニップリングが不妊雄の生産に結びつけたのは 1950 年代に入ってからである。その後 1952-1953 年にフロリダ半島に近いサニベル島での野外実験を経て，ベネズエラ沖合のキュラソー島（40 km^2）での大規模な実証実験に至った。ここでは毎週 1 km^2 当たり雄雌 155 頭の不妊虫放飼を半年続け，1954 年に世界で初めて不妊虫放飼法による根絶を達成した（Baumhover *et al*., 1955）。1957 年からは規模を拡大して米国本土での不妊虫放飼を開始し，メキシコへの国境方面へと防除区域を拡大させながら防除を進め，米国内での発生が確認されたのは 1982 年が最後となった（Vargas-Terán *et al*., 2021）。ただ，米国国内での根絶を達成しても近隣諸国からの飛来が問題を引き起こすため，引き続き周辺諸国での根絶防除が進められた。その結果，メキシコ，ベリーズ，グアテマラ，ホンジュラス，エルサルバドル，ニカラグア，コスタリ

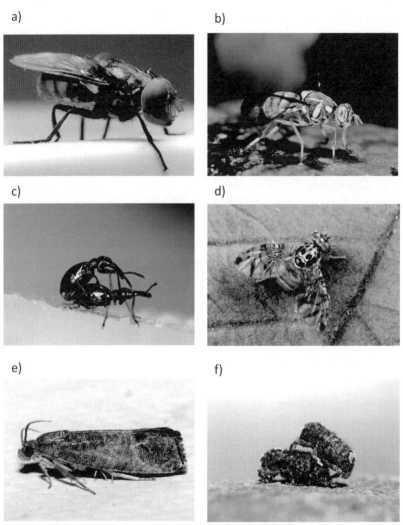

図 12-6　世界の地域全体の総合的害虫管理プログラムで不妊虫放飼が行われる昆虫の例
　a) ラセンウジバエの一種，b) ウリミバエ，c) アリモドキゾウムシ，d) チチュウカイミバエ，e) コドリンガ，f) イモゾウムシ

カ，運河以北のパナマ，カリブ海諸島，そして北アフリカのリビアなどでの根絶もしくは制圧を達成し，米国とその周辺国の大きな経済的負担を取り除いている（Vargas-Terán *et al.*, 2021）。キュラソー島でのラセンウジバエ根絶以降，SIT は双翅目を中心に，世界中の農業害虫や衛生害虫の AW-IPM で利用されている。日本でも 1970 年代以来，小笠原諸島，奄美・沖縄の南西諸島で SIT を用いた AW-IPM が行われ，これまで 3 種のミバエ類（ミカンコミバエ *Bactrocera dorsalis*，ウリミバエ *Bactrocera cucurbitae*（図 12-6b），ナスミバエ *Bactrocera latifrons*）（大川，1985; 小山，1994a; 福ヶ迫・岡本，2012; 小濱，2014）や，コウチュウであるアリモドキゾウムシ *Cylas formicarius*（図 12-6c）の根絶を達成している（Himuro *et al.*, 2022; Ikegawa *et al.*, 2022）。

(2) 昆虫の不妊化

昆虫に不妊化をもたらす手段には薬剤を用いる方法があり（LaChance，1967），過去にはツェツェバエの SIT で利用された（Dame & Schmids, 1970）。化学的方法は安価であるものの，有害な化学物質の野外への拡散に対する懸念から断念され（Lance & McInnis, 2021; Robinson, 2021），現在では X 線や，^{60}Co や ^{137}Cs（セシウム 137）などの放射性物質の自然崩壊により発生するガンマ線などの電離放射線の照射が主に昆虫の不妊化で用いられている（Bakri *et al.*, 2021）。

昆虫は未熟な段階では成長が不連続で脱皮や変態の過程でのみ細胞が活性化するため（Hutchinson *et al.*, 1997; Behera *et al.*, 1999），哺乳類に比べ放射線抵抗性が高い。例えば，哺乳類の半数致死量（LD50）は，ヒト 3-4 Gy，イヌ 2.62 Gy，マウス 8.16 Gy に対し，昆虫では 30-1,500 Gy を必要とする（Whicker & Schultz, 1982; Morris & Jones, 1988; Hall & Glaccia, 2012）。放射線の照射は目的とする生殖細胞だけではなく体細胞にも影響を与え，一般には不妊化の程度と虫質はトレード・オフの関係となり，強い線量は妊性を完全に奪うと同時に，不妊虫の短命化や交尾能力を低下させる（Bakri *et al.*, 2021; Parker *et al.*, 2021; Lance & McInnis, 2021）。不十分な線量の照射は完全不妊虫にすることはできないものの，虫質をある程度維持できるため，交尾能力の維持を考慮し，あえて不完全不妊化という手段を用いることがある。

成虫はすでに分化した細胞で構成されるため，幼虫や蛹に比べて放射線抵

抗性が高く，また，種や性，気温や酸素濃度などの照射時の環境条件，線種によっても放射線抵抗性は異なる（Bakri *et al.*, 2021）。例えば，世界的な果実と野菜の害虫であるチチュウカイミバエ *Ceratitis capitata*（図 12-6d）の蛹期の雄の不妊化には，大気中より窒素中でより多くの線量を必要とする。また，鱗翅目昆虫は放射線抵抗性が極めて高く，リンゴやモモなどの果樹の害虫として知られるコドリンガ *Cydia pomonella*（図 12-6e）は，雄成虫の不妊化に 300-400 Gy のガンマ線照射を必要とする。虫質低下は不妊虫放飼の効果を下げ事業全体のコストを引き上げるため，不妊虫放飼法の実施にあたっては，対象とする種の放射線生物学的特性を踏まえ，放飼虫の妊性を抑えつつ虫質を維持する最適な不妊化線量を決定する必要がある。IAEA と FAO は，放射性線を利用した昆虫の不妊化技術の開発，応用，普及を世界各地で主導し，農業害虫や衛生害虫の防除事業を進めている（Klassen *et al.*, 2021）。IAEA がまとめるデータベース（International Database on Insect Disinfestation and Sterilization: IDIDAS）には，350 種以上の昆虫の不妊化線量に関する情報がまとめられている（IDIDAS, 2023）。

　これまで世界の多くの AW-IPM プログラムで放射性物質を利用した昆虫の不妊化が利用されてきた（表 12-5, 図 12-6）。しかし，放射線源の定期的交換の煩雑性や，テロリズムのリスクを回避するために，近年 IAEA は電子ビームや X 線を利用した照射技術の開発を奨励している（IAEA, 2012, 2017; Bakri *et al.*, 2021）。すでに実用化されているプログラムもあり，例えば，ブラジルやコスタリカでのチチュウカイミバエやネッタイシマカ *Aedes aegypti* の防除プログラムでは，昆虫の不妊化のために開発された X 線照射不妊化装置（RS2400 [ブラジル：125 keV, 18 mA; コスタリカ：150 keV, 45 mA]: RadSource Technologies, USA）が用いられている（Mehta & Parker, 2011; Bakri *et al.*, 2021）。また，スペインのバレンシアでの，チチュウカイミバエの防除プログラムでは，不妊化線源として電子ビーム加速機（Rhodotron TT200 [10 MeV, 8 mA]: Ion Beam Application, Belgium）が用いられ，年間 1 億 5 千万頭のミバエを 100 Gy 照射して不妊化し放飼している（Plá *et al.*, 2021）。この事業で用いられるチチュウカイミバエの不妊化線量（100 Gy）は，他の事業で行われている ^{60}Co による不妊化線量（90-145 Gy）と大きく違いはない（Bakri *et al.*, 2021）。X 線照射装置は放射線源と比べ，施設などの初期投資をかなり低く

表 12-5　不妊虫放飼を用いた地域全体の総合的害虫管理プログラムの例と，そこで用いられている線源と不妊化線量（IDIDAS（2023），Huisamen *et al.*（2022），Thistlewood & Judd（2019）から作成）

目	和名	不妊化線量	線源	プログラム実施国
双翅目 Diptera	ネッタイシマカ *Aedes aegypti*	65	X-ray	ブラジル
	メキシコミバエ *Anastrepha ludens*	80 70	^{60}Co or ^{137}Cs ^{137}Cs	グアテマラ 米国（テキサス）
	セグロモモミバエ *Bactrocera correcta*	80	^{60}Co	タイ
	ミカンコミバエ *Bactrocera dorsalis*	64-104 90	^{60}Co ^{60}Co	フィリピン タイ
	オリーブミバエ *Bactrocera oleae*	100	^{60}Co	イスラエル
	チチュウカイミバエ *Ceratitis capitata*"	110	^{60}Co	アルゼンチン
		115	X-ray	ブラジル
		120	^{60}Co	チリ
		150	X-ray	コスタリカ
		100-145	^{60}Co or ^{137}Cs	グアテマラ
		100	^{60}Co	イスラエル
		90	^{60}Co	南アフリカ
		95	E-beam	スペイン
		140	^{60}Co	米国（ハワイ）
	ラセンウジバエ *Cochliomyia hominivorax*	55	^{60}Co	パナマ
鱗翅目 Lepidoptera	コドリンガ *Cydia pomonella*	200[a]	^{60}Co	カナダ
	コドリンガモドキ *Thaumatotibia leucotreta*	250[a]	^{60}Co	南アフリカ
甲虫目 Coleoptera	アリモドキゾウムシ *Cylas formicarius*	200	^{60}Co	日本
	イモゾウムシ *Euscepes postfasciatus*	150[b]	^{60}Co	日本

a: 遺伝的不妊性を用いる不完全不妊化
b: 分割照射

抑えることができること，放射性物質の取り扱いがなく，メンテナンスは数千時間ごとの X 線管の交換に限られるなどの利点があり，新たな不妊化線源を用いる SIT は AW–IPM の主要な戦略として，さまざまな地域で利用が広がるものと予測されている（IAEA, 2012; FAO/IAEA/USDA, 2019; Dyck *et al.*, 2021）。

　日本で現在 SIT は沖縄県と鹿児島県喜界島で行われており，そのための大量増殖施設と不妊化施設は沖縄県病害虫防除技術センター（那覇市）（図12-7）と鹿児島県大島支庁（奄美市）のそれぞれにある。いずれの施設も元はウリミバエの根絶事業のために設計されたもので，現在では鹿児島ではアリモドキゾウムシを，沖縄ではウリミバエ，アリモドキゾウムシ，イモゾウムシ *Euscepes postfasciatus*（図 12-6f）をそれぞれ生産して不妊化している。ここでは沖縄の施設で行われているウリミバエとゾウムシ類の不妊化について説明する。

　日本ではすでに野生のウリミバエは根絶しており，大量増殖施設で生産された不妊化前の妊性を持つミバエ類の逃亡には注意する必要があるため，増殖虫の生産から不妊化までを一貫して屋内の管理区域で行える構造になっている。ウリミバエの場合，成虫になる 2-3 日前の蛹に 70 Gy のガンマ線を照射することによって不妊化が行われる。生産された蛹は増殖施設内の蛹積み込み装置（図 12-8）で金属製の照射カゴ（直径 10 cm，長さ 50 cm の円筒形で約 10 万頭充填可能）（図 12-7b）に入れられ，照射棟にある照射室まで専用のチェーンコンベアによって運ばれる。照射室や，そこに至る作業者と蛹を運搬するコンベアが通る通路は，照射時にガンマ線が外部に漏れるのを防ぐための厚いコンクリート壁で囲まれ，通路は迷路のような構造になっている。照射室の下部には深さ 6 m の水槽があり，通常，線源である ^{60}Co（直径 12 mm，長さ 30 cm）はこの水槽に格納されており，照射時のみこれを引き上げる。チェーンコンベアは，増殖施設の蛹積み込み装置，照射室の照射装置（線源），増殖施設の照射済み蛹取り出し装置を周回（約 120 m）するように設置され，照射時には線源の周りでカゴは線源周囲を周り（公転）ながら水平方向に自転し，カゴ内部での照射のムラが生じないようになっている（図 12-7b）。^{60}Co は半減期 5.27 年を持つため，減衰分を照射時間で調整する必要がある。そのため，毎月減衰分を計算しコンベアスピードの調整を行なってい

図 12-7　不妊虫放飼を行う沖縄県防除技術センター

a）照射棟（写真手前）と大量増殖棟（写真奥）。b）ミバエの蛹が入った金属カゴが線源の周囲を移動しながら照射される。

a)

b)

図 12-8 不妊化前の作業

a) ミバエの蛹を金属カゴに積み込む作業, b) 蛹を金属カゴに充填する装置。

る(棚原, 1994)。照射を終え不妊化された蛹は照射済み蛹取り出し装置で回収し，蛍光パウダーを用い不妊虫であることを示すためのマーキングを行った上で野外に放飼される。放飼は主にヘリコプターを利用して行われ(航空放飼)，通常ある防除エリアに週に一度放飼のペースで行われる。

ゾウムシ類の不妊化はミバエに比べると規模は小さく，通気性を確保するために上面がメッシュになったタッパ容器(357 × 287 × 120 mm)に，ミバエとは異なり成虫を入れて行われる。例えば，アリモドキは容器約 10 万頭入れ，放射線源近くで自転させながら行う。2021 年 7 月現在毎週 20 万頭程度のアリモドキが不妊化され放飼されている(過去，久米島で最も集中的にアリモドキ不妊虫が放飼されていた時期には毎週 300 万頭を不妊化して放飼していた)。

(3) 虫質と性的競争能力

SIT では放飼後分散した不妊雄が野生雌と交配し，その際に生じた受精卵の発生不全を通じ野生雌は次世代を生産する機会を失うことになる。そのため，SIT の効果を高めるには，交尾能力や分散能力が高い不妊雄を放飼することが重要になる(伊藤, 2008a)。生産された虫の品質となる「虫質」は，増殖虫の系統や累代飼育環境，餌，不妊化に加え，放飼までの保管・輸送環境など，さまざまな影響を受ける。虫質の劣化は結果的に防除効果を低下させるため防除コストの増加につながる。FAO/IAEA/USDA はマニュアルを作成し，さまざまな施設で生産されるミバエ類の品質管理に利用されている(FAO/IAEA/USDA, 2019)。

不妊虫放飼法で不可欠となる放射線を用いた不妊化は，減数分裂を行う精細胞ばかりだけでなく，中腸の幹細胞にも大きなダメージを与える。後者は消化吸収機能に関与するため，不妊虫は栄養障害を引き起こし，寿命や交尾能力を直接的に低下させることになる(Bakri *et al*., 2021; Parker *et al*., 2021; Lance & McInnis, 2021)。世界で多くの SIT が適用されてきたミバエ類は，安価に不妊虫を生産できるため(Hendrichs *et al*., 2021)，寿命が短くなっても放飼頻度を高めることで，防除圧を高く維持できる。しかし，対象害虫の大量放飼が容易ではない場合，不妊雄の機能を向上させることが重要になる。

日本の南西諸島には植物防疫法で移動が制限されている 2 種のサツマイモ

害虫(アリモドキゾウムシ, イモゾウムシ)が生息しており, 沖縄と鹿児島の両県では SIT を用いた AW-IPM プログラムを実施し, 根絶を目指している。ゾウムシ類の完全不妊化にはアリモドキゾウムシでは 200 Gy, イモゾウムシでは 150 Gy が必要となる。この不妊化線量は不妊雄の求愛行動, 精子輸送能力, 野外での分散能力には影響しないものの, いずれのゾウムシでも非照射雄と同等の交尾能力を保持する期間(潜在的交尾能力保持期間)が 6 日しかない(Kumano *et al*., 2007, 2008ab, 2009)。ゾウムシ類の生産はミバエ類のように安価に行うことができないため, 防除圧を高く維持するためには, 性的競争能力を高くする必要がある。そこで不妊雄の機能の向上(潜在的交尾能力保持期間の延長)を目的に, それぞれのゾウムシの雄を事業で用いられている照射方法や不妊化線量の検討を行った。

　不妊雄の性的競争能力を向上させるためには, 放射線を用いた不妊化によるダメージを軽減する必要がある。そこで分割照射の導入について検討を行った。分割照射とは, 1 回あたりの照射線量を減らし, DNA 修復を利用して生物的影響を抑える照射方法である。この方法を用いて不妊虫の交尾能力の向上を目指す場合, 分割照射の回数を増やし, 1 回当りの照射線量を減らした方がより虫質は向上することが予測された。しかし, 作業が複雑になりハンドリングミスが生じた場合, 不完全不妊虫を放飼するリスクが高まる。そのため, 不妊化のスケジュールは, 人為的なミスにも配慮して作業工程を決定する必要がある。そこでゾウムシの生産や航空放飼のスケジュールを勘案し, 分割照射では完全不妊化線量を 2-3 回に分けて照射する方法を視野に照射方法を検討した。比較したのは, (1)従来用いられている 1 回照射による完全不妊化, (2)照射を 2-3 回に分ける分割照射, (3)照射間隔の保管を低温条件で行う低温分割照射(イモゾウムシのみ), のそれぞれで処理したゾウムシ類の潜在的交尾能力保持期間である。また, より性的能力の高い不妊虫の戦略的な利用の観点から, (4)不完全不妊虫の潜在的交尾能力保持期間についても調査した。その結果, 分割照射を行うことで, 潜在的交尾能力保持期間をアリモドキゾウムシなら 2 倍(12 日)に, イモゾウムシならに低温保管を組み込み 3 倍(18 日)に延長できることが明らかになった(Kumano *et al*., 2008ab, 2011ab, 2012; 表 12-6)。また, イモゾウムシは 75 Gy の不完全不妊化で, 20 日以上にわたり潜在的交尾能力保持期間を維持できることも明

表12-6　ゾウムシ類で行った照射雄と非照射雄の潜在的交尾能力の比較（Kumano *et al.* (2008ab, 2010ab, 2011ab, 2012) から作成）

不妊化の程度	不妊化線量 (Gy)	照射回数	分割照射の際の保管温度	照射線量 (Gy) と照射スケジュール			照射後の日数とそれぞれの実験日での照射雄と非照射雄の交尾率ごとの違い[b]											
				1日目	2日目	3日目	0	2	4	6	8	10	12	14	16	18	20	22
イモゾウムシ *Euscepes postfasciatus*																		
完全	150	1回	—	—	—	150	○	○	○	○	→	—	—	—	—	—	—	—
完全	150	分割(2回)	25	—	75	75	—	—	—	○	○	○	→	→	→	→	—	—
完全	150	分割(2回)	25	75	—	75	—	—	—	○	○	○	○	→	→	→	—	—
完全	150	分割(3回)	25	50	50	50	—	—	—	○	○	○	○	→	→	○	—	—
完全	150	分割(3回)	25	50	50	50	—	—	—	○	○	○	○	○	→	→	—	—
完全	150	分割(3回)	15	50	50	50	—	—	—	○	○	○	○	→	○	→	—	—
不完全	125	1回	—	—	—	125	—	—	—	—	—	—	—	—	—	○	○	○
不完全	100	1回	—	—	—	100	—	—	—	—	—	—	—	→	→	○	○	○
不完全	75	1回	—	—	—	75	—	—	—	—	—	—	—	→	→	○	○	○
アリモドキゾウムシ *Cylas formicarius*																		
完全	200	1回	—	—	—	200	○	○	○	○	→	→	→	→	—	—	—	—
完全	200	分割(2回)	25	—	100	100	—	—	—	—	→	→	→	→	→	—	—	—
完全	201	分割(3回)	25	67	67	67	—	—	—	—	○	○	○	→	→	—	—	—
不完全	150	1回	—	—	—	150	—	—	—	—	—	—	—	—	—	—	—	—
不完全	125	1回	—	—	—	125	—	—	—	—	→	→	→	→	→	—	—	—
不完全	100	1回	—	—	—	100	—	—	—	—	→	→	○	→	→	—	—	—
不完全	75	1回	—	—	—	75	—	—	—	—	→	→	→	→	→	—	—	—

a —：照射を行わなかった

b ○：照射雄と非照射雄の交尾能力に差がなかった。　↓：非照射雄に比べて照射雄の交尾能力が低下した。　—：比較を行わなかった。

らかになった（Kumano *et al.*, 2010; 表 12-6）。ただ，アリモドキゾウムシは不完全不妊化を行っても潜在的交尾能力保持期間を 12 日以上に延長することはできなかった。こうした結果を考慮して，沖縄県ではイモゾウムシの不妊化を，2 回の分割照射（各 75 Gy: 48 時間間隔）で行ない，長い潜在的交尾能力保持期間を持つ性的競争能力の高い不妊虫を放飼している。

（4）SIT を用いた AW-IPM の戦略と実施

　SIT は防除効果が逆密度依存的に現れるという特徴を持ち，ニップリングらによるキュラーソー島での SIT によるラセンウジバエの根絶以降，1990 年代まで SIT は孤立した個体群の根絶を目指す強力な害虫管理法として理解されていた。しかし今日の SIT の利用は，密度抑圧，封じ込め，予防など，根絶以外の選択肢を目的とするものが増えている（Hendrichs *et al.*, 2021, 表 12-7）。ここでは根絶を含めた SIT の 4 つの選択肢をそれぞれ簡単に説明する。

- 密度抑圧：害虫の個体群密度を許容可能な経済的被害レベル以下に維持すること。害虫のいない地域を守るための検疫を実施する必要がなく，実施途中やその後の害虫個体数のモニタリングをする必要がなく，そのコストを削減できる。
- 根絶：孤立した害虫地域個体群を駆逐すること。達成できれば長期的に農薬使用量を削減でき，国際貿易上の経済的利益を生み国内検疫のコストも削減できる。ただ，対象害虫の根絶後には，その地域の状態を維持することが不可欠で，再侵入を防ぐための恒久的かつ厳格な検疫が必要になる。沖縄や鹿児島で行われるゾウムシ類の SIT はここに含まれる。
- 封じ込め：侵入地域とその周辺地域に定着した侵入害虫の拡散や蔓延を防ぐ防除を行うこと。
- 予防：害虫はいないが侵入リスクが非常に高い地域を維持するために行うもの。検疫が不十分な場合に実施される。沖縄で現在行われているウリミバエに対する再侵入予防対策はここに含まれる。

　SIT の戦略的選択肢の選択は，SIT により害虫個体群を被害許容範囲以下に維持できるのか，あるいは害虫の個体数が少なくても甚大な被害をもたらすため根絶という選択肢が必要となるかなどを基に判断する必要がある。また，野生雄と交尾した繁殖能力のある雌の移入と関連する害虫の分布や移動

表12-7 不妊虫放飼が主な管理戦略となる地域全体の総合的害虫管理プログラムの例 (Hendrichs et al. (2021) を元に作成)

目	和名と学名	管理戦略と実施国(地域)				
		密度抑正 (蔓延地域)	根絶 (蔓延地域)	封じ込め (蔓延地域の一部と 非蔓延地域の一部)	予防 (非蔓延地域)	駆除 b (非蔓延地域への侵入)
双翅目 Diptera	メキシコミバエ Anastrepha ludens	メキシコ北東	メキシコ北西	メキシコ (シナロア)	メキシコ／米国国境	
	ウリミバエ Bactrocera cucurbitae		日本		日本 (沖縄) a	
	ミカンコミバエ Bactrocera dorsalis	タイ、ベトナム				
	クインズランドミバエ Bactrocera tryoni			オーストラリア南東部		オーストラリア西部
	チチュウカイミバエ Ceratitis capitata	ブラジル、コスタリカ、エクアドル、イスラエル、ジョーダン、モロッコ、南アフリカ、スペイン	アルゼンチン (パタゴニア)、チリ、メキシコ	グアテマラ／メキシコ a、ペルー／チリ	米国 (カリフォルニア) a、米国 (フロリダ) a、チリ・ペルー国境 a、ドミニカ共和国	リビア、米国 (フロリダ)
	旧世界ラセンウジバエ Chrysomya bezziana					オーストラリア
	新世界ラセンウジバエ Cochliomyia hominivorax		北・中央アメリカ	パナマ a		
鱗翅目 Lepidoptera	メイガの一種 Cactoblastis cactorum					メキシコ
	コドリンガ Cydia pomonella	カナダ (ブリティッシュコロンビア)				ブラジル
	ワタアカミムシ Pectinophora gossypiella		米国南部／メキシコ北部		米国 (カリフォルニア)	
	ドクガの一種 Teia anartoides					ニュージーランド
	コドリンガモドキ Thaumatotibia leucotreta	南アフリカ				
甲虫目 Coleoptera	アリモドキゾウムシ Cylas formicarius		日本 a			
	イモゾウムシ Euscepes postfasciatus		日本 a			

a: 現在進行中のプログラム
b: 非蔓延地域に侵入したものを根絶

240

能力も，地理的条件とともに戦略的選択肢を選ぶ重要な判断基準となる。

　SIT を行っていないエリアから行っているエリアに繁殖可能な雌が移動することを防ぐ場合，緩衝地帯を設定して予防的な防除を行うことになる。緩衝地帯の設定は，根絶プログラムの進行とともに移動させる一時的なものと，封じ込めのように恒久的に設定されるものがある。

(4) 鱗翅目の遺伝的不妊性

　鱗翅目昆虫は放射線抵抗性が高いため，完全不妊化に必要な線量を照射した雄は性的競争能力を失い防除効果が低下する。鱗翅目の SIT ではこうした問題を回避するために，遺伝的不妊性(Inherited sterility: IS; Proverbs, 1971; Marec *et al.*, 2021)を利用して防除が行われている。IS とは，完全不妊化には満たない線量の放射線を照射して不完全不妊化した場合，(1)不完全不妊雄と野生雌の間に生じた次世代 $F1_{sw}$ の数は野生(非照射)ペア間で生じた次世代 $F1_{ww}$ の数に比べて少なくなり，(2)$F1_{sw}$ は成虫になってもその大部分が繁殖力の弱い雄(不妊化された父親より弱い)となるため F2 はほとんど出現しない，ことを指す(図 12-9)。こうした遺伝的特性に加え，IS で用いる不完全不妊線量の照射はダメージを抑え，放飼した雄の性的競争能力を高めることができるため，鱗翅目では完全不妊虫を放飼するより IS を誘引する不完全不妊虫の放飼は防除効果が高くなる(Marec *et al.*, 2021)。IS は鱗翅目で多く知られているが，半翅目のナガカメムシの一種 *Oncopeltus fasciatus*，ヘリカメムシの一種 *Gonocerus acuteangulatus*，サシガメの一種 *Rhodnius prolixus*，ダニ目のナミハダニ *Tetranychus urticae* などでも報告されている(Henneberry 1964; LaChance & Degrugillier 1969)。

　南アフリカの柑橘類の果樹園で行われるコドリンガモドキ *Thaumatotibia leucotreta* の防除プログラムでは，完全不妊化線量となる 300-400 Gy ではなく，200 Gy を照射した不完全不妊虫を放飼し，IS の効果を伴う防除を行っている(Huisamen *et al.*, 2022)。ただ，IS の利用は全ての防除プログラムで必ずしも効果的に機能しているわけではない。カナダのブリティッシュコロンビア州のリンゴとナシの生産地域(3,395-7,331 ha)で行われるコドリンガの防除プログラムでは，1994 年には比較的高い不妊化線量(330 Gy)が利用されていたものの，IS の効果を期待して徐々にその線量が下げられ，2002 年

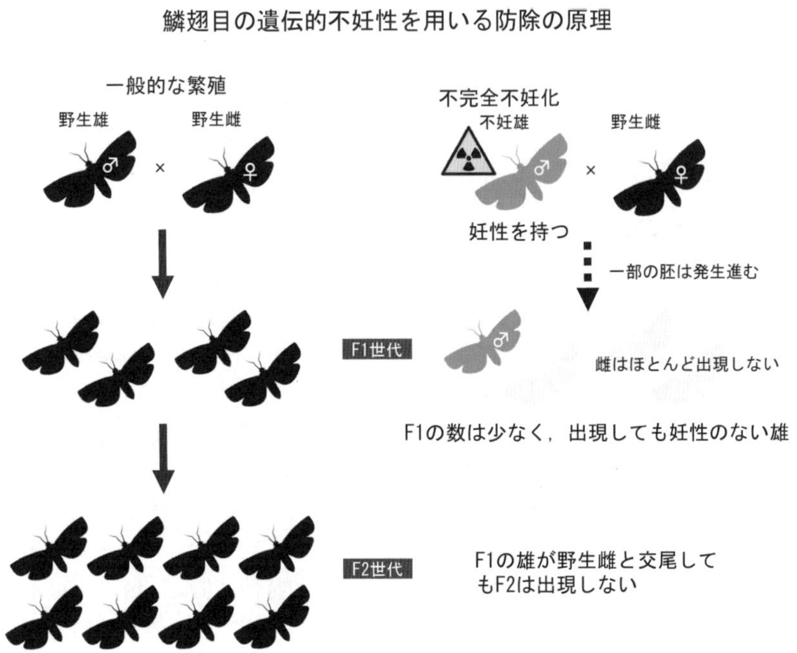

鱗翅目の遺伝的不妊性を用いる防除の原理

図12-9 鱗翅目の遺伝的不妊性を説明する模式図

増殖虫は照射により不完全不妊化（弱い妊性を持つ）を行った後に放飼する。F1世代の雌はほとんど出現せず，雄の妊性は弱い。そのため，F1世代の雄が野生雌と交配を行ってもF2世代がほとんど出現しないため，個体群サイズは縮小する。ただし，F1世代の雄の妊性や雌の発生の程度は，不妊雄の不妊化の程度（不完全不妊化線量）に依存する。

には室内実験で良好な結果を得た150 Gyが採用された。しかし，ISの効果が高くなるのは夏世代のコドリンガのみで，気温の低い春世代では分散能力が低く十分なISの効果が得られないことが調査で明らかになり，現在では不妊化線量を200 Gyに戻して利用されている（Thistlewood & Judd, 2019）。

（5）世界で進められているSITを用いたAW-IPMプログラムの例

①ラセンウジバエ：SITを利用したラセンウジバエのAW-IPMは，北米〜南米の多くの国で根絶を達成している。しかし，キューバ，ドミニカ共和国，ジャマイカ，ハイチ，トリニダード・トバゴ，南アメリカの北部，ウルグアイ，チリ北部，アルゼンチン北部では，なお公衆衛生の深

刻な問題として残っており，すでに根絶を達成した国々への再侵入リスクの供給源となっている（Vargas-Terán *et al*., 2021; Klassen & Vreysen 2021; Klassen *et al*., 2021）。実際，西インド諸島のアルバやキュラソー島，メキシコ，フロリダでは大規模な再発生が生じ，SIT により鎮圧されている（Skoda *et al*., 2018; Vargas-Terán *et al*., 2021）。近縁種である旧世界ラセンウジバエは，アフリカ，中東湾岸，インド，東南アジアに分布し，旧世界ラセンウジバエでも SIT は有効であることが小規模な実地試験で確認されている。野生動物が多く畜産業が盛んなオーストラリアでは本種は分布しないものの，隣国からの侵入が大きな被害を引き起こすことが予測されており，侵入時には SIT を用いた抑制が予定されている（Vargas-Terán *et al*., 2021）。

② ミバエ類：ミバエとはハエ目ミバエ科 Tephritidae に属するハエの総称で，おおよそ 5,000 種，500 属に分類される。ミバエ科にはミカンコミバエ種群 *Bactrocera dorsal* species complex，ウリミバエ *B. cucurbitae*，クインズランドミバエ *B. tryoni*，チチュウカイミバエ *Ceratitis capitata* など，果樹や果菜を寄主とする重要な農業害虫が多く含まれる。現在進行中のものも含め，ミバエ類はこれまで 27 の SIT を用いた AW-IPM プログラムで防除対象となり，5 つの地域でこれらミバエ類の根絶を達成している（Enkerlin, 2021）。

③ 鱗翅目：鱗翅目には農作物や樹木を加害する害虫が多数存在し，先述したコドリンガとコドリンガモドキ以外にも，ワタアカミムシ *Pectinophora gossypiella* に対して米国の綿花地域で SIT を用いた AW-IPM プログラムが行われ，遺伝子組み換えを行なった Bt コットンなども併用して根絶を達成している（Staten & Walters, 2021）。そのほかにも，マダラメイガ *Cactoblastis cactorum*，マイマイガ *Lymantria dispar*，ドクガ painted apple moth の一種 *Teia anartoides* の小規模なプログラムで SIT の有効性が確かめられている（Simmons *et al*., 2021）。

(6) 日本で進められている SIT を用いた AW-IPM

　日本の植物防疫法は，大きな経済的被害をもたらす一部の侵入性農業害虫を特殊害虫に指定し，特殊害虫が生息する地域から未発生地域への害虫とそ

の寄主植物の移動を規制することで，害虫の蔓延を防いでいる。特殊害虫には，果実や果菜を加害するミバエ類やサツマイモを加害するゾウムシ類が指定されている。

④ミバエ類：地理的に東南アジアに近い南西諸島は，これまで多くの南方性害虫の侵入と定着が報告されている（小濱，2002; 小濱・嵩原，2002）。例えば，ニガウリやキュウリ，ピーマンやトマトに寄生するウリミバエは，1919年に八重山群島で発見され，以降北上を続け，1974年には奄美群島全域にまで生息域を広げていた。また，ミカンやマンゴー，トマトに寄生するミカンコミバエは，1918年に沖縄本島で発見され，1929年には奄美群島全域にまで生息域を広げ，同時期に東京都の小笠原群島でも発見されていた。こうした害虫の分布は，島嶼地域の農業振興だけでなく，国内防疫でも大きな損失となっていた。1972年より沖縄県久米島のウリミバエを対象に，わが国最初の不妊虫放飼法による根絶実験が行われ，1978年には同島での根絶が確認された。その後，南西諸島ではウリミバエを，小笠原諸島ではミカンコミバエを対象に不妊虫放飼法による根絶事業が実施され，沖縄本島，奄美大島，小笠原父島にミバエ類の大量増殖施設と不妊化施設を建設し，これらの島々でSITが順次進められた。ウリミバエの侵入が日本で最も早く記録された八重山群島で1993年に根絶が成功し，南西諸島では雄除去法によって根絶されたミカンコミバエと合わせ，74年ぶりに特殊病害虫に指定されるミバエ類が国内から一掃された。ただ，沖縄はこれらが自然分布する台湾フィリピン，中国に近く飛来による侵入リスクが高いため，予防防除として根絶後もウリミバエの不妊虫放飼が行われている（Kuba *et al.*, 1996）。こうした根絶事業の結果，現在ではミバエ類の寄主植物の移動（南西諸島からの出荷）が自由に行えるようになっている。

⑤ゾウムシ類：ミバエ類が除去された現在でも，南西諸島からのすべての農作物の移動が無条件に行われるわけではない。その理由は，小笠原諸島と南西諸島には，サツマイモ *Ipomoea batatas* を含むヒルガオ科植物の世界的な大害虫であるイモゾウムシとアリモドキゾウムシが現在も分布するためである。これらゾウムシ類がわずかにでもサツマイモを加害すると，イモは防御物質としてイポメアマロンなどの有毒の生理活性物

質を自ら生産する。そのため被害イモは家畜に餌にもならず，ゾウムシ類の被害許容水準は極めて低く経済的損失 が大きい。沖縄県では1994年より久米島で不妊虫放飼法を利用してこれら2種のサツマイモ害虫に対する根絶防除事業を進め，事業開始より19年を経た2013年に甲虫類の広域防除では世界初となるアリモドキゾウムシの根絶を達成した（Himuro *et al*., 2022）。また，2007年から根絶事業を開始した津堅島でも2021年に根絶を達成した（Ikegawa *et al*., 2022）。ただ，両島ともまだイモゾウムシの根絶が達成されておらず，サツマイモの移動規制は解除されていない。

(7) これからの不妊虫放飼法

近年の地球温暖化や人物の移動は，生物の本来の生息地からの移動や定着を容易にさせている。ここ数年，南西諸島だけでなく九州本土でもミカンコミバエの飛来が増加しており，こうした害虫の定着は日本の農業生産に大きな打撃を与えかねない。また，本稿では触れなかったが，さまざまな感染症を媒介し薬剤抵抗性も報告されるネッタイシマカ *A. aegypti* の日本への侵入も報告されている。「予防」のコストは，侵入・定着によるモニタリングや防除の経済的なコストを考慮すると安価であるとの指摘もあり，環境の変動に応じ，SITの戦略的な利用を視野に対策を立てる必要が今後高まるものと思われる。最後になるが，不妊虫放飼に関してはこれまで日本語でも書籍や総説で紹介されている。興味ある方は，ミバエ類であれば小山（1985, 1994ab），伊藤・垣花（1998），伊藤（2008b），ゾウムシ類であれば栗和田（2013, 2015），熊野（2014, 2015）なども参考にされたい。

5. おわりに

本稿では，農業分野における放射線利用の例として，食品照射，突然変異育種，不妊虫放飼について見てきた。いずれもがすでに実用化されてから長い時間を経ており，これまでの知見は植物検疫やイオンビームを用いた育種など，新たな放射線の利用に結びつきつつある。また，紙面の都合で詳細は紹介できなかったが，蚊を対象として共生微生物による遺伝的不和合とSITを統合した研究も海外では進められている。今後も他の分野と融合しながら

農業分野での放射線の用途は広がり，その成果はわれわれの生活をより豊かで安全なものにするであろう。

〔引用文献〕
阿部知子・林依子・大野豊・畑下昌範・髙城啓一（2022）イオンビーム育種技術の開発に取り組む加速器施設．アグリバイオ, 6(12): 8-13.

Bakri A, Mehta K, Lance DR（2021）Sterilizing insects with ionizing radiation. In: Dyck VA, Hendrichs J, Robinson AS（eds）*Sterile Insect Technique*, 355-398. CRC Press. FL.

Baumhover AH, Graham AJ, Bitter BA, Hopkins DE, New WD, Dudley FH, Bushland RC（1955）Screw-worm control through release of sterilized flies. *Journal of Economic Entomology*, 48(4): 462-466.

Behera MK, Behera R, Patro B.（1999）Application of Dyar's rule to the development of *Macrosiphoniella sanborni*（Gill.）（Homoptera: Aphididae）. *Agricultural Science Digest*, 19: 179-182.

Brown EH（1945）. Screwworm infestation in the nasal passages and paranasal sinuses. *The Laryngoscope*, 55(7): 371-374.

千葉悦子・飯塚友子・市川まりこ・鵜飼光子・菊地正博・小林泰彦（2016）放射線照射香辛料に関する官能検査．食品照射, 51(1): 23-36.

Da Graça JV, Louzada ES, Sauls JW（2004）The origins of red pigmented grapefruits and the development of new varieties. *Proceedings of the International Society of Citriculture*, 1(1): 369-374.

Dame DA, Schmidt CH（1970）The sterile male technique against tsetse flies, *Glossina* spp. *Bulletin of the Entomological Society of America*, 16: 24-30.

Dohino 土肥野利幸（2022）（4）植物検疫の仕組みと放射線照射処理の国際基準 *Radioisotopes*, 71: 93-99.

Drew RA, Romig MC（2016）Tropical fruit flies（Tephritidae Dacinae）of South-East Asia: Indomalaya to North-West Australasia. CABI. 487pp.

Dyck VA, Hendrichs J, & Robinson AS（2021）*Sterile insect technique: principles and practice in area-wide integrated pest management*. CRC Press. FL.

Enkerlin WR（2021）Impact of fruit fly control programmes using the sterile insect technique. In: Dyck VA, Hendrichs J, Robinson AS（eds）*Sterile Insect Technique*, 979-1006. CRC Press. FL.

Eustice RF（2017）Global status and commercial applications of food irradiation. In: FerreiraI CFR, Antonio AL, Verde SC（eds）*Food irradiation technologies: concepts, applications and outcomes*, 397-424. The Royal Society of Chemistry, Croydon, UK.

FAO/IAEA（2016）. Mutant Variety Database（MVD）.［22, february, 2023］
〈https://nucleus.iaea.org/sites/mvd/sitepages/home.aspx〉

FAO/IAEA/USDA（2019）Product quality control for sterile mass-reared and released tephritid fruit flies. Version 7.［22, February, 2023］〈https://www.iaea.
org/sites/default/files/qcv7.pdf〉

FAO/WHO（2003）General standard for irradiated foods, CODEX STAN 106-1983, Rev. 1-2003, FAO/WHO, Rome.［22, February, 2023］〈https://www.fao.
org/fao-who-codexalimentarius/sh-proxy/en/?lnk=1&url=https%253A%252F%
252Fworkspace.fao.org%252Fsites%252Fcodex%252FStandards%252FCXS%
2B106-1983%252FCXS_106e.pdf〉

Farkas J, Mohácsi-Farkas C（2011）History and future of food irradiation. *Trends in Food Science & Technology*, 22(2-3): 121-126.

Faust RM（2008）. General introduction to areawide pest management, In: Koul O, Cuperus G, Elliott N（eds）*Areawide pest management: theory and implementation*, 1-14. CABI, Wallingford, UK.

福ケ迫晃・岡本昌洋(2012)与那国島におけるナスミバエの根絶達成．植物防疫, 60(1): 13-17.

古田雅一（2022）(6)放射線照射食品の健全性．*Radioisotopes*, 71(3): 195-210.

古田雅一・石川悦子・保科美幸・冨井恵奈美・小池佳都子・鵜飼光子(2010)殺菌済み香辛料に生残する微生物の食肉中における増殖動態の解析．食品照射, 45(1-2): 4-10.

Goldenberg L, Yaniv Y, Porat R, Carmi N（2018）Mandarin fruit quality: a review. *Journal of the Science of Food and Agriculture*, 98(1): 18-26.

Gröning J, Hochkirch A（2008）Reproductive interference between animal species. *The Quarterly review of biology*, 83(3): 257-282.

羽鹿牧太・高橋将一・異儀田和典・酒井真次・中澤芳則(2002)ダイズ新品種「いちひめ」の育成とその特性．九州沖縄農研報告, 40: 79-94.

Hall EJ, Giaccia AJ（2012）Radiobiology for the radiologist. Wolters Kluwer Health. PA.

畑下昌範・高城啓一（2022）イオンビームを用いた植物工場生産に適したレタスとトマトの新品種育成，アグリバイオ, 6(12): 19-23.

林徹（2007）食品照射の現状．*Radioisotopes*, 56(9): 533-541.

Hendrichs J, Vreysen MJB, Enkerlin WR, Cayol JP（2021）Strategic options in using sterile insects for area-wide integrated pest management. In: Dyck VA, Hendrichs J, Robinson AS（eds）*Sterile Insect Technique*, 841-884. CRC Press. FL.

Henneberry TJ（1964）Effects of gamma radiation on the fertility of the two-spotted spider mite and its progeny. *Journal of Economic Entomology*, 57（5）: 672-674.

Hensz RA（1971）'Star Ruby': A new deep red-fleshed grapefruit variety with distinct tree characteristics. *Journal of the Rio Grande Valley Horticultural Society*, 25: 54-58.

Himuro C, Kohama T, Matsuyama T, Sadoyama Y, Kawamura F, Honma A, Ikegawa Y, Haraguchi D（2022）First case of successful eradication of the sweet potato weevil, *Cylas formicarius*（Fabricius）, using the sterile insect technique. *Plos one*, 17（5）: e0267728.

平野智也（2022）イオンビームを用いた花き植物の品種改良, アグリバイオ, 6（12）: 14-18.

廣庭隆行（2015）第 100 号記念特集 < 第 II 部 放射線化学の現状と展望 > 3. 応用 : 放射線滅菌. 放射線化学, 100: 77-79.

Honma A, Kumano N, Noriyuki S（2019）Killing two bugs with one stone: a perspective for targeting multiple pest species by incorporating reproductive interference into sterile insect technique. *Pest management science*, 75（3）: 571-577.

Huisamen EJ, Karsten M, Terblanche JS（2022）Consequences of thermal variation during development and transport on flight and low-temperature performance in false codling moth（*Thaumatotibia leucotreta*）: fine-tuning protocols for improved field performance in a sterile insect programme. *Insects*, 13（4）: 315.

Hutchinson JM, McNamara JM, Houston AI, Vollrath F（1997）Dyar's rule and the investment principle: optimal moulting strategies if feeding rate is size–dependent and growth is discontinuous. *Philosophical Transactions of the Royal Society of London. Series B: Biological Sciences*, 352（1349）: 113-138.

IAEA（2012）Nuclear technology review, International Atomic Energy Agency, Vienna.［22, February, 2023］〈https://www.iaea.org/sites/default/files/gc/gc56inf-3_en.pdf〉

IAEA（2017）Technical specification for an X-ray system for the irradiation of insects for the sterile insect technique and other related technologies. Vienna, Austria.［22, February, 2023］〈http://www-naweb.iaea.org/nafa/ipc/public/X-Ray-system-sit.pdf〉

IDIDAS（2023）International Database on Insect Disinfestation and Sterilization. 2018. FAO/IAEA, Vienna, Austria.［22, February, 2023］〈http://www-ididas.iaea.org/IDIDAS/default.htm〉

Ikegawa Y, Kawamura F, Sadoyama Y, Kinjo K, Haraguchi D, Honma A, Himuro C, Matsuyama T（2022）Eradication of sweetpotato weevil, *Cylas formicarius*, from Tsuken Island, Okinawa, Japan, under transient invasion of males. *Journal of Applied Entomology*, 146（7）: 850-859

Ishikawa S, Ishimaru Y, Igura M, Kuramata M, Abe T, Senoura T, Hase Y, Arao T, Nishizawa NK, Nakanishi H（2012）Ion-beam irradiation, gene identification, and marker-assisted breeding in the development of low-cadmium rice. *Proceedings of the National Academy of Sciences*, 109（47）: 19166-19171.

伊藤均（2003）日本における食品照射の開発の経緯と今後の課題. 食品照射, 38（1-2）: 23-30.

伊藤嘉昭（2008a）精子競争と雌による隠れた選択. 不妊虫放飼法（伊藤嘉昭 編）: 149-176. 海游舎, 東京.

伊藤嘉昭（2008b）不妊虫放飼法の歴史と世界における成功例. 不妊虫放飼法（伊藤嘉昭 編）: 1-17. 海游舎, 東京.

伊藤嘉昭・垣花廣幸（1998）農薬なしで害虫とたたかう. 岩波書店. 東京

Keenan SP, Burgener PA（2008）Social and economic aspects of areawide pest management. In: Koul O, Cuperus G, Elliot Nt（eds）*Areawide pest management*, 97-116. CABI, Wallingford, UK.

菊地正博・小林泰彦（2017）27 農学と放射線化学 —イオンビーム育種, 照射食品検知法—. *Radioisotopes*, 66（11）: 611-616.

Klassen W, Vreysen MJB（2021）Area-wide integrated pest management and the sterile insect technique. In: Dyck VA, Hendrichs J, Robinson AS（eds）*Sterile Insect Technique*, 75-112. CRC Press. FL.

Klassen W, Curtis CF, Hendrichs J（2021）History of the sterile insect technique. In: Dyck VA, Hendrichs J, Robinson AS（eds）*Sterile Insect Technique*, 1-44. CRC Press. FL.

Knipling EF（1955）Possibilities of insect control or eradication through the use of sexually sterile males. *Journal of Economic Entomology*, 48（4）: 459-462.

Knipling EF（1972）Entomology and the management of man's environment. *Australian Journal of Entomology*, 11（3）: 153-167.

Knipling EF（1980）Regional management of the fall armyworm -A realistic approach? *Florida Entomologist*, 63（4）: 468-480.

小林泰彦（2022）（2）食品照射の実用状況と消費者の受容. *Radioisotopes*, 71（1）: 63-83.

小林泰彦・菊地正博（2009）展望・解説：照射食品：放射線による食品や農作物の殺菌・殺虫・芽止め技術. 放射線化学, 88: 18-27.

小濱継雄（2002）沖縄県の外来昆虫. 外来種ハンドブック（日本生態学会 編）: 250-251. 地人書館. 東京.

小濱継雄（2014）沖縄島に侵入したナスミバエ発生経緯と防除対策および今

後の課題. 沖縄県農業研究センター研究報告, 8: 1-18.

小濱継雄・嵩原健二 (2002) 沖縄県の外来昆虫. 沖縄県立博物館紀要, 28: 55-92.

壽和夫・真田哲朗・西田光夫・藤田晴彦・池田富喜夫 (1992) ニホンナシ新品種'ゴールド二十世紀'. 生物 研報. 7: 105-120.

小山重郎 (1985) よみがえれ黄金の島 ミカンコミバエ根絶の記録. 筑摩書房. 東京.

小山重郎 (1994a) 日本におけるウリミバエの根絶. 日本応用動物昆虫学会誌, 38(4): 219-229.

小山重郎 (1994b) 530億匹の闘い ウリミバエ根絶の歴史. 築地書館. 東京.

Kuba H, Kohama T, Kakinohana H, Yamagishi M, Kinjo K, Sokei Y, Nakasone T, Nakamoto Y (1996) The successful eradication programs of the melon fly in Okinawa. In: McPheron BA, Steck GJ (eds) *Fruit Fly Pests*, 543-550. CRC Press. FL.

熊野了州 (2014) サツマイモ害虫イモゾウムシの不妊虫放飼法による根絶に向けた近年の研究の展開. 日本応用動物昆虫学会誌, 58: 217-236.

熊野了州 (2015) ゾウムシ類におけるオスの性的能力に注目した不妊化技術. 植物防疫, 69(6): 381-385.

Kumano N, Kohama T, Ohno S (2007) Effect of irradiation on dispersal ability of male sweetpotato weevils (Coleoptera: Brentidae) in the field. *Journal of Economic Entomology*, 100(3): 730-736.

Kumano N, Haraguchi D, Kohama T (2008a) Effect of irradiation on mating ability in the male sweetpotato weevil (Coleoptera: Curculionidae). *Journal of Economic Entomology*, 101(4): 1198-1203.

Kumano N, Haraguchi D, Kohama T (2008b) Effect of irradiation on mating performance and mating ability in the West Indian sweetpotato weevil, *Euscepes postfasciatus. Entomologia Experimentalis et Applicata*, 127(3): 229-236.

Kumano N, Kawamura F, Haraguchi D, Kohama T (2009) Irradiation does not affect field dispersal ability in the West Indian sweetpotato weevil, *Euscepes postfasciatus. Entomologia Experimentalis et Applicata*, 130(1):63-72.

Kumano N, Kuriwada T, Shiromoto K, Haraguchi D, Kohama T (2010) Evaluation of partial sterility in mating performance and reproduction of the West Indian sweetpotato weevil, *Euscepes postfasciatus. Entpmologia Experimentalis et Applicata* 136(1):45-52.

Kumano N, Kuriwada T, Shiromoto K, Haraguchi D, Kohama T (2011a) Fractionated irradiation improves the mating performance of the West Indian sweet potato weevil *Euscepes postfasciatus. Agricultural and Forest Entomology*,

13(4): 349‑356.

Kumano N, Kuriwada T, Shiromoto K, Haraguchi D, Kohama T (2011b) Prolongation of the effective copulation period by fractionated-dose irradiation in the sweet potato weevil, *Cylas formicarius*. *Entomologia Experimentalis et Applicata*, 141(2):129‑137.

Kumano N, Kuriwada T, Shiromoto K, Haraguchi D (2012) Effect of low temperature between fractionated-dose irradiation doses on mating of the West Indian sweetpotato weevil, *Euscepes postfasciatus* (Coleoptera: Curculionidae). *Applied Entomology and Zoology*, 47(1): 45‑53.

Kume T, Amano E, Nakanishi TM, Chino M (2002) Economic scale of utilization of radiation (II). Agriculture. *Journal of Nuclear Science and Technology*, 39(10): 1106‑1113.

久米民和 (2008) 世界における食品照射の処理量と経済規模. 食品照射, 43 (1-2): 46‑54.

久米民和・等々力節子 (2019) 食品照射の海外動向. *Radioisotopes*, 68(7): 469‑478.

栗和田隆 (2013) サツマイモの特殊害虫アリモドキゾウムシの根絶に関する最近の研究展開. 日本応用動物昆虫学会誌, 57: 1‑10.

栗和田隆 (2015) 長期累代飼育にともなうアリモドキゾウムシの家畜化の進行. 植物防疫, 69: 377‑380.

LaChance, LE (1967) The induction of dominant lethal mutations in insects by ionizing radiation and chemicals-as related to the sterile male technique of insect control. *Genetics of insect vectors of disease*, 21: 617‑650.

LaChance, LE, Degrugillier M (1969) Chromosomal fragments transmitted through three generations in Oncopeltus (Hemiptera). *Science*, 166(3902): 235‑236.

Lance DR, McInnis DO (2021) Biological basis of the sterile insect technique. In: Dyck VA, Hendrichs J, Robinson AS (eds) *Sterile Insect Technique*, 113‑142. CRC Press. FL.

Lindquist AW (1955) The use of gamma radiation for control or eradication of the screw-worm. *Journal of Economic Entomology*, 48(4): 467‑469.

Louzada ES, Ramadugu C (2021) Grapefruit: history, use, and breeding. *Horttechnology*, 31(3): 243‑258.

Marec F, Bloem S, Carpenter JE (2021) Inherited Sterility in Insects. In: Dyck VA, Hendrichs J, Robinson AS (eds) *Sterile Insect Technique*, 163‑200. CRC Press. FL.

Mehta K, Parker A (2011) Characterization and dosimetry of a practical X-ray alternative to self-shielded gamma irradiators. *Radiation Physics and Chemistry*,

80（1）: 107-113.

美山錦（1983）酒米の改良と実用化. 日本醸造協會雜誌, 78（8）: 582-593.

Molins RA（2001）Food irradiation: Principles and applications, Wiley Interscience. New York.

Morris MD, Jones TD（1988）A comparison of dose-response models for death from hematological depression in different species. *International Journal of Radiation Biology*, 53（3）: 439-456.

Muller HJ（1927）Artificial transmutation of the gene. *Science*, 66（1699）: 84-87.

Nagatomi S, Miyahara E, Degi K（1997）Combined effect of gamma irradiation methods and in vitro explants sources on mutation induction of flower color in *Chrysanthemum morifolium* Ramat. *Gamma Field Symposium*, 35: 51-69.

永富成紀・渡辺宏・田中淳・山口博康・出花幸之助・森下敏和（2003）イオンビームによるキク突然変異 6 品種の育成. 放育場テクニカルニュース, 65. ［22, february, 2023]〈https://www.naro.affrc.go.jp/archive/nias/newsletter/tech_news/pdf/TechnicalNews65.pdf〉

内閣府（2017）放射線利用の経済規模調査（平成 27 年度）［22, february, 2023]〈http://www.aec.go.jp/jicst/nc/iinkai/teirei/siryo2017/siryo29/siryo1-1.pdf〉

中川仁（2006）放射線育種場の最近の成果と今後の発展. *Radioisotopes*, 55: 319-332.

中川仁（2009）突然変異育種の現状と展望 ―品種育成と遺伝子機能解析のための突然変異リソース―. ［22, february, 2023]〈http://www.aec.go.jp/jicst/NC/iinkai/teirei/siryo2009/siryo43/siryo2-2-1.pdf〉

中村大四郎・横尾浩明・広田雄二（1991）白目の大豆新品種「むらゆたか」の育成. 佐賀県農業試験場研究報告, （27）: 21-42.

日本原子力研究開発機構（2007）平成 19 年度 放射線利用の経済規模に関する調査報告書. ［22, february, 2023]〈http://www.aec.go.jp/jicst/nc/iinkai/teirei/siryo2008/siryo18/siryo1.pdf〉

西村実（2022）放射線により誘発される DNA 変異の構造―イネ突然変異体の解析事例から―. 育種学研究, 24: 3-11.

Nishimura M, Kusaba M, Miyahara K, Nishio T, Iida S, Imbe T, Sato H（2005）New rice varieties with low levels of easy-to-digest protein, 'LGC-Katsu' and 'LGC-Jun'. *Breeding Science*, 55（1）: 103-105.

農研機構（2023）イネ品種・特性データベース検索システム［22, April, 2023]〈https://ineweb.narcc.affrc.go.jp〉

農林水産省（2022）「平成 30 年産 特産果樹生産動態等調査」［22, february, 2023]〈http://www.maff.go.jp/j/tokei/kouhyou/tokusan_kazyu/index.html〉

大川篤（1985）小笠原におけるミカンコミバエの発生とその根絶. ミバエの

根絶(石井象二郎，桐谷圭治，古茶武男 編)：291-316．農林水産航空協会．東京．

Parker AG, Vreysen MJB, Bouyer J, Calkins CO (2021) Sterile insect quality control/assurance. In: Dyck VA, Hendrichs J, Robinson AS (eds) *Sterile Insect Technique*, 399-440. CRC Press. FL.

Pla I, García de Oteyza J, Tur C, Martínez MA, Laurín MC, Alonso E, Martínez M, Martín A, Sanchis R, Navarro MC, Navarro MT, Argilés R, Briasco M, Dembilio O, Dalmau V (2021). Sterile insect technique programme against Mediterranean fruit fly in the Valencian community (Spain). *Insects*, 12(5): 415.

Proverbs MD (1971) Orchard assessment of radiation-sterilized moths for control of *Laspeyresia pomonella* (L.) in British Columbia. In: *Application of induced sterility for control of lepidopterous populations*, 117–133. IAEA. Vienna.

Robinson AS (2021) Genetic basis of the sterile insect technique. In: Dyck VA, Hendrichs J, Robinson AS (eds) *Sterile Insect Technique*, 143-162. CRC Press. FL.

Sanada T, Nishida T, Ikeda F (1988) Resistant mutant to black spot disease of Japanese pear 'Nijisseiki' induced by gamma rays. *Journal of the Japanese Society for Horticultural Science*, 57(2): 159-166.

Sanada T, Kotobuki K, Nishida T, Fujita H, Ikeda F (1993) A new Japanese pear cultivar 'Gold Nijisseiki', resistant mutant to black spot disease of Japanese pear. *Japanese Journal of Breeding*, 43(3): 455-461.

佐々木和則・佐藤雄幸・鈴木光喜・井上一博・五十嵐宏明・沓澤朋広・岡田晃治(2000) 青大豆新品種「あきたみどり」の育成と特性．秋田県農業試験場研究報告, 41:1-16.

Simmons GS, Salazar Sepulveda MC, Fuentes Barrios EA, Idalsoaga Villegas M, Medina Jimenez RE, Garrido Jerez AR, Henderson R, Donoso Riffo H (2021) Development of sterile insect technique for control of the European grapevine moth, *Lobesia botrana*, in urban areas of Chile. *Insects*, 12(5): 378.

Skoda SR, Phillips PL, Welch JB (2018) Screwworm (Diptera: Calliphoridae) in the United States: response to and elimination of the 2016-2017 outbreak in Florida. *Journal of medical entomology*, 55(4): 777-786.

Stadler LJ (1928) Genetic effects of X-rays in maize. *Proceedings of the National Academy of Sciences*, 14(1): 69-75.

Staten RT, Walters ML (2021) Technology used by field managers for pink bollworm eradication with its successful outcome in the United States and Mexico. In: Dyck VA, Hendrichs J, Robinson AS (eds) *Sterile Insect Technique*, 51-92. CRC Press. FL.

高橋浩司・島田信二・島田尚典・高田吉丈・境哲文・河野雄飛・故足立大山・田淵公清・菊池彰夫・湯本節三・中村茂樹・伊藤美環子・番場宏治・岡部昭典（2004）低アレルゲン・高 11s グロブリンダイズ「ゆめみのり」の育成．東北農研研報, 102: 23-39.

高倉耕一（2018）繁殖干渉とは．繁殖干渉(高倉耕一，西田隆義 編): 3-42．名古屋大学出版会．名古屋．

玉木克知（2016）イオンビームを利用した突然変異誘発 花きの突然変異育種を中心に．作物研究, 61: 63-66.

玉木克知・山中正仁・林依子・阿部知子・小山佳彦（2017）キクの品種特性が炭素イオンビーム照射による花色突然変異体の出現に及ぼす影響．園芸学研究, 16(2): 117-123.

棚原朗（1994）新不妊化施設の建設と不妊化技術．沖縄県ミバエ根絶記念誌（沖縄県農林水産部 編): 86-90．沖縄県．那覇．

Thistlewood HM, Judd GJ (2019). Twenty-five years of research experience with the sterile insect technique and area-wide management of codling moth, *Cydia pomonella* (L.), in Canada. *Insects*, 10(9): 292.

等々力節子（2015）各国の食品照射の現状（2013 年後半～2015 年前半）．食品照射, 50(1): 47-58.

等々力節子（2022）(1) 食品照射とは —技術の概要及び評価と研究開発の歴史—. *Radioisotopes*, 71: 55-62. doi: 10.3769/radioisotopes.71.55

Tsuneizumi K, Yamada M, Kim HJ, Ichida H, Ichinose K, Sakakura Y, Suga K, Hagiwara A, Kawata M, Katayama T, Tezuka N, Kobayashi T, Koiso M, Abe T (2021) Application of heavy-ion-beam irradiation to breeding large rotifer. *Bioscience, Biotechnology, and Biochemistry*, 85(3): 703-713.

堤智昭（2022）(5) 放射線照射された食品の検知法について．*Radioisotopes*, 71(2): 101-107.

USDA（2016）Historical Economic Impact Estimates of New World Screwworm (NWS) in the United States, Ready Reference Guide—Historical Economic Impact. [22, February, 2023] 〈https://www.aphis.usda.gov/animal_health/emergency_management/downloads/rrg_econimpact-nws.pdf〉

内海和久（2003）馬鈴薯芽止め事業 30 年目の現状紹介．食品照射, 38(1-2): 73-79.

Vanderplank FL (1944) Hybridization between Glossina species and a suggested new method of control of certain species of tsetse. *Nature*, 154: 607-608.

Vanderplank FL (1947) Experiments in the hybridization of tsetse flies ("Glossina Diptera") and the possibility of a new method of control. *Transactions of the Royal Entomological Society* (London), 98: 1-18.

Vargas-Terán M, Spradbery JP, Hofmann HC, Tweddle NE（2021）Impact of screwworm eradication programmes using the sterile insect technique. In: Dyck VA, Hendrichs J, Robinson AS（eds）*Sterile Insect Technique*, 949-978. CRC Press. FL.

WHO（1981）Wholesomeness of irradiated food: report of a joint FAO/IAEA/WHO expert committee. WHO technical report series, No. 659. World Health Organization, Geneva. ［22, February, 2023］〈https://apps.who.int/iris/handle/10665/41508〉

WHO（1999）High dose irradiation: wholesomeness of food irradiated with doses above 10kGy, report of a joint FAO/IAEA/WHO study group, Technical Report Series No. 890. World Health Organization, Geneva. ［22, February, 2023］〈http://www.aec.go.jp/jicst/NC/iinkai/teirei/siryo2008/siryo18/siryo1.pdf〉

渡部貴志・佐藤勝也・増渕隆・大野豊（2022）清酒酵母のイオンビーム育種技術に関する研究．アグリバイオ, 6(12): 52-55.

渡辺博幸（1998）ナシ黒斑病の耐病性品種'ゴールド二十世紀'による減農薬栽培．植物防疫, 52(9): 414-416.

Whicker FW, Schultz V（1982）Radioecology: nuclear energy and the environment. CRC Press, Boca Raton, FL.

山田千佳子・和泉秀彦・加藤保子（2006）米アレルゲンタンパク質とその低減化．川崎医療福祉学会誌, 16(1): 21-29.

柳澤和章（2011）わが国の放射線利用分野の経済規模について．*Radioisotopes*, 60(4): 189-201.

柳澤和章・久米民和・幕内恵三（2001）放射線利用の経済規模．*Radioisotopes*, 50(11): 581-590.

（熊野了州）

13 極微弱放射線計測による自然環境における生態系の理解

　宇宙線は地球の誕生後に地上まで到達していたため，生物は宇宙線の影響を避けるために海洋環境に棲息していた。しかし，地球磁場の形成により地表に到達する宇宙線の放射が抑制されるとともに，オゾン層形成による紫外線の減少により，生物は海洋から陸上へ上陸し，その後の生物の進化・展開がもたらされた（丸山・磯崎，2002; 川上，2003）。放射線は過去の地球環境において生物の進化に関係していた。

　現在の海洋と陸域の生態系を理解することは，ヒトの自然環境への影響を考慮した自然環境・生態系との共生を実現した持続可能な社会環境を構築することに繋がる重要な研究対象である。

　生態系の維持と保全を行うためには，自然環境中における物質動態を理解することが基盤情報として重要である。放射性核種を物質動態のトレーサーとして用いる利点は，放射壊変の半減期を利用して時間軸を導入する事ができること，元素により物質動態の挙動が異なること，放射能測定は感度が良いため微量な濃度を測定することができること，さらには，固体試料については非破壊で測定することが可能であり，放射線計測後に他の測定を行う事ができる点が挙げられる。現在では宇宙線の生物への影響は大きくはないが，環境中の放射線計測は生態系を理解するツールとして活用されている。

　本章では，環境中に存在する微弱な放射線を計測し，自然環境中での放射性核種の振る舞いを検討して，生態系を維持する自然環境の状況を理解する方法について紹介する。

1. 極微弱放射線計測とその応用

(1) 天然環境の極微弱放射線計測方法

　環境中の放射性核種の極微弱な放射線を計測するためには，検出器外部の環境から放出される宇宙線や岩石等の放射線の影響を低減化する必要があり，強力な遮蔽機能を有した検出器での計測が必要不可欠である。自然環境中の放射線の遮蔽を行うためには，遮蔽能力が高い鉛ブロックを検出器の周

図 13-1 世界の極微弱放射能測定のための地下測定施設

各施設の名称を以下に記す。

IAEA-MEL: International Atomic Energy Association-Marine Laboratory – Marine Environmental
　Studies Laboratory 国際原子力機関 – 海洋環境研究所（モナコ）

INFN-LNGS: National Institute for Nuclear Physics - Gran Sasso National Laboratory 国立核物理研
　究所 - グラン・サッソ国立研究所（イタリア）

IRMM: Institute for Reference Materials and Measurements 標準物質計測研究所（ベルギー）

LSCE: Lboratoire des Sciences du Climat et de l'Environment（フランス）

マックスプランク研究所（ドイツ）

PTB: Physikalisch-Technische Bundesanstalt（ドイツ）

VKTA: VKTA – Radiation Protection, Analytics & Disposal Rossendorf Inc.（ドイツ）

辺に配置する方法が一般的に採用されている。また，より微弱な放射線の測定
のためには，地層を遮蔽に用いる地下計測施設が利用されている。図 13-1
には世界の主な地下計測施設の所在地を示している。欧州の 7 箇所の地下
計測施設は，地上から深さ 25 m から 1,400 m までさまざまである。放射線
の遮蔽能力は水の透過量に換算した水深換算の深さ（meter water equivalent：
mwe）で 500-1,750 mwe と大きく異なる（Hamajima & Komura, 2010）。ただし，
地下計測施設は，比較的高濃度の Rn に由来するバックグランドを低下させ
る必要があるため，空気換気システム・坑道からの遮蔽システムの構築，測
定室までのエレベータ等のアクセスの整備等，多くの労力と費用を必要とす
る（例えば Joint Research Centre）。欧州では基礎的な素粒子等の物理・宇宙

尾小屋地下測定室の入り口

尾小屋地下測定室への連絡坑道

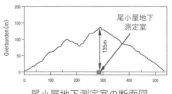

尾小屋地下測定室の断面図

Ge半導体検出器の外観（上図）と内部（右図）

^{60}Co-フリー鉄ブロック

^{210}Pb-フリー鉛ブロック

図13-2　金沢大学 環日本海域環境研究センター 尾小屋地下測定室の概要

分野の研究への貢献，また核不拡散・原子力発電所事故等の緊急時の計測に対応するため，地下計測施設の研究ネットワーク（Collaboration of European Low-level underground LAboRatories：CELLAR）を構築し，年に1度，研究集会を開催して情報交換等，持続可能な連携体制を維持する活動が進められている。

　日本での地下計測施設としては金沢大学環日本海域環境研究センターの尾小屋地下測定室とともに，岐阜県旧神岡銅鉱山内の地下1,000 mに設置されたスーパーカミオカンデがある。スーパーカミオカンデは東京大学宇宙線研究所により運用され，宇宙や物質の謎を解明するためにニュートリノという素粒子を観測する地下計測施設である（東京大学宇宙線研究所）。そのため，環境の微弱な放射能を計測する今回の対象施設からは除外している。

　金沢大学の尾小屋地下測定室は石川県小松市尾小屋地区の旧尾小屋銅鉱山の生活坑道内に設置されている。図13-2には尾小屋地下測定室の概要をまとめた（Hamajima & Komura, 2010）。測定室は坑道中間に位置し，最大で

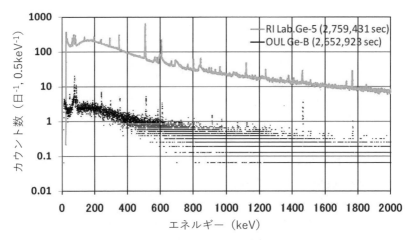

図 13-3　地上と尾小屋地下測定室の Ge 半導体検出器のバックグランドスペクトル (Hamajima & Komura, 2010)

135 m の山体の厚みがあり，水深換算の深さで 270 mwe の遮蔽能力がある。また，極低バックグランド Ge 半導体検出器の回りは，20 cm の厚みの鉛ブロックを配置し，さらに検出部には江戸時代に作成されたと考えられる金沢城解体時に生じた廃棄用の鉛瓦 [^{210}Pb の寄与が確認されないため，江戸時代に遡る事，少なくとも 300 年間 (^{210}Pb の半減期の約 14 倍 : Inoue & Komura, 2007)] を検出器の形状に合うように鋳造・配置し，^{60}Co が含まれない鉄板 (戦艦陸奥で使用されていた鉄) を上部に置いて遮蔽能力を高めている (井上, 2023)。同様に，ローマ時代の沈没船から引き上げられた鉛の延べ棒は，イタリアのグラン・サッソ研究所の地下測定室で使われている (Norgen, 2010)。

　図 13-3 には地上と尾小屋地下測定室の Ge 半導体検出器のバックグランドのガンマ線スペクトルを示している。鉛ブロックで遮蔽された地上の Ge 半導体検出器での測定結果と比較すると，全体的にバックグランドの値が 1/100 程度に低減化していることがわかる。図 13-1 に示した地下計測施設の中で，尾小屋地下測定室はベルギーの IRMM (地下 223 m，500 mwe)，ドイツの PTB (地下 925 m，2,100 mwe)，フランスの LSCE (地下 1,750 m，4,800 mwe) と同程度のバックグランドである。イタリアのグラン・サッソ研究所 (地下 1,400 m，3,800 mwe) は尾小屋地下測定室 (山体の厚み 135 m，270 mwe) の約 1/30 と極めて低いバックグランド環境を実現している。しかし，尾小屋地下測定室は地上部からのアクセスが容易であり，現在では 14 台の極低バックグランドの Ge 半導体検出器が整備されている。これまで，国内外の研究者とともに環境試料や隕石の分析等，多くの成果を公表してきた。イトカワの起源を探る元素組成の分析にも貢献している (Ebihara *et al.*, 2011)。特徴的な適用例を次に紹介する。

(2) ^{134}Cs と ^{137}Cs による海洋循環研究

① 大気核実験由来 ^{137}Cs の計測

　気象研究所のグループは，海洋の循環像を解明するために 1950-1960 年代に実施された大気核実験により環境中に放出された人工放射性核種の ^{137}Cs を対象に微弱な放射能を気象研究所の高感度 Ge 検出器や尾小屋地下測定室で計測してきた。図 13-4 には，2002 年の 7 月から 10 月にかけて東経 165° のラインで採取した海水試料の ^{137}Cs 放射能濃度の鉛直分布を示している (Aoyama *et al.*, 2008)。西部北太平洋の表層海水の ^{137}Cs 放射能濃度は 1.0-2.2 Bq/m³ の範囲を示し，大気核実験の影響が強かった 1975 年当時に比べると濃度は減少し，北緯 30-40° で若干高い濃度ではあるが，全体的に均一的な水平分布を示している。一方，鉛直的には，北緯 20° 付近の水深 250 m と

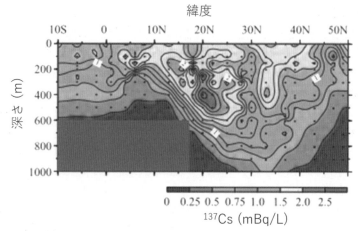

図 13-4　海洋の ^{137}Cs 放射能濃度の断面図 (Aoyama *et al.*, 2008)

400 m 付近に極大値を形成している。それぞれの海水の密度(σt)^(註1)は，おおよそ 25.0 と 26.0 と中央モード水と北太平洋亜熱帯モード水^(註2)の特徴を示している。この結果から，1950-1960 年代に放出された ^{137}Cs は，過去の観測からの 40 年間に海洋内部へ移動していることが明らかになった。

② 福島原発事故由来 ^{134}Cs の計測

東京電力福島第一原子力発電所事故(以後，福島原発事故)由来の ^{134}Cs は半減期 2.06 年で減衰する。一方，大気核実験では ^{134}Cs は生成しないため，

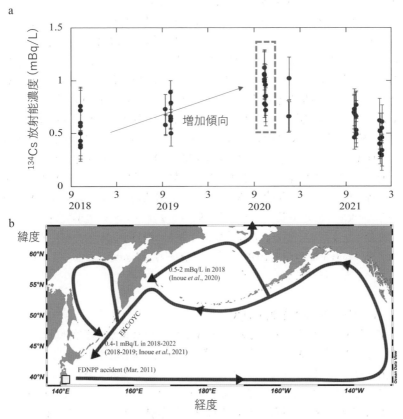

図 13-5 2018 年から 2021 年 9–10 月と 1 月の道東沖表層海水の ^{134}Cs 放射能濃度(a)と海水流動の模式図(b)（データは Inoue *et al.* (2021) と未公表データを使用）

^{134}Cs は海洋環境において海水循環のトレーサーとして利用することができる。水産研究・教育機構 北海道区水産研究所(現在，水産資源研究所)との共同研究により道東沖の観測を 2015 年から毎年 9-10 月と 1 月に実施し，3-13 地点での表層海水中に溶存している福島原発事故由来の ^{134}Cs の放射能濃度の経年変動を計測した。その結果を図 13-5a に示す。^{134}Cs の放射能濃度は，Inoue *et al.*(2021)と未公表データを 2011 年 3 月 11 日に壊変補正し，誤差は 1σ の計測誤差として表している。各観測年の平均値を考えると，観測を開始した 2018 年から 2020 年にかけて増加傾向にある。それ以降は 2022 年 1 月に向けて減少する傾向を示している。2018 年から 2019 年の増加時には，オホーツク海の表層海水中の ^{134}Cs 放射能濃度は最大で 0.5 mBq/L と高くなかった。また，2018 年 8 月のベーリング海での観測結果では，周辺海域に比べて高い ^{134}Cs 放射能濃度が検出され，アラスカから ^{134}Cs 放射能濃度の高い水塊が海流によりベーリング海に到達したと考えられる(Inoue *et al.*, 2020)。以上の結果を考慮すると，2020 年道東沖の ^{134}Cs 放射能濃度の最大値は，ベーリング海を起源とするカムチャッカ半島沖を流れる東カムチャッカ海流と親潮により供給されたことを示している。2020 年以降の減少は，図 13-5b に示した様に，^{134}Cs 放射能濃度の高い水塊の道東沖への移行が 2020 年に最大に到達し，その後，他の水塊との混合等により希釈された海水の流入に減少した可能性が考えられる。これらの結果は，海水 100 L を処理して ^{134}Cs を分離精製した試料を極低バックグランドの尾小屋地下測定室で計測した事により得られた研究成果である。微量な放射能を測定することにより，これまでわからなかった現象を捉えることが可能になる 1 つの例として捉えることができる。

③ 海洋魚類の微弱な放射能測定

　福島原発事故により放出された ^{134}Cs と ^{137}Cs の海洋での移動性については沿岸域での水平分布・鉛直分布等，多くの調査が行われている。また，ヒトの内部被ばくの観点から，魚類中の放射性セシウム濃度に関する研究も行われている(例えば，Nakata & Sugisaki, 2015)。水産庁のウェブサイトには，福島から東京沿岸域で採取された水産物中の放射性セシウム(^{134}Cs と ^{137}Cs 放射能濃度の合計値)の経時変化が示されている(水産庁, 2023)。基準値の 100

Bq/kg-生(註3)の超過率は2011年度の16.0%から2015年度には0.3%まで減少し、2016年度以降は0.0%と基準値の超過は認められなくなった。

　一方，日本周辺における海洋生物への影響範囲を把握するためには，海水の移動に伴う希釈効果による微弱な放射能を計測する必要がある。また，事故後の海洋環境での現象を詳細に解析するためには，事故初期の計測時には高い検出限界で測定された検出限界以下の海水・魚類試料の微弱な放射能を再測定することにより，初期の海水流動に伴う放射性核種の移動性と魚類への濃縮過程等の理解に繋がる調査を行う事も重要である。

　Inoue $et\ al.$(2017)は，日本海で過去に採取された魚類中の微弱な^{134}Csの放

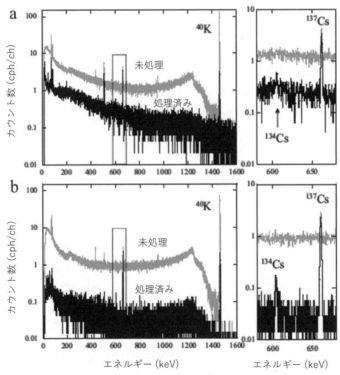

図 13-6　塩酸抽出未処理と処理済み魚の筋肉試料のガンマ線スペクトル
(a)地上の測定室の測定結果と(b)尾小屋地下測定室での測定結果（Inoue $et\ al.$ 2017 の図を日本語に編集）。

射能濃度を測定するため，乾燥粉砕した粉末試料から塩酸で ^{134}Cs と ^{137}Cs，^{40}K 等を抽出し，その後，リンモリブデン酸アンモニウムで ^{134}Cs と ^{137}Cs を共沈して捕集し，溶液中に残った ^{40}K を溶液とともに除いた。この操作で ^{40}K に起因するコンプトン散乱の影響を排除することによるバックグランドの低減化に成功した。尾小屋地下測定室を使用した測定方法を組み合わせて微弱な ^{134}Cs と ^{137}Cs のガンマ線を計測した。図 13-6 には塩酸抽出操作前の地上での計測結果と塩酸抽出操作後の尾小屋地下測定室での測定結果を示している。通常の環境，つまり，地上での計測では計測が不可能な試料についても，塩酸抽出法と地下測定室での計測を組み合わせにより，魚類中の微弱な放射能計測が可能になることがわかる。

　図 13-7 には 2012 年から 2017 年までに日本海で採取された海産物試料について，塩酸抽出操作と尾小屋地下測定室での計測を適用した測定結果を示している(Inoue *et al.*, 2019)。^{134}Cs と ^{137}Cs ともに福島原発事故時に壊変補正した放射能濃度をプロットしている。^{134}Cs と ^{137}Cs 放射能濃度はそれぞれ，〜 0.005-0.02 Bq/kg- 生と〜 0.01-0.18 Bq/kg- 生であった。海水と海洋生物との ^{134}Cs と ^{137}Cs の濃縮係数は〜 25-100 と福島原発事故前の ^{137}Cs の濃縮係数とほぼ一致した。この結果から，日本海では魚類への ^{134}Cs と ^{137}Cs の過剰な

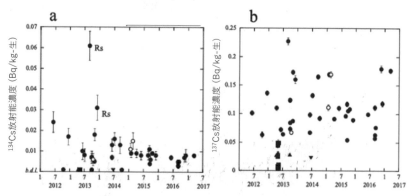

図 13-7　日本海で採取した海洋生物中の ^{134}Cs 放射能濃度(a)と ^{137}Cs 放射能濃度(b)の経年変動
　　放射能濃度は福島第一原子力発電所事故が起こった 2011 年 3 月 11 日に放射壊変を補正した濃度を使用。シンボルの説明：● 魚類，▲ いか，▼ 貝類，■ 藻類，○＝新潟沖の生物試料。誤差は測定結果の平均値からの偏差。Rs は新潟沖の海域のタイ科・シマガツオ科の食用魚の測定結果（Inoue *et al.* 2019 の図を日本語に編集）。

濃縮は起こっていないことがわかる。

2. ^{222}Rn を用いた海底湧水の探索

　沿岸域の生物生産を評価する場合，河川からの栄養塩の供給，沿岸域での有機物の分解に伴う栄養塩の再生とともに，地下水の海底からの流出による物質供給の重要性が 1960-1970 年代から指摘され始めた。海底湧水を直接測定する観測技術の進展とともに，海水に比べて地下水の濃度が 3-4 桁高く，半減期の短い ^{223}Ra（半減期 11.4 日），^{224}Ra（半減期 3.66 日）や ^{222}Rn（半減期 3.82 日）を適用し，日本沿岸域における海底地下水湧水の検出と季節的な変動等，海底湧水流出に関する研究が飛躍的に進んだ（Taniguchi *et al.*, 2002）。図 13-8 には海底地下水の流出を比較的簡単に，しかも地域的・時間的分解能を確保できる海水中の ^{222}Rn 計測するシステムを示している。日本アルプスが後背地（註4）に位置する富山湾（Zhang & Satake, 2013），福井県の小浜湾（Sugimoto *et al.*, 2016），熊本県の有明海（塩川ら, 2013），石川県七尾湾（杉本

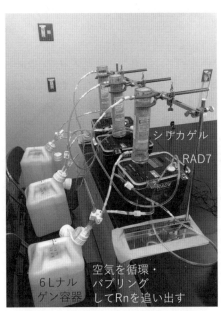

図 13-8 海水中の ^{222}Rn 測定システム

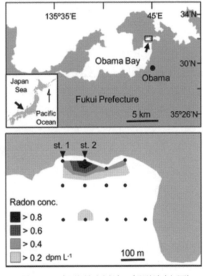

図 13-9 福井県小浜湾の観測域（上図）と海水中の ^{222}Rn 放射能濃度の水平分布（下図）（Utsunomiya *et al.*, 2017）

ら，2014），さらに秋田県鳥海山沖・瀬戸内海・大槌湾（Fujita *et al.*, 2019）で海底湧水の存在が確認されている。

　海底湧水には，淡水系地下水の直接流入，潮汐に伴う海水の再循環水等の寄与が考えられ，沿岸域の後背地や地層環境により海底湧水の程度と湧出の季節的な変動，降水の寄与等が複雑に関与していることが明らかとなっている（Taniguchi *et al.*, 2002）。図 13-9 には福井県小浜湾での観測結果を示した（Utsunomiya *et al.*, 2017）。数百メートル範囲での観測ではあるが，測点 1 と測点 2 では，海水中の ^{222}Rn 濃度に有意の差があり，測点 2 では水温・塩分ともに低く淡水系地下水の寄与が示唆される。また，^{222}Rn 濃度の高い測点 2 で単位面積当たりの魚類，ヨコエビ類，巻貝・ヤドカリ類の分布量ともに卓越している。これらの結果から，海底湧水の存在は不均一ではあるが，海底湧水の湧水量に比例して底棲生物生産量が高くなることが明らかとなった。

3．年代測定と人間活動の影響評価

　放射性核種の放射壊変の特徴を利用して，湖底堆積物あるいは海底堆積物（註5）に，粒子が堆積する速度（堆積速度）を求め，採取した堆積物コアの年代を推定する方法が用いられている。^{210}Pb は陸域で親核種の ^{238}U の放射壊変により生成された ^{222}Rn が希ガスのために大気に放出され，大気中で ^{222}Rn の放射壊変により生成される半減期 22.1 年の放射性核種である。^{210}Pb はその後，陸上に沈着し湖あるいは海洋の堆積物へ移行する。堆積物中では，大気由来の ^{210}Pb は半減期に従い安定な ^{206}Pb へ放射壊変する。^{210}Pb の海底堆積物への沈着が定常的に起こっている場合には，放射壊変により減衰する ^{210}Pb の放射能濃度の傾きから堆積速度を見積もることができる。なお，堆積物には ^{238}U の放射壊変により生成される ^{210}Pb が存在するため，大気由来の ^{210}Pb と区別して濃度を計算する必要がある。この場合，^{238}U の放射壊変により生成される ^{214}Pb は ^{238}U と ^{210}Pb と放射平衡にあると仮定して，計測した ^{210}Pb との差分を大気由来の ^{210}Pb として堆積速度を計算する。年代を推定する範囲は半減期の 5 倍程度の放射能まで検出することが可能なため，^{210}Pb の適用範囲は 100 年程度と考えられている。そのため，過去 100 年程度の環境変遷，人間活動の影響を湖底や海底堆積物の記録から解析・評価する場合

には，堆積速度の変化を検出できる ^{210}Pb による年代の見積もりが行われている。

　湖沼や海洋沿岸域の生態系を含めた環境を理解するため，湖沼・湾全域で堆積物を採取して，堆積速度の観点から堆積環境を検討する調査が，アサリの生産で有名な島根県の宍道湖（金井ら，1997），カキ養殖の石川県七尾湾（Ochiai *et al.*, 2022）で行われている。また，日本最大の湖沼の琵琶湖（金井・井内，2016），真珠養殖の英虞湾（百島ら，2008）等では，それぞれの水環境における堆積環境の過去から現在までの変化を把握する研究結果が報告されている。年縞$^{(註6)}$が記録される福井県の水月湖では，堆積物コアの記録解読から，過去の集中豪雨・洪水等の影響を評価する取り組みが行われている（Suzuki *et al.*, 2016, 2021）。

　日本では，戦後の復興期において大量の木材が必要となり伐採が行われた。広葉樹林の伐採跡地には，森林の回復とともに，成長の早く木材としての需要が高かった針葉樹林の植栽（拡大造林）が 1960-1970 年代に全国的に実施された（林野庁，2014）。昨今では，少子高齢化による森林の管理放棄が，生態系への影響とともに，土壌有機物の蓄積量の減少・栄養塩生成量の減少等による沿岸域の生物生産への影響についての調査研究が実施され，森林域を含めた河川流域での環境保全の必要性が指摘されている。過去の伐採時の状況，過去から現在までの森林土壌の侵食状況の変化を把握するため，流域に存在する湖沼・ため池の堆積物の記録解読により，流域の伐採の影響を定量的に評価する取り組みが行われている。

　ここでは，石川県能登半島の熊木川水系内でのため池堆積物の研究例を紹介する。Ochiai *et al.*(2015)は，ため池の水を抜いて底に堆積した泥を流す作業を近年行っていない熊木川水系内のため池，ビシャグソ池で堆積物を採取し，^{210}Pb 濃度の鉛直分布から見積もった堆積速度から年代と堆積環境を解析した。その結果，1975 年から 1991 年まで，それ以前に比べて堆積速度が 2.7 倍に増加，有機炭素含有量・C/N 比・有機物の炭素安定同位体比，δ^{13}C の鉛直的な変動から 1970 年代のビシャグソ池流域の広葉樹伐採により森林土壌の侵食が進み，森林域からため池へ土砂粒子の供給量が増加したことが明らかとなった。そのため，河川・湖沼流域の森林伐採は，その面積や伐採の程度を流域全体で計画・管理を行う必要性が示唆された。

図 13-10　筑波大学 6 MV タンデム加速器の外観（笹 (2016) より）

　放射性炭素，^{14}C の半減期は 5730 年と ^{210}Pb に比べて 2 桁長く，堆積物に含まれる木材片・プランクトン等の生物遺骸の ^{14}C を測定して時間軸を組込み，数万年程度の記録解読が可能となる。そのため，数 mg の炭素量の試料を高感度に測定できる加速器質量分析装置$^{(註7)}$が活用され，日本においては東京大学，名古屋大学等に整備されている。図 13-10 には筑波大学研究基盤総合センターに設置されている 6 MV タンデム加速器の外観を示す。タンデム加速器にはイオンビームラインによる物質分析，宇宙用素子照射試験装置による放射線防護材料の開発等，マイクロビームラインにより非破壊で装置を加速器質量分析法により宇宙線生成核種の分析，年代測定による過去の人間活動の影響や洪水等の自然現象の検出，さらには，福島原発事故により放出された放射性核種の環境中での動態・影響評価に関する研究に適用されている（筑波大学研究基盤総合センター）。

　話を過去の記録解読への適用に戻す。図 13-11 には，加速器質量分析法により測定した貝殻の ^{14}C を用いて水深 24 m より採取した大阪湾海底堆積

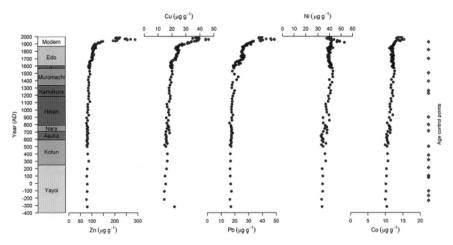

図 13-11 大阪湾堆積物 9 m のコア試料中の ¹⁴C 測定値から推定した年代と微量元素濃度の鉛直分布（Nitzsche *et al.*, 2022 より引用）

物の堆積速度を見積もり時間軸を推定し，過去 2,400 年間の微量元素の濃度変動から堆積状況に関して考察した結果を示している（Nitzsche *et al.*, 2022）。コアの底部から 1670 年代まで，全ての微量元素は堆積物コアの深さに対してほぼ一定の濃度を示した。一方，1670 年代以降，現在に向かって銅と亜鉛と鉛の濃度はわずかに増加し，銅濃度は 1800 年代までさらに増加する傾向を示した。1870 年代中期から 1930 年中期まで，銅と亜鉛，鉛，さらにコバルトの濃度は若干増加，1960 年までは急激に増加，その後は減少に転じ，1970 年代以降は一定の濃度で推移した。初期の増加は江戸時代の人口増加による人間活動（都市化・工業化）により引き起こされたことが明らかとなった。また，1960 年代付近の微量元素濃度の極大値は，公害対策基本法が制定される前に検出されている。流域の急激な都市化・工業化が原因と考えられる。大阪湾の他の地点での過去 100–150 年の詳細な堆積物コアの解析でも同様な微量元素の増加傾向は報告され（松本・横田, 1978; Hosono *et al.*, 2010），Yasuhara & Yamazaki（2005）は明治以降の人為的な汚染によりベントスの個体数の劇的な減少を引き起こしたことを明らかにしている。また，1960 年代の微量元素濃度の極大値は東京湾の堆積物にも記録されている（松本・横田, 1977; 陶ら, 1981）。このように，堆積物の放射線計測により堆積

コアに時間軸を導入し，過去の人間活動に伴う環境負荷の記録の解読，また，生態系への影響評価を行うことが可能になる。

〔註〕
(註1) 海水の密度から 1000 を引いた値。
(註2) モード水は中緯度において冬季の混合層が回りに比べて深くまで発達する海域で形成。統計学で最頻値を表すモードになっている水塊という意味で呼ばれている (気象庁)。
(註3) 海洋生物をせん断して乾燥することなく計測した試料の放射能計測値の表示。湿重量単位。
(註4) 堆積物をもたらす供給地。
(註5) 湖沼や海の底に沈積した泥。
(註6) 1 年間に明るい層と暗い層が交互に堆積する堆積物で縞状の層を形成する。
(註7) タンデム加速器と質量分析計を組み合わせた分析装置 (筑波大学研究基盤総合センター)。

〔引用文献〕

Aoyama M, Hirose K, Nemoto K, Takatsuki Y, Tsumune D (2008) Water masses labeled with global fallout ^{137}Cs formed by subduction in the North Pacific. *Geophysical Research Letters*, 35: L01604.

Ebihara M, Sekimoto S, Shirai N, Hamajima Y, Yamamoto M, Kumagai K, Oura Y, Ireland TR, Kitajima F, Nagao K, Nakamura T, Naraoka H, Noguchi T, Okazaki R, Tsuchiyama A, Uesugi M, Yurimoto H, Zolensky ME, Abe M, Fujimura A, Mukai T, Yada Y (2011) Neutron activation analysis of a particle returned from asteroid Itokawa. *Science*, 333(6046): 1119–1121.

Fujita K, Shoji J, Sugimoto R, Nakajima T, Honda H, Takeuchi M, Tominaga O, Taniguchi M (2019) Increase in fish production through bottom-up trophic linkage in coastal waters induced by nutrients supplied via submarine groundwater. *Frontiers in Environmental Science*, doi:10.3389/fenvs.2019.00082.

Hamajima Y, Komura Y (2010) Low level counting in Ogoya Underground Laboratory. In: (eds) Yamamoto M, Nagao S, Hamajima Y, Inoue M, Komura K, *Low-level Measurement of Radionuclides and Its Application to Earth and Environmental Sciences*, 1–8, Low Level Radioactivity Laboratory, Institute of Nature and Environmental Technology, Kanazawa University, Kanazawa, Kanazawa.

Hosono T, Su CC, Okamura K, Taniguchi M (2010) Historical record of heavy metal pollution deduced by lead isotope ratios in core sediments from the Osaka Bay, Japan. *Journal of Geochemical Exploration*, 107: 1–8.

井上睦夫 (2023) 金沢城鉛瓦と低バックグランドγ線測定. 日本海域研究, 54: 61–68.

Inoue M, Komura K (2007) Determination of radionuclides in chemical reagents by low-background γ -spectrometry and application of the coprecipitation method to seawater samples. *Radioisotopes*, 56: 381–388.

Inoue M, Yamashita S, Fujimoto K, Kofuji H, Miki S, Nagao S (2017) Simple [40]K removal by acidified water leaching for estimating low levels of radiocesium in fisher products following Fukushima Dai-ichi Nuclear Power Plant accident. *Applied Radiation and Isotopes*, 120: 17–21.

Inoue M, Yamashita S, Takehara R, Miki S, Nagao S (2019) Low levels of Fukushima Dai-ichi NPP-derived radiocesium in marine products from coastal areas in the Sea of Japan (2012–2017). *Applied Radiation and Isotopes*, 145: 187–192.

Inoue M, Takehara R, Hanaki S, Kameyama H, Nishioka J, Nagao S (2020) Distributions of radiocesium and radium isotopes in the western Bering Sea in 2018. *Marine Chemistry*, 225: 103843.

Inoue M, Hanaki S, Takehara R, Kofuji H, Matsunaka T, Kuroda H, Taniuchi Y, Kasai H, Morita T, Miki S, Nagao S (2021) Lateral variations of [134]Cs and [228]Ra concentrations in surface waters in the western North Pacific and its marginal sea (2018–2019): Implications for basin-scale and local current circulations. *Progress in Oceanography*, 195: 102587.

Joint Research Centre European Commission, Underground laboratory for ultra-low level gamma-ray spectrometry. ⟨https://joint-research-centre.ec.europa.eu/laboratories-and-facilities/underground-laboratory-ultra-low-level-gamma-ray-spectrometry_en⟩ (2023 年 3 月 26 日閲覧)

金井豊・井内美郎 (2016) 過去 100 年間における滋賀県琵琶湖の堆積速度と堆積環境. 地質調査研究報告, 67(3): 67–80.

金井豊・井内美郎・山室真澄・徳岡隆夫 (1997) 島根県宍道湖の底質における堆積速度と堆積環境. 地球化学, 32: 71–85.

川上紳一 (2003) 全地球凍結. 集英社, 東京.

気象庁⟨https://www.data.jma.go.jp/gmd/kaiyou/db/obs/knowledge/watermass_ref.html⟩ (2023 年 3 月 30 日閲覧)

松本英二・横田節哉 (1977) 底泥からみた東京湾の汚染の歴史. 地球化学, 11: 51–59.

松本英二・横田節哉 (1978) 大阪湾底泥の堆積速度と重金属汚染. 日本海洋

学会誌, 34: 108–115.

丸山茂徳・磯崎行雄 (2002) 生命と地球の歴史. 岩波新書, 東京.

百島則幸・上田祐介・杉原真司・山形陽一・国分秀樹 (2008) ^{210}Pb 堆積年代測定法による英虞湾の堆積環境の解析. 地球化学, 42: 99–111.

Nakata K, Sugisaki H (2015) *Impacts of the Fukushima Nuclear Accident on Fish and Fishing Grounds*. Springer, Tokyo.

Nitzsche KN, Yoshimura T, Ishikawa NF, Kajita H, Kawahata H, Ogawa NO, Suzuki K, Yokoyama Y, Ohkouchi N (2022) Metal contamination in a sediment core from Osaka Bay during the last 400 years. *Progress in Earth and Planetary Science*, 9, 58.

Nosengo N (2010) Roman ingots to shield particle detector. *Nature*, https://doi.org/10.1038/news.2010.186.

Ochiai S, Nagao S, Yonebayashi K, Fukuyama T, Suzuki T, Yamamoto M, Kashiwaya K, Nakamura K (2015) Effect of deforestation on the transport of particulate organic matter inferred from the geochemical properties of reservoir sediments in the Noto Peninsula, Japan. *Geochemical Journal*, 49: 513–522.

Ochiai S, Fujita A, Tokunari T, Sasaki H, Nagao S (2022) Distribution of ^{210}Pb, ^{137}Cs and physical properties in bottom sediments of west Nanao Bay, Japan. *Radiation Protection Dosimetry*, 198(13–15): 1058–1065.

林野庁 (2014) 平成 25 年度森林・林業白書. 〈https://www.rinya.maff.go.jp/j/kikaku/hakusyo/25hakusyo/pdf/6hon1-2.pdf〉(2023 年 3 月 25 日閲覧)

笹公和 (2016) 筑波大学 6MV タンデム加速器の概要. 筑波大学 6 MV タンデム加速器完成記念講演会. 〈https://www.tac.tsukuba.ac.jp/~ksasa/New_Accelerator_UTTAC.pdf〉(2023 年 3 月 25 日閲覧)

塩川麻保・山口聖・梅澤有 (2013) 有明海西岸域への地下水由来の栄養塩供給量の評価. 沿岸海洋研究, 50(2): 157–167.

陶正史・峰正之・岩本孝二・当重弘 (1981) 東京湾海底堆積物の重金属汚染. 水路部研究報告, 16: 83–93.

杉本亮・本田尚美・鈴木智代・落合伸也・谷口真人・長尾誠也 (2014) 栄養塩濃度に及ぼす影響. 水産海洋研究, 78: 114–119.

Sugimoto R, Honda H, Kobayashi S, Takao Y, Tahara D, Tominaga O, Taniguchi M (2016) Seasonal changes in submarine groundwater discharge and associated nutrient transport into a tideless semi-enclosed embayment (Obama Bay, Japan). *Estuaries and Coasts*, 39: 13–26.

水産庁 (2023) 水産物の放射性物質の調査の結果について. 〈https://www.jfa.maff.go.jp/j/housyanou/kekka.html〉(2023 年 3 月 25 日閲覧)

Suzuki Y, Tada R, Yamada K,Irino T, Nagashima K, Nakagawa T, Omori T (2016)

Mass accumulation rate of detrital materials in Lake Suigetsu as a potential proxy for heavy precipitation: A comparison of the observational precipitation and sedimentary record. *Progress in Earth and Planetary Science*, 3(1): 1–14.

Suzuki Y, Tada R, Nagashima K, Nakagawa T, Gotanda K, Haraguchi T, Schlolsut U, SG06/12 project members (2021) Extreme flood events and their frequency variations during the middle to late Holocene recorded in the sediment of Lake Suigetsu, central Japan. *The Holocene*, 31(1): 121–133.

Taniguchi M, Burnett WC, Cable JE, Turner JV (2002) Investigation of submarine groundwater discharge. *Hydrological Processes*, 16: 2115–2129.

東京大学宇宙線研究所. スーパーカミオカンデ.〈https://www-sk.icrr.u-tokyo.ac.jp/sk/〉(2023 年 3 月 25 日閲覧)

筑波大学研究基盤総合センター.〈https://www.tac.tsukuba.ac.jp/tac/wp-content/uploads/files/UTTAC_pamphlet_2021.pdf〉(2023 年 3 月 25 日閲覧)

Utsunomiya T, Hata M, Sugimoto R, Honda H, Kobayashi S, Miyata Y, Yamada M, Tominaga O, Shoji J, Taniguchi M (2017) Higher species richness and abundance of fish and benthic invertebrates around submarine groundwater discharge in Obama Bay, Japan. *Journal of Hydrology: Regional Studies*, 11: 139–146.

Yasuhara M, Yamazaki H (2005) The impact of 150 years of anthropogenic pollution on the shallow marine ostracode fauna, Osaka Bay, Japan. *Marine Micropaleontology*, 55: 63–74.

Zhang J, Satake H (2013) The chemical characteristics of submarine groundwater seepage in Toyama Bay, central Japan. In: Taniguchi M, Wang K, Gamo T (eds). *Land and Marine Hydrology*, 45–60, Elsevier, Netherlands.

（長尾誠也）

14 医療における放射線利用

　私たちにとって，おそらく最も身近な放射線利用が医療領域であろう。放射線診療は現在の医療を支える，無くてはならい領域である。

　胸部エックス線検査は学校や職場の健康診断で受けているし，CT 検査や，消化管のバリウム検査，カテーテル検査，放射線治療についても，名前を聞いたことがあると思う。医療では主にエックス線という放射線を用いている。放射線には物質を突抜ける性質（透過性）があり，放射線検査では体の内臓ごとの透過性の違いを利用して身体の中を調べる。また，放射性物質を含む薬品を利用する検査や治療もある。検査では投薬後に薬に含まれる放射性物質が発する放射線を，身体の外から特殊なカメラを用いて見ることで，健康状態や病気診断に利用する。代表的なものに，PET 検査がある。悪性腫瘍などの治療には，大量の放射線が当たると細胞に損傷が起こる性質を利用している。放射線治療はいわゆる手術をしないため，患者さんに優しい治療として世界中で利用されている。

　このように医療分野において放射線は大きく貢献しているが，不適切に多く浴びると体に悪影響がある。このため，医療の現場では放射線科医や診療放射線技師などの専門家が，患者さんに必要な放射線だけを用いている。なお，放射線には大きく 2 つの種類がある。光の仲間で波のように伝わっていく電磁波と小さな粒子が高速で飛ぶ粒子線である。電磁波には超音波やマイクロ波といった物質を構成する原子を電離（正電荷のイオンと負電荷の電子に分離）しないものも含まれており，超音波検査や MRI 検査に利用しているため，これらについても簡単に紹介する。

1. 放射線を用いる検査

（1）単純エックス線検査 （図 14-1）

　最も一般的な放射線検査である。診療所を含めた全国の医療機関の 8 割近くが装置を保有している。1 秒以下の短時間の放射線照射で撮影は終了する。頭部，胸部，全身の骨やマンモグラフィと呼ぶ乳腺の検査などがある。

最近は，同じ短時間の撮影でありながら，薄切りにしたような断層が得られる検査装置も普及し始め乳腺や胸部の検査での利用が増えている。

寝たきり等の理由で移動が困難な患者さんのために，移動型のエックス線撮影装置を用いて病室内や患者さんの自宅へ出向いて撮影を行うこともある。入院患者さんの手術の後や，訪問診療の必要な患者さんの状態を把握することに貢献している。さらに，特殊な場合として災害現場用の，特別に小型にした装置があり，早急な医療判断に役立っている。

（2）消化管透視検査（図 14-2）

健康診断で胃の透視検査を受けることも多いと思う。透視検査は食道や胃，大腸などの消化管にバリウムと呼ぶ放射線が通過する割合が少ない検査薬を投与して腸管などの状態や動きをリアルタイムに観察する。

（3）超音波検査

超音波検査は人間ドックの腹部検査に含まれることもあり，多くの方が経験している。魚群探知機にも応用されている音波を用いた検査法である。患者さんの体表面に，携帯電話くらいの大きさの探触子と呼んでいる小さな装置を当て，ここから超音波を送受信し画像を作成する。腹部だけでなく，甲状腺，乳腺，乳幼児の股関節の状態を確認する目的にも良く利用している。

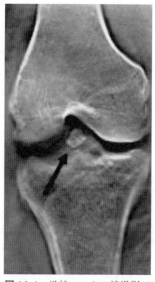

図 14-1 単純エックス線撮影で得られた下肢の画像（→が骨折部分を示す）

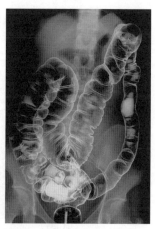

図 14-2 透視検査で映し出した大腸の全体像

275

(4) CT検査 （図14-3，図14-4）

　CT（Computed Tomography）装置は，全国で1万台以上が日常的に使われている。救急外来での利用も一般的である。ヘビースモーカーを対象とした肺がんCT健診も普及している。

　CT検査装置は，ガントリと呼ぶ巨大なリング状の構造を患者さんが通り抜けるようにして撮影する。ガントリに，エックス線を発生させる装置と，エックス線を受ける検出器が含まれている。装置の中心を患者さんの体が通る時にその周りでガントリ内部が回転しながらエックス線を出し，体を透過した放射線を対側の検出器で受けて画像を作る。ガントリが回転し続けることで患者さんの体を輪切りにしたような画像を作成できる。最近の装置はこの回転スピードがとても速く1t程度はあるガントリ内部が1秒間に3～4回転する。このため，胸部検査では10秒程度，胸部から骨盤部までの検査でも30秒以内の照射で終了できる。輪切りにする撮影の間隔を1ミリメートル以下に設定することができるため，撮影後の画像を用いて診断しやすい角

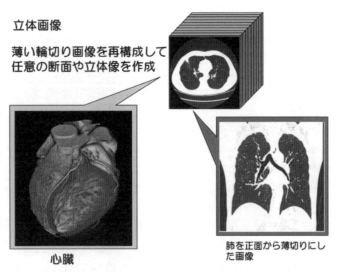

立体画像

薄い輪切り画像を再構成して
任意の断面や立体像を作成

心臓

肺を正面から薄切りにし
た画像

図14-3　CTによる立体画像の例（JCR (2009) より）

　薄い断面の画像を再構成することで目的に合ったさまざまな画像を作成し診断に利用している。左は胸部CT画像をもとに作成した心臓CT画像。

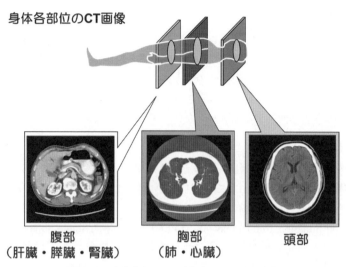

身体各部位のCT画像

腹部
（肝臓・膵臓・腎臓）

胸部
（肺・心臓）

頭部

図 14-4　身体各部の CT 画像（JCR (2009) より）
左端の腹部造影検査では白黒のコントラストが付いている。

度の断面画像や，3 次元の立体的な画像，さらには必要な構造のみを選択した画像を作成することもできる。この技術は病気の進行の程度を詳細に診断したり，安全な手術のためのシミュレーションをしたりするために利用されている。さらに 3 次元の画像処理技術を利用して，これまでは気管支鏡を期間内に挿入したり，大腸に内視鏡を挿入したりしないと確認困難であった内部構造を確認できる，気管支鏡類似，大腸内視鏡類似の画像を作成して診断に利用している。CT 検査ではしばしば，ヨード造影剤と呼ぶ検査薬を患者さんの静脈から投与しながら検査をする。ヨードはエックス線の透過性が低いので，血流の豊富な部分とそうでない部分のコントラストの良い画像を得ることができ，さまざまな診断に役立つ。造影剤を急速に静脈投与し血管だけをコントラスト良く描出した画像をもとに，画像再構成の技術を利用して，血管造影をしたような血管だけの画像も作成している。これは手術前に手術の精度を上げまた安全に行うための医療情報として役立っている。

(5) MRI 検査

MR（Magnetic Resonance）検査は電磁石から生じる電磁界と電磁波を利用する。脳神経や子宮や前立腺また，骨軟部の細かな構造を描出できる。造影剤を利用しなくても血管撮影画像のように脳血管を描出することもできる。

最近ではほとんどの病院に設置されているほか，健診施設でも保有して脳動脈瘤の有無を検査する脳ドックなどを実施している。

(6) 核医学検査

患者さんの体内に放射線を出す医薬品を投与し，検査目的の部位に医薬品が集まって放射線を出している様子を画像化する目的で行う。歴史は古く，単純エックス線撮影の開始と同時期に始まっている。検査方法は PET（Positron Emission Tomography）と，SPECT（スペクト Single Photon Emission Computed Tomography）検査またはシンチグラフィ検査と呼ぶ 2 種類がある。検査の種類ごとに異なる医薬品を用い，その種類は 20 種類以上にのぼる。ここで用いる薬は目的とする部位に集まる薬品に RI（Radio Isotope，放射性同位元素）を結合させているため放射性医薬品と呼ぶ。目的の部位に集まり，そこから出る放射線を PET カメラやガンマカメラと呼ばれる装置で収集し画像化する。外から放射線を照射するほかの検査とは異なり，患者さんの内から出てくる放射線を利用する。核医学検査で用いる放射性医薬品は薬の成分量自体が少ないため，ヨード造影剤で問題となるようなアレルギー反応などの副作用を配慮する必要がなく，乳幼児から高齢者まで安全に実施している。

CT などのエックス線を用いた検査の主な目的が，解剖学的に正確な情報を得るのに対して，核医学検査の主な目的は生理機能を画像化することにある。検査は腹部，胸部などに分類するのではなく，脳血流，腎機能，腫瘍というように，把握したい生理機能・目的別に分類して実施している。

最近では PET/CT や SPECT/CT と呼ぶガンマカメラと CT 装置が一体となった装置を用いて検査時に低線量 CT を撮影し，両者を重ね合わせて画像化することで正確な位置情報を得られる検査方法が一般的となっている。

生理機能を画像化するほかに，乳がんや皮膚がんの患者さんの手術前に実施して，術後の生活の質を保つという特別な目的で実施するセンチネルリン

パ節シンチグラフィもある。悪性腫瘍の手術では，原発病巣を切除する時に
どのリンパ節を一緒に郭清（切除）するかが決まっている。将来転移する可能
性が高いリンパ節を全部切除すれば転移，再発の可能性は低くなるが，リン
パ流のうっ滞を起こし，リンパ浮腫によって上肢や下肢が常に 2 倍ほどの太
さに腫れ上がる。乳がんの手術を受けたので夏でも短い袖の洋服を着られな
い，弾性包帯が手放せない，運動ができないなど，生活の質の低下を強いら
れる。そこで再発の危険性を増加させずに生活の質の向上を目的としてこの
核医学検査を術前に行う。センチネルリンパ節とは，腫瘍が最初に転移した
リンパ節という意味である。センチネルリンパ節シンチグラフィでは，転移
したリンパ節に集まる性質を持った放射性医薬品を用いてその箇所を明らか
にする。手術時に転移があるとされたリンパ節だけを切除するため，リンパ
浮腫の副作用を軽減できる。

2. 放射線を利用した治療

　手術，放射線外照射，内照射の 3 種類の治療がある。手術とは透視装置を
用いて行う IVR（Interventional Radiology）手術を指す。患者さんも良く知って
いる IVR に心臓カテーテル手術がある。ほかにも，悪性腫瘍，脳梗塞や椎
体の圧迫骨折など幅広い対象疾患がある。放射線外照射は悪性腫瘍の治療法
として患者さんの認知度も高い。内照射療法は，投薬によるアイソトープ内
用療法と密封小線源を挿入する治療がある。投薬による治療では，放射性医
薬品を投与して病巣部に吸収させることで目的部位に選択的に放射線照射を
する方法である。密封小線源を挿入する治療では，カプセルに封じ込めた放
射性物質を，病巣部を狙って直接体外から刺入する。

(1) IVR（図 14-5）

　IVR は手術に準ずる治療方法でさまざまな手技がある。まず腫瘍を治療す
る方法を例にして紹介する。患者さんをエックス線透視台に寝かせた状態で
通常は麻酔無しで行う。透視検査で利用する装置，もしくは IVR 専用の透
視装置を用いる。穿刺部位の皮膚を消毒で清潔にして，上腕か大腿の動脈を
穿刺し，ここから細いカテーテルを挿入していく。治療の目的とする腫瘍を
栄養している血管の根本までカテーテルの先端を運ぶが，目的部位にカテー

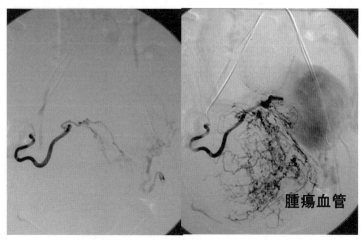

治療後　　　　　　　　治療前

図 14-5　IVR による腫瘍血管塞栓例

IVR で用いるカテーテルは白く細い山形に描出されている。右の像には造影剤をカテーテル
から流して描出された腫瘍血管を認めるが左の治療後の像では確認できず腫瘍を栄養する血流
を遮断できている。

テルが到達しているかを，造影 CT 検査などで用いるヨード造影剤をカテー
テルから流して撮影をして確認する。次に，この血管を塞栓させる物質をカ
テーテルから流し入れて，腫瘍への血流を遮断する。これにより，腫瘍細胞
は死亡し残骸の壊死物質は体内で徐々に吸収されていく。

　一方心筋梗塞のように閉塞した血管を開存させる場合は，梗塞の原因と
なっている血管にカテーテルを挿入し，血栓溶解剤を流したり，細い血管内
でいろいろな専用の器具を用いたりして閉塞部が再開通させる。

（2）放射線外照射療法

　検査で用いる放射線よりもエネルギーが強い放射線を患者さんの体外から
病変部位に照射し腫瘍を治療する。通常は“リニアック”と呼ばれる比較的
小型の照射装置を利用する。最近は陽子線や重粒子線と呼ばれる，大がかり
な装置を用いる方法もある。放射線治療の精度が上がり治療効果が向上した
結果，手術に匹敵する治療効果を得られる疾患も増えている。悪性腫瘍の治

療の基本は手術による切除と考えられてきたが，全身麻酔や臓器を切除することは患者さんの身体に大きな負担を与える。高齢化がすすみ，がん治療を必要とする患者さんも高齢となるにつれ，放射線治療を自ら希望する人が増えている。また，声帯や副鼻腔の腫瘍など，切除により失う形態変化の影響の大きさから（声を失う，顔面が変形する）放射線治療を積極的に選択する場合もある。

　治療は，まず医師が治療対象範囲を決める。その後，診療放射線技師や医学物理士と呼ぶ専門職が，目的の部位に最も適切に放射線が照射されるように患者さんごとに照射方法を考える。一般的には多方向から分散して放射線を照射し，体内の腫瘍病変にがん細胞が死滅するのに十分な放射線を集中させる。身体内の腫瘍に達するまでに放射線が通過する病気ではない健康な組織については，放射線障害が起こらないよう事前にシミュレーションを重ねる。短時間に，生きている細胞を殺すだけの大量の放射線を照射するため，1mm単位で正確に照射されるよう計画を立てる。治療時は，患者さんは基本的には仰向けに寝ている。体動で照射位置のずれが起きないようにさまざまな器具が考案されており，頭頸部の治療などでは一人一人の頭の形に合わせた固定具を作成して活用している。一度に大量の放射線を用いるのではなく，数回から30回前後照射を繰り返す"分割照射"と呼ばれる方法を用い健康な組織への障害を低減させている。抗がん剤などを用いる化学療法を併せて行う放射化学療法を行ってさらに治療効果を上げている場合もある。

　外照射の目的は腫瘍の完全治癒を目指すだけでなく，手術範囲を縮小するための術前照射や，手術後に行う再発防止を目的とした腫瘍周囲のリンパ節などへの照射，さらに緩和ケアの一環として行う骨転移巣などへの疼痛緩和目的の照射もある。

　外照射の副作用として局所の放射線障害を発症する場合がある。用いる放射線量と治療部位により副作用は異なる。副作用は患者さんが一番心配する事項だが，似たような部位への照射であってもその程度は個人差がある。

　照射は外来通院で行える場合もあるが，治療中の飲酒や喫煙によって副作用が増悪し，治療を中断せざる得ない事態となることがある。日常生活での副作用低減のための努力の大切さを理解し，治療に積極的になるよう，医療スタッフは患者さんと良好なコミュニケーションを築くように努めている。

特殊な治療方法として，子宮がんの患者さんに，医師が専用の管を膣から子宮内に挿入し，その管の中に細い放射線源を遠隔操作で挿入する治療法がある。この治療方法は，食道がん，気管や気管支がんなどにも応用されている。

(3) 内照射療法（アイソトープ内用療法と密封小線源療法）

a. アイソトープ内用療法

放射性医薬品を利用して治療する。現在，日本では，甲状腺がん，転移性骨腫瘍，神経内分泌腫瘍の患者さんに行っている。現在治験中の新しい薬が認可されればさらに種類は増えていく。

アイソトープ内用療法の中で最も頻度の高い甲状腺がんの治療例を用いて説明する。図14-6は肺CT写真で治療前の写真には数多くの白い小さな粒状影が水玉模様のように見えている。これらはすべて甲状腺がんの肺転移巣でありこの腫瘍を手術で切除することは不可能である。そこで，核医学治療薬である放射性ヨウ素のカプセルを患者さんに飲んでもらう。放射性ヨウ素は甲状腺腫瘍部分に集る性質があり，集まった場所で出す放射線によってがん細胞を破壊する。図14-6の右の治療3ヵ月後のCT写真では，水玉模様がほとんどなくなり，病巣が減少したことがわかる。

内照射療法の多くは外来で行うことができる。帰宅後，放射性物質を含む体液などが家

放射性ヨウ素による術後甲状腺癌転移の治療例

治療前　　　　　　治療3ヵ月後

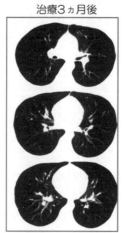

図14-6　甲状腺がん肺転移のCT画像
左の量前のCTで認める水玉模様のような多数の粒状影は全て転移巣だが治療後の右のCT画像ではほとんど消失している。

の中に付着しないための生活指導をし，家族が不必要に被ばくしないように配慮してもらう。難しいものはなく，トイレの水を2回流す，お風呂には最後に入るようにするといった程度の内容である。特に大量の放射性医薬品を投与しなければならない場合は，治療後数日間専用の病室に入院して，家族や周りの人々の被ばくが増えないようにしている。この安全基準は法律で定められている。

図14-7　前立腺治療用のシード
放射性物質を入れていないものをサイズが判るように指に乗せている。治療ではこれを多数挿入する。

b. 密封小線源療法（シード治療）

（図14-7，図14-8）

小さなカプセルに封入した放射性物質（シードと呼ぶ）を患者さんの腫瘍部位に直接刺入する。外照射療法で生じる，腫瘍周囲の健康な組織の被ばくをできるだけ低減しつつ確実に腫瘍を治療する目的で考案された。治療期間が2, 3日と短く，合併症が軽く，治療効果も良い。舌がん，外陰部，前立腺がんの治療に用いている。

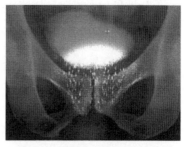

図14-8　前立腺がん小線源治療患者の骨盤部エックス線写真
細長い白い線が前立腺に挿入された小線源。白い大きな楕円は造影剤で満たされた膀胱。

3. その他の医療に於ける放射線利用

患者さんを治療する場合に時として必要になる輸血も，安全に行うためには放射線が不可欠である。血液センターから照射済みの血液が提供されている。輸血製剤を血液パックの状態で放射線を照射することにより，輸血された血液（移植片）が輸血を受けた患者さんの体を異物とみなして強く反応し時には死亡するような重篤な反応性の疾病を防止できている。また，全国の医療機関で毎日膨大な数が利用されているシリンジ（注射筒）は放射線の持つ殺菌作用を応用してガンマ線照射で滅菌されたものを利用している。エチレンオキサイトガス滅菌という方法では開封時に医療関係者がガスに曝露することが問題となり日本国内ではガンマ線照射を用いている。

4. 医療に於ける放射線利用の今後

　検査で用いる放射線量は，装置の検出器の感度が上がれば低減できる。ま
た画像再構成技術の進歩も線量の低減に役立っている。現在低線量での撮影
を実現するための技術開発に各医療機器メーカーがしのぎを削っているが，
全身の CT の鮮明な画像を 1 ミリグレイ(Gy)程度で可能とするような装置も
既に市販されている。

〔引用文献〕

JCR (2009) Japan Radiological Society　日本医学放射線学会, 2009 年市民公開
　　講座資料.

（大野和子）

15 放射線防護の考え方

1. 放射線からの防護

　放射線被ばくは，体の外に存在する線源による外部被ばくと，体の中に取り込んだ線源による内部被ばくとに分けることができる。体の表面に付着した線源から被ばくする場合もあるが，これは外部被ばくとして扱うことができる。

　人への放射線被ばくの影響を評価する場合，臓器ごとの被ばく線量(等価線量)に焦点を当てる場合と，全体の被ばく線量(実効線量)に焦点を当てる場合がある。実効線量は，各臓器の等価線量に，臓器ごとの重み付け係数(組織加重係数)をかけた値を合計して算出される。福島第一原発事故のように，環境中の放射性核種による被ばくを考える場合は，実効線量を用いることが多い。しかし実際は，等価線量や実効線量を直接測定できないため，他の測定値を代用したり，既知の係数を用いたりしている。

　放射線による障害をなくすための最も有効な手段は，放射線の被ばくを避けることである。しかし，放射線の種類や線量・被ばくするときの状況などによって避け方は異なってくる上に，現代社会では，多くの人が知らない間に低線量の放射線を受けているといっても過言ではない。確率的影響が問題となるような低線量の放射線から体を防護するため，基準となる線量(等価線量，実効線量)を国際放射線防護委員会 (ICRP)が定義している(図 15-1)。

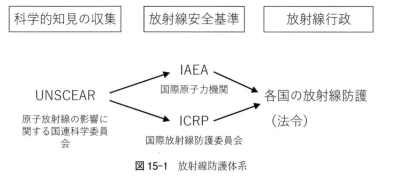

図 15-1　放射線防護体系

2. 放射線防護のための3つの基本：
行為の正当化，防護の最適化，個人被ばくの線量限度の適用

ICRP における放射線防護の基本的な考え方は，行為の正当化，防護の最適化，個人被ばくの線量限度の適用，の3つである。

行為の正当化とは，被ばくによって得られる利益が損害よりも大きい場合のみ，被ばくが許容されるという意味である。不必要な被ばくをできるだけ避けるための方策である。たとえば，診療によって放射線を照射されたとしても，疾病の発見がなされるなどの利益が，被ばくによっておこる障害(損害)より大きければ，患者に放射線検査を受けさせるという行為が正当化されるということである。

防護の最適化とは，被ばくする線量や人数などを，合理的に達成できる限り低く保つということである。線量が高いにもかかわらず高い費用や大きな犠牲を払うことがないよう，経済的・社会的な要因も考慮して最適化を図る必要がある，という意味である。診療によって放射線を照射されたとしても，被ばくの可能性をできるだけ抑え，装置の使用方法，診療技術，撮影枚数，検査回数，検査1回当りの線量などをつねに適正に管理する必要がある。この「合理的に達成できる限り低い」の英語訳 as low as reasonability achievable を略して ALARA（アララ）の原則と呼ばれている。

経済的かつ社会的に見合った最適化を行うと，例えば，作業に熟練した特定の人だけが作業を行うことになり，彼らの被ばく線量だけが高くなる可能性がある。このため，個人被ばくの線量限度の適用では，作業者や公衆の被ばく線量を制限している。

3. 被ばくの種類

放射線による被ばくは，公衆被ばく，職業被ばく，医療被ばくの大きく3つに分けられる。ラドン等の自然放射性核種がある鉱山や温泉などで作業を行ったり，ジェット機運航業務などを行ったりすると，自然放射線源から被ばくする。こういった業務による自然放射線核種からの被ばくについても，ICRP60（1991）勧告からは職業被ばくに加えられている。

ICRP60（1991）勧告では，放射線によるヒトへの影響度合いを，容認不可

（受け入れることができない），耐容可（合理的に耐えられる），容認可（受け入れることができる）の3つに分けている。そして，容認不可と耐容可の境界値を線量限度としている。この線量限度は，被ばくの仕方によって大きく異なってくる。

1つの仕事による被ばく（職業被ばく）で許容できる上限値（線量拘束値）は，防護の最適化のため，線量限度以下になるように設定されている。2つ以上の仕事によって被ばくするときは，それぞれの仕事による線量の合計が，職業被ばくの線量限度である 20 mSv/ 年以下になるようにしなければならない。

医療被ばくの場合，線量限度は適用されず，医療行為の正当化と防護の最適化のみが求められる。その理由は，医療行為自体が患者の利益と直接つながっているからである。医療行為の正当化と防護の最適化が適切であれば，診療における線量を不必要に制限しなくても，患者の被ばく線量は低く保たれると考えられるからである。病院で自発的に患者に付添った人が放射線に被ばくした場合も，医療被ばくとして扱われるが，線量限度は適用されない。しかし，他人が診断・治療を受けている間に漏洩した線量によって被ばくした場合は，医療被ばくに含まれない。

公衆被ばくには，職業被ばくと医療被ばく以外のすべての放射線源による被ばくが含まれる。公衆被ばくの線量限度は 1 mSv/ 年と決められている。公衆の線量限度を 1 mSv/ 年ときめた根拠は，ラドンを除く自然放射線源からの被ばくが 1 mSv/ 年であること，1 mSv/ 年の線量を一生涯受け続けた場合であっても，がんによる死亡率は 0.4 % であり，放射線による被ばくで死亡率がほとんど増加しないこと，放射線への感受性に何らかの傾向が見られないこと，被ばくする期間が長いこと，などの理由からである。

4. 被ばくの状況

ICRP103（2007）勧告では，被ばくの状況を「計画被ばく状況」，「緊急被ばく状況」，「現存被ばく状況」の3つに分けている。これらの状況に応じて，勧告される線量限度は異なってくる。

計画被ばく状況とは，放射性核種を計画的に運用できている状況のことで

表15-1　計画被ばく状況における ICRP2007 年勧告（ICRP, 2007）

		職業被ばく	公衆被ばく
実効線量の 線量限度		20mSv（5年間平均），いかなる1年も50mSv以下	1mSv（5年間平均）
等価線量の 線量限度	水晶体	150mSv/年	15mSv/年
	皮膚	500mSv/年	50mSv/年
	手足先	500mSv/年	-

ある。この状況における年間の線量限度は，職業被ばくでは 5 年間の平均で 20 mSv（いかなる 1 年でも 50 mSv を超えない），公衆被ばくでは 5 年間の平均で 1 mSv となっている（表 15-1）。胎児は一般公衆として扱われるので，妊娠している女性の場合は，職業被ばくであっても一般公衆の線量限度を適用する。

　緊急被ばく状況とは，原発事故など予想しなかったことが起きて，緊急の対策が必要となる状況である。線量限度に代わって，正当化と最適化のための参考レベルが ICRP によって勧告される。職業被ばくの場合は 500-1000 mSv/ 年の範囲，公衆被ばくの場合は 20-100 mSv/ 年の範囲内で勧告される参考値が決められる。

　緊急被ばく状況が収束に向かうと，現存被ばく状況に移行する。緊急時から平常時に至るまでの被ばくの状況に応じて，段階的に被ばくの線量限度を下げていくのである。この場合にも，正当化と最適化のルールに従って，参考レベルが定められている（表 15-2）。現存被ばく状況は，緊急被ばく状況の後に長期にわたって続くので，回復作業に従事する場合は計画被ばく状況の基準を用いることになる。よって，職業被ばくの線量限度は計画被ばく状況と同じ 20 mSv/ 年が用いられる。公衆被ばくでは 1-20 mSv/ 年の範囲で勧告する参考値が決められる。

5. 汚染地域における放射線防護のための空間線量率の基準値

　原発事故が起きると，外部被ばくを抑えるため，ゾーニングを行ったり活

表 15-2　緊急の対策が必要となる場合の ICRP2007 年勧告（ICRP, 2007）

職業被ばく		公衆被ばく	
緊急被ばく状況	現存被ばく状況	緊急被ばく状況	現存被ばく状況
救命活動（志願者）			
他者への利益が救命者のリスクを上回る場合：線量制限なし	20mSv	20〜100mSv/年	1〜20mSv/年
他の緊急救命活動			
500mSvまで			

動を規制したりする必要が生じる。その際の基準値は，年間の被ばく線量や屋内外での活動を考慮して算出された空間線量率が用いられる。日本では，国際放射線防護委員会（ICRP）における考え方を基にして，避難指示区域を設定するための基準値（3.8 μSv/h，年間 20 mSv），生活圏内の除染の基準値（0.23 μSv/h，年間 1 mSv），除染作業等の際の基準値（2.5 μSv/h，年間 5 mSv）が設定されている。

（1）避難指示区域を設定するための基準値（3.8 μSv/h，年間 20 mSv）

　事故直後は緊急対策が必要になる。ICRP はそのような状況を「緊急時被ばく状況」とし，過剰な被ばくを避けながら，緊急事態の復旧を進めるため，年間 20-100 mSv を被ばく線量限度の参考値として定めている。福島第一原発事故では，参考値の中で最も厳しい年間 20 mSv を採用し，居住のための基準値とした。これを基に，外部被ばくによる線量が年間 20 mSv 以下となる空間線量率を計算すると（1 日のうち 16 時間が屋内で，屋内の空間線量率が屋外の 4 割と仮定），3.8 μSv/h となる。

（2）生活圏内を除染するための基準値（0.23 μSv/h，年間 1 mSv）

　緊急対策を行っても，汚染は継続する。ICRP はこのような状況を「現存被ばく状況」とし，汚染の影響を抑制するため，年間 1-20 mSv を被ばく線量限度の参考値として定めている。福島第一原発事故では，参考値の中で最

も厳しい年間 1 mSv を採用し，除染の基準値とした。これを基に線量が年間 1 mSv 以下となる空間線量率を計算すると（1 日のうち 16 時間は屋内に滞在すると仮定），0.19 μSv/h となる。この値に，事故以前から存在する自然放射線由来の空間線量率（平均 0.04 μSv/h）を加え，生活圏内を除染する際の空間線量率の目標値を 0.23 μSv/h としている。

(3) 除染作業等を行う人の基準値 （2.5 μSv/h，年間 5 mSv）

　除染などの業務は，職業被ばくであり，公衆被ばくではない。職業被ばくは，公衆被ばくより多くの線量を浴びるため，被ばく線量の管理が必要となる。線量を可能な限り合理的に低減するために，線量の厳重な管理が必要な下限値として，年間 5 mSv を用いている。原発等における「管理区域」の設定基準と同じである。空間線量率が年間 5 mSv 以下になるのは（業務時間：週 40 時間×50 週と仮定）2.5 μSv/h であり，これ以下であれば被ばく線量の厳重な管理は必要ないとされている。

6. 福島第一原発事故の処理

　原発事故前の日本の空間線量率は，0.1 μSv/h を超えることはなかった。花崗岩組成の高い西日本であっても，多くの場所では 0.05 μSv/h 以下であった。
　福島原発事故が起こった直後の 2011 年 3 月 12 日，政府は緊急事態宣言を発出し，翌 12 日に原発から半径 20 km 圏内に避難指示を出した。4 月には，この避難指示地域を，原則立ち入り禁止とする警戒区域に設定した。20 km 圏外でも年間 20 mSv 以上に達するおそれのある区域を計画的避難区域とした。また，半径 20 km から 30 km 圏内の計画的避難区域以外を緊急時避難準備区域とした。
　2011 年 3 月 21 日，ICRP は特別声明を出し，既に ICRP103（2007）で勧告されていた緊急被ばく状況の参考レベル（20-100 mSv）を採用するよう勧告した。これをうけて政府は，作業員の被ばく線量限度を 250 mSv（ICRP 勧告は 500-1,000 mSv），公衆の被ばく線量限度を 2012 年 3 月まで 5 mSv，それ以降は 1 mSv（ICRP 勧告は 1-20 mSv）とした。また，平常時の線量限度である年間 1 mSv 以下に抑えることを長期的な目標とした。しかし，汚染の程度や汚染後の時間経過による汚染の状況は場所によって異なるため，厳しい

表 15-3　UNSCEAR2013 報告書による事故後 1 年の実効線量及び吸収線量の推定値（UNSCEAR, 2013）

	実効線量（mSv）		甲状腺の吸収線量（mGy）	
	20歳	1歳	20歳	1歳
半径20km圏内すべて	1.1-5.7	1.6-9.3	7.2-34	15-82
警戒区域+計画的避難区域	4.8-9.3	7.1-13	16-35	47-83
福島県の避難区域外	1.0-4.3	2.0-7.5	7.8-17	33-52
近隣県	0.2-1.4	0.3-2.5	0.6-5.1	2.7-15
その他	0.1-0.3	0.2-0.5	0.5-0.9	2.6-3.3

基準値を設定することは現実的ではない。そこで，2011 年 12 月，原子力災害対策本部は原子力災害対策特別措置法に基づき，汚染や社会の状況に応じた基準を設け，段階的に基準を引き下げていくことで現実的かつ効果的な被ばく防護の実現を目指した（表 15-3）。

2012 年 4 月，警戒区域は解除され，避難指示区域（原子力発電所から半径 20 km 圏内の警戒区域及び半径 20 km 以遠の計画的避難区域）は，放射線量を基準として帰還困難区域・居住制限区域・避難指示解除準備区域の 3 つに見直しされた。

避難指示解除準備区域は，避難指示区域のうち，年間積算線量が 20 mSv 以下となることが確実であると確認された区域である。引き続き避難指示は継続され，宿泊も原則禁止であるが，立入りや事業活動は可能となる。そのため，日常生活に必要なインフラや生活関連のサービスが概ね復旧し，生活環境の除染が十分になされ，自治体と住民との協議が十分に行われていた場合，避難指示は徐々に解除されていった。

居住制限区域は，避難指示区域のうち，年間積算線量が 2012 年 3 月時点で 20 mSv を超えるおそれがあり（50 mSv/y 以下），住民の被ばく線量を低減する観点から引き続き避難を求める区域である。将来的な住民の帰還とコミュニティの再建を目指すため，除染やインフラ復旧等が計画的に実施される。そのため，ここでも宿泊は原則禁止であるが，立入りが可能であり，事業活動も一部可能となっている。

帰還困難区域は，避難指示区域のうち，5 年を経過しても年間積算線量が

表 15-4　ICRP が発する主な勧告

勧告番号	主な内容	勧告年
Publication 1	放射線防護全般	1959
Publication 6	最大許容線量	1962
Publication 9	許容限度	1965
Publication 26	確率的影響の3原則	1977
Publication 60	線量当量限度	1990
Publication 109	緊急時被ばく状況下の防護	2009

20 mSv を上回るおそれがあり，2012 年 3 月時点でも，年間積算線量が 50 mSv を超えると考えられる区域である。原則的に，将来にわたって居住が制限され，最低でも 5 年間はこの設定が変更されることはない。そのため，宿泊は禁止されており，立入も原則禁止となっている。

7.　放射線防護に関する歴史

　レントゲンによる発見以来，X 線は診断や治療に頻繁に用いられるようになった。しかし，それに伴って，放射線技師や医師に放射線障害やがんの発生がみられるようになった。また，夜光時計の工場で働く女工に，ラジウムが原因の骨肉腫が発生して大きな社会問題となっていた。そこで，放射線による職業被ばくを防止するため，1928 年の国際放射線医学第 2 回大会で「国際 X 線およびラジウム防護委員会」が設立された。この委員会の活動は1937 年頃に一旦停止したが，第二次世界大戦後にメンバーを大幅に入れ変え，非営利・非政府の学術組織「国際放射線防護委員会(ICRP: International commission on Radiological Protection)として再スタートした。

　ICRP（国際放射線防護委員会）は世界各国から生物学，物理学，化学，医学，保健物理学などの専門家がボランティアで参加する民間の学術組織であり，放射線防護の基本方針や基準値などの勧告をおこなっている(表 15-4)。各国政府に対する強制力はない。しかし，ICRP は UNSCEAR(国連原子放射線影響科学委員会)報告に参画していることもあり，わが国をはじめとする多くの国が，この勧告を尊重して安全基準を作成し，国内法令に反映し，放射線防護の施策に活用している。

8. 職業被ばくの線量限度の歴史

　1934 年，「国際 X 線およびラジウム防護委員会」は，1 日 7 時間・週 5 時間勤務する作業者の耐容線量として，1 日あたり 2 mSv（年間 500 mSv）を勧告した。耐容線量とは，その線量以下であれば生物的影響が何もないと考えられた線量である。これは，病院に勤務する X 線技師の皮膚紅斑を指標にして求められたものである。この頃に使用されていた X 線のエネルギーは低かったため，放射線による目立った組織障害は皮膚にのみ現れていたからである。しかし，高エネルギーの X 線が普及すると，体の深部組織にも放射線の影響が表れるようになってきた。また，ショウジョウバエの実験から，放射線が突然変異を誘発することが明らかになってきた。このため，1950 年勧告では，耐容線量を 1 週あたり 3 mSv（年間 150 mSv）と厳しくした。線量の限度を表す名称も耐容線量から最大許容線量と変更され，1954 年には被ばく線量の限度を可能な限り下げるよう勧告している。

　1953 年頃には，ラッセルによる放射線の遺伝的影響に関する研究から，放射線量が 500-800 mSv 程度になると，突然変異の発生が自然状態の場合の 2 倍になることが分かってきた。また，核実験が頻繁に行われるようになり，被ばく線量をさらに引き下げる必要性が出てきた。そして，1955 年に「原子放射線の影響に関する国連科学委員（UNSCEAR）」が発足した。1958 年，UNSCEAR は線量限度の年間 50 mSv を勧告した。

　1965 年には，ICRP の現在の基本原則に近い，ALALA の原則が勧告に取り入れられた。1977 年には，現在の ICRP の原型となる勧告が出された（ICRP Pub26）。この時には，広島・長崎の原爆被ばく者のデータ解析から，1 Sv の照射を受けて生じた突然変異によって，次世代に遺伝的な影響が生じるリスクは約 0.4 %（現在 0.2 % 程度と推定）であること，被ばく者本人の突然変異による放射線発がんのリスクが約 1 %（現在 5 % と推定）であることが分かってきた。つまり，放射線は遺伝より発がんの方に大きな影響を与えるということが明らかになっていた。放射線によるがんの発生は，被ばく者本人に表れる影響である。そのため，1977 年の ICRP Pub27 では，職業被ばくの線量当量限度は，放射線と関わりのない職業に就いている人のガンによる死亡リスクと比較して決められた。放射線と関わりのない職業についてい

る人の場合，致死率の高い職業であっても年間 0.045 %程度である。そして，50 mSv の被ばくによる年間のがん死亡率は 0.05 %である。よって，年間 50 mSv は容認できる線量と考えられ，1958 年勧告の実効線量当量限度 50 mSv/年がそのまま維持されることとなった。

　しかし，放射線による被ばくによって，非致死性の障害も生じるため，死亡率の単純な比較では放射線の影響を十分に評価できたとはいえない。また，放射線による死亡リスクを年齢ごとに計算すると，年間 50 mSv の被ばくを受けた場合の死亡リスクは 50 歳で 0.057 %・60 歳で 0.15 %となり，1977 年勧告の基準を超えることになる（表 10-8）。年間 20 mSv にすると，65 歳（定年退職の年齢）でも死亡リスクは 0.013 %となり，1977 年勧告の基準以下にできるため，1990 年勧告では，職業被ばくの実効線量限度が 50 mSv から 20 mSv に改められ，現在に至っている。

9. 公衆被ばくの線量限度の歴史

　放射線防護の概念は，職業被ばくから生まれている。しかし，広島・長崎の原爆被災者の惨状を目にし，放射線による急性障害を免れることができたとしても，遺伝的影響を防ぐことはできないと考えられるようになり，公衆被ばくからの防護の必要性が認識されるようになった。米国は，マウスを用いた遺伝的影響の実験結果に基づき，子供をつくる可能性のある時期の公衆被ばくの線量限度を，200 mSv 以下にするよう提案した。英国は，自然放射線から 30 年間で受ける線量である 30 mSv を公衆の許容線量とする提案を行った。しかし，スウーデンにおける 30 年間の自然放射線量は，木造家屋で 50 mSv，煉瓦造の家屋で 150-300 mSv であるため，30 mSv の提案は厳しすぎるという意見もあった。このような議論の末，1958 年勧告では，公衆の許容線量を職業被ばくの 1/10 とし，年間 5 mSv（30 年間で 150 mSv）が採用された。

　公衆が被ばくを受けても，公衆は何の利益も得ない。そのため，1965 年に ALALA の原則が盛り込まれた時から，許容線量という名称に代えて実効線量当量限度という名称が用いられるようになった。ICRP1977 年勧告でも，年間 5 mSv の公衆の実効線量当量限度が維持されたが，1985 年のパリ声明

と呼ばれる勧告では，公衆の実効線量当量限度を年間 1 mSv に引き下げられた。ただし，公衆の実効線量当量限度を急に変更すると，社会経済に大きな影響を与えるので，年間 5 mSv という実効線量当量限度は数年間許容された。そのため，パリ声明の翌年に起こったチェルノブイリ事故では，年間 5 mSv という線量当量限度が移住の判断材料に用いられている。年間 5 mSv 以上の地区は国家による強制的な移住を行う地域(強制移住区域)，1-5 mSv の地区は住民の移住権が国家により保証される地域(任意移住保証区域)，1 mSv 以下は定期的な放射線モニタリングを行うが移住権は認められない地域(放射線モニタリング強化区域)と区割りされたのである。

ICRP90 年勧告では，最新のデータも取り入れ，公衆の実効線量限度が再検討された。しかし，職業被ばくと同じ方法で，公衆が被ばくリスクを容認できるかどうかを判断するのには無理がある。また，自然放射線量の高い地域の住民は，線量の違いを容認して住んでいる。よって，一般的な自然放射線量と同程度の 1 mSv は無害でないかもしれないが，社会全体としての健康損害に比べると小さなリスクであるため，パリ声明における公衆に対する実効線量当量限度が，そのまま実効線量限度として維持されることになった。

10. 外部被ばくからの具体的な防護方法

体の外部に放射線源があり，その線源から被ばくを受ける場合，外部被ばくという。また，放射線は，ある線源から 360 度全方向に照射されるので，線源が遠くにあると照射面積が大きくなり，体全体が照射されることになる。これを全身被ばくという。線源が近くにあると照射面積は小さくなる。この場合は局所被ばくとなる。

体の表面に当たった放射線は，内部に進むに従ってエネルギーを失う。そのため，一般的には体の深部ほど外部被ばく線量は小さくなる。しかし，透過力の強い γ 線では，たとえ線源が体の外部にあっても，体の内部まで被ばくすることになる。外部被ばくから防護するには，線源からの距離をとる・遮蔽する・被ばく時間を短くするの主に 3 つの方法がある。

放射線の量は，距離の二乗に反比例する。つまり，線源からの距離が 2 倍になれば，被ばく面積あたりの放射線の量は 1/4 になる。そのため，放射性

物質(核種)を見つけたとしても，近づかなければ，被ばく線量を下げること
ができる。放射性物質(核種)を移動させる必要が生じたときは，トングなど
を用いて線源との距離をとりながら移動させればよい。

　移動させる際に，放射性物質(核種)との間に遮蔽物を置くと，放射線を遮
蔽し被ばく線量を大幅に減らすことができる。α線では紙1枚，β線では1
cm程度のプラスチック板で放射線を完全に遮蔽することができる。放射線
を遮蔽するためだけなら金属を遮蔽物として用いてもよいのだが，β線の遮
蔽に金属を用いると，制動X線が発生してしまう。そのため，プラスチッ
クのような原子番号の小さい物質で遮蔽するのがよい。一方，透過力の強い
γ線の遮蔽には厚みのある鉛や鉄・コンクリートが必要となる。γ線はα線
やβ線と違って，厚みのある鉛や鉄でないと遮蔽されないからである。例え
ばセシウム137のγ線による線量を1/100にするには，鉄の場合12.5 cmの
厚さ，鉛の場合は4.5 cmの厚さが必要になってくる。厚くなると放射線量
は指数関数的に減少する。

　放射性物質(核種)からの距離を十分にとったり遮蔽したりできない時に
は，被ばく時間を短くする必要がある。局所的に線量が高い場所であって
も，そのような場所にはむやみに近づかないことが肝心である。放射性物質
(核種)の近くにいる時間をできる限り短くすることで，被ばく線量を低く抑
えることができるのである。原発事故等が起こった場合は，その場所からで
きるだけ遠くに避難することが，放射線から防護するための最良の方法とな
る。

11．内部被ばくからの具体的な防護方法

　なんらかの原因で体の内部に放射性核種が取り込まれると，内部被ばくと
なる。内部被ばくは，放射線源となる放射性物質(核種)が体の内部に存在し
ている間，ずっと続く。放射性核種が体の中に入る径路には，経口摂取(食
物や飲料水などと一緒に摂取)，吸入摂取(空気中の粉末状・気体状になった
放射性核種を吸入)，経皮摂取(傷口など皮膚から摂取)の3つがある。

　体の中に取り込まれた放射性核種は，気管や消化管を経由して，血流に
のって様々な組織に運ばれていく。特定の組織に多量に集積・蓄積する放射

性核種もあり，その場合はその組織への被ばくが長く続くことになる。例えば，ヨウ素 131 は甲状腺に蓄積し，物理学的半減期に従って減衰するまで，甲状腺への被ばくを続けることになる。セシウム 137 の場合は，筋肉を中心とした全身の組織にほぼ均一に取り込まれるが，物理学的半減期よりも生物学的半減期の方がかなり短いので，取り込む核種がなくなれば，一定の速度で排出されていくことになる。

　放射線のエネルギーが同じであれば，組織への透過率は α 線＜ β 線＜ γ 線の順に大きくなる。その一方で，放射性核種から半径数 μm 内の組織に与える線量は，α 線 >β 線 >γ 線の順に小さくなる。生き物への放射性核種の影響力は，この線量に比例すると考えてよいから，α 線を放出する核種の近くに存在する組織には，最も大きな影響を及ぼすことになる。つまり，α 線を放出する放射性核種を摂取したときは，内部被ばくに注意を払う必要があるといえる。また，γ 線は透過率が高いので，放射性核種が集積した組織から離れた場所の組織にも影響が及ぶことに注意する必要がある。

　内部被ばくから防護する方法は，体内に放射性核種を取り込まないことである。そのためには，放射性核種を一定の場所に閉じこめ，環境中への拡散を防止し，環境中の放射性核種の濃度を下げる必要がある。しかし，このような厳重な管理を行っていても福島第一原発事故のような事態が起こると，防護する余裕もなく被ばくを受けてしまったり，環境全体が汚染してしまって避難に困る状況になる場合も生じる。

12. 放射線被ばく防護のためのモニタリング

　外部被ばくから防護するためには，常に放射線量を実測(モニタリング)しておく必要がある。放射性物質(核種)が存在する場所の線量をモニタリングするだけではなく，個人の被ばく線量の測定も必要になってくる。空間線量率(周辺線量当量) を測定するためには，電離箱式サーベイメーター，GM 計数管式サーベイメーター，シンチレーション式サーベイメーターなどを用いる。個人線量当量を測定するためには，ガラス線量計やフィルムバッジなどの個人線量計を用いる。どちらも，実際の実効線量より高い値が出るようになっている。

　ヨウ素 131 やセシウム 137 による内部被ばくをモニタリングするために
は，これらの核種が放出する γ 線を体外で測定しなければならない。全身の
γ 線を測定するにはホールボディカウンターが便利である。透過力の弱い α
線や β 線を放出する核種を測定する場合は，尿・糞・血液・毛髪などの試料
を測定することになる。

13. 原発事故などによって放射性物質（核種）による汚染が起こった場合

　原発事故等が起こった場合，最初に問題になるのは，吸入摂取である。そ
の後，経口摂取や経皮摂取が問題になってくる。これらの径路による体内摂
取を避けるためには，事故後すぐから帽子をかぶり手袋を着用して，体表に
放射性物質（核種）が付着することを防ぐ必要がある。そして，マスクをつけ
て空気中からの吸入摂取を防ぐことも必須である。吸い込まない，外にいる
時間をできる限り短くする，室内に入る時にはほこりを落とす，などの対策
によって，放射性核種の吸入を可能な限り避けることができる。
　次に行うべきことは，農作物の汚染状況を確認することである。場合に
よっては，農作物の出荷規制や摂取規制を行い，経口摂取を防がなければな
らない。ただ，農作物等には，元々自然放射性の物質が含まれている。この
ことを考慮して，食品についての適正な判断を行い，住民がパニックになら
ないようにしなければならない（表 15-5）。規制がかからない場合でも，放
射性セシウムが蓄積しやすい山菜や野生動物の摂取は避けるべきである。ま
た，油断しがちであるが，自家野菜についても安全の確認が必要である。汚

表 15-5　原発事故後の 1 日の食事に含まれていた放射性セシウムの量（1 人当たり）
（Koizumi *et al.*, 2012）

	中央値（Bq）	最大値（Bq）	内部被ばく線量の中央値（mSv/年）
福島県	4.0	17.3	0.023
関東	0.4	10.4	0.002
西日本	-	0.6（1件のみ）	-

染度の高い土壌や樹皮・枝葉を処理する際には，手袋や防護服を着用して，
経皮摂取に注意する必要がある。

14. 汚染地域における放射線防護のための生活の工夫 ──屋外の除染

　除染を開始する前に，まず，シンチレーション式サーベイメーターを用い
て，地上 1 m の空間線量率を測定する必要がある。除染の対象となるのは，
一定線量以上(福島原発事故の場合は 0.23 μSv/h)に汚染された場所になるか
らである。次に，表面の汚染度を測定するために，GM 計数管式サーベイ
メーターを地表や屋根に近づけ，γ 線と β 線の両方を測定する。

　除染は，比較的高濃度に汚染されたエリアから始めるのがよい。また，屋
根や雨樋・側溝などは，放射性セシウムを含んだ落葉・苔・泥などが付いて
いるので，まず，これらを除去する。それでも除染効果が見られない場合に
は，放水による洗浄を行う。放水する場合には，放射性物質(核種)の移動方
向を考慮して，屋根→雨樋→外壁→庭の順に高所から低所に向けて順に行
う。樹木が屋根よりも高い場合は，初めに樹木の洗浄を行う。洗浄だけでは
樹木の除染効果が見られない場合は，樹木の剪定を行うが，廃棄物の量が多
くなるので最小限に留める。屋根は，放水の前に厚手の紙タオルで拭き取っ
たのちに水を散布し，ブラッシング洗浄を行う。それでも除染できない場合
は，高圧の放水洗浄を行うが，高圧洗浄を行うと大量の汚染排水が出るの
で，雨樋の下に容器を置いて排水を回収する必要がある。雨樋・側溝や外壁
もこの手順で除染を行う。庭は，落葉を拾い，汚染のひどい表層の土をはが
し，汚染されていない土で被覆する。放射性セシウムは表層 5 cm 以内に留
まることが多いので，汚染度が低い場合は約 10 cm の表層土の上部と下部を
入れ替える天地返しをするだけで，かなり線量が下がる。汚染した除去土壌
が増える心配もなくなる。芝生は深刈りを行う。

　除染により発生した落葉や土壌などは，汚染地域内で保管するか，市町村
単位で設けた仮置き場で保管する。その際，放射線の遮へい，居住場所から
の距離，風雨による土壌の移動に注意する必要がある。また，保管場所には
防水シートを敷き，地下への浸透を防ぐとともに，落葉や土壌等が飛散しな

いように土囊袋等に入れて，防水シートで覆う必要がある。保管場所は，家屋から1m以上離す必要があるが，盛り土をして遮へいできる場合は，距離をとる必要はない。

15. 汚染地域における放射線防護のための生活の工夫 ——屋内での対策

　靴底や服に付いてきたり，風の流れで屋内に持ち込まれた塵やほこりは，室内の汚染源になりうるので，室内に埃を蓄積させないよう，こまめに掃除するのが望ましい。

　汚染された木材（薪）をストーブで燃やした場合，生成した灰には，多くの放射性セシウムが含まれている。そのため，これらの灰を家庭菜園等に使用することはできない。

　汚染された食材であっても，湯通しや漬込みをすることで，食べる部分の放射性セシウム濃度を約50％低くすることができる。塩水に漬込むと，肉の場合は最大80％，魚の場合は最大50%下げることが出来る。しかし，ジャムにしたり砂糖漬けにした場合はすべて食べるので，食べる部分の放射性セシウム濃度はほとんど下がらない。

　汚染地域でとれたキノコなどの山菜やイノシシなどの野生動物には，かなり多くの放射性セシウムが含まれている場合があるので，食べる前に線量を測定する必要がある。キノコの場合，カサの部分は柄の部分よりも線量が高い。淡水魚は海水魚よりも放射性セシウムが蓄積しやすい。

　内部被ばくを抑える観点から，放射性核種の種類や線量に応じた，被ばく線量を見積もるための係数（実効線量係数，Sv/Bq）が，国際放射線防護委員会（ICRP）により提案されている。それを基に，流通する食品の基準値が設定されている。福島第一原発事故により，日本では，2012年4月1日より，一般食品の基準値はセシウム134とセシウム137の合計で100 Bq/kgと設定された。この基準値を持つ食品を食べ続けても，年間の内部被ばく線量は1 mSvであると推定できたからである。この放射性セシウム濃度の基準値に基づいて，食品の放射能検査が行われることになる。検査によって食品の基準値超えが認められた場合，出荷が制限されることになる（表15-6）。

表 15-6 食品中の放射性セシウムの基準値(Bq/kg)
(厚生労働省, 2012)

	暫定基準値	2012.4.1からの基準値
飲料水	200	10
牛乳	200	50
乳児用食品	500	50
一般食品	500	100

国連食糧農業機関(FAO)と世界保健機関(WHO)が合同でつくった国際的な食品規格CODEX(消費者の健康の保護, 食品の公正な貿易の確保等を目的とする機関)やEUも, 年間1 mSvという線量限度を下回るように基準を定めているが, これらの機関における実際の食品の放射性セシウム濃度の基準値は, 1,000 Bq/kgと日本よりも高く設定されている。これは, 放射性核種が含まれる割合を, 日本では50%と高く設定しているが, CODEXやEUでは10%に設定しているためである(表15-7)。

16. 体内から放射性核種を除去する薬剤ーヨウ化カリウム

被ばくによる障害を減らすために, 放射性物質(核種)が体の中に取り込まれる量を少なくしたり, 放射性物質(核種)の体外への排出を促進したりする薬剤が開発されている。そのひとつが, 放射性ヨウ素の取り込みを少なくするヨウ化カリウムである。

放射性ヨウ素は, 水に溶けやすい。吸入や経口摂取によって体内に入ると, 消化管や肺を経由して血液中に移行し, 約10-30%程度が24時間以内

表 15-7 世界における食品の放射性セシウム濃度の基準値と線量上限(消費者庁, 2022)

	日本 (2012.4~)	コーデックス 委員会	EU	アメリカ
飲料水 (Bq/kg)	10	1000	1000	1200
牛乳 (Bq/kg)	50	1000	1000	1200
乳児用食品 (Bq/kg)	50	1000	400	1200
一般食品 (Bq/kg)	100	1000	1250	1200
線量の上限 (mSv)	1	1	1	5
放射性物質を含む食品の割合 (仮定、%)	50	10	10	30

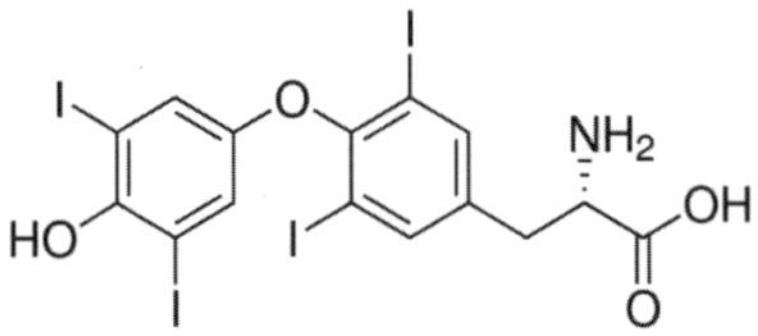

図15-2 甲状腺ホルモン

に甲状腺に取り込まれてしまうのである。ただし，残りの 70-90 ％のほとんどは腎臓を経由して体外に排泄される。甲状腺では，甲状腺ホルモンが産生されている。この甲状腺ホルモンの化学構造は 4 個のヨウ素と結合しているため（図 15-2），甲状腺に取り込まれた放射性ヨウ素はこのホルモンの構成要素となりやすく，甲状腺が放射線被ばくして甲状腺がんを引き起こしやすくなるのである。よって，甲状腺の被ばくを抑えるためには，放射性ヨウ素の甲状腺への移行を事前に食い止めることが必要になる。安定ヨウ素化合物であるヨウ化カリウムを取り込むと，放射性ヨウ素が希釈され，甲状腺における放射性ヨウ素の蓄積が大幅に減少することになるのである。ヒトの場合，100-200 mg の安定ヨウ素剤を摂取することによって，放射性ヨウ素の蓄積を 98% 以上抑制できるのである。この効果は，放射性ヨウ素と安定ヨウ素を同時に取り込んだ時に最も高くなる。安定ヨウ素の生物学的半減期が 80 日であるのに対し，放射性ヨウ素の物理学的半減期が 8 日なので，安定ヨウ素剤の効き目があるうちに放射性ヨウ素が壊変してしまうからである。放射性ヨウ素を取り込んだ直後に安定ヨウ素を摂取した場合でも，90 ％以上を抑制することができる。しかし，安定ヨウ素剤を摂取するタイミングが放射性ヨウ素を取り込んでから 8 時間後だと 40 %，24 時間後だと 7 ％程度しか抑制できない。

　なお，ヨウ素を含む医薬品（うがい薬・消毒薬等）には，ヨウ素以外の成分も多く含まれているため，消毒用やうがい用のヨウ素を安定ヨウ素剤として飲んではいけない。

17. 体内から放射性核種を除去する薬剤 ── プルシアンブルー

　放射性セシウムは，ナトリウムやカリウムと同族で，溶液中では一価の無機イオンとして存在している。経口摂取された放射性セシウムは，ほぼ 100% が腸から吸収されて血液中に入り全身に運ばれる。一般的に，カリウムは赤血球に多く，ナトリウムは血漿に多いが，放射性セシウムはその中

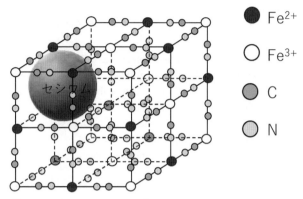

セシウム

Fe²⁺
Fe³⁺
C
N

図15-3 プルシアンブルーの格子の中にセシウムが入り込む

間，つまり，赤血球にも血しょうにも同程度存在する。また，全身の筋肉に
蓄積しやすい傾向がある。放射性セシウム 137 は物理学的半減期（30 年）よ
りも早く体外に排出されるが（生物学的半減期は 110 日），体内に留まる間は
被ばくが続くことになる。

　放射性セシウムを除去する薬剤として知られているのは，フェロシアン
化第二鉄（$Fe_4[Fe(CN)_6]_3$）である（図 15-3）。江戸時代の版画絵にも用いられ，
プルシアンブルーとしても知られている，お馴染みの青色色素である。経口
摂取した放射性セシウムは 100 ％吸収されるが，その一部は腸肝循環の経
路を通って，腸管に再分泌されている。プルシアンブルーを摂取しておく
と，その腸管に再分泌された放射性セシウムをプルシアンブルーが吸着し
て，糞便として排泄されるのである。その結果，腸管から血液への放射性セ
シウムの再吸収が抑制され，体外への排出が早くなるのである。ただ，プル
シアンブルー自体，糞便として排泄されにくい性質がある上，選択的・効果
的な回収方法がないため，体内に滞留しやすい。そのため，放射性セシウム
を吸着した後の排泄がうまく進まなかった場合は，体内滞留による新たな内
部被ばくリスクが生じることになる。

　なお，カリウムを過剰投与すると，放射性セシウムの体外への排出が早ま
るという動物実験の報告があるが，ヒトではカリウムあるいは非放射性セシ
ウム投与による排出促進は観察されていない。

〔引用・参考文献〕

原子力安全技術センター放射線障害防止法令集編集委員会（2012）最新放射線障害防止法令集，平成 24 年．

ICRP（1959）Recommendations of the international commission on radiological protection. Now known as ICRP Publication 1, Pergamon Press, New York.

ICRP（1964）Recommendations of the international commission on radiological protection. ICRP Publication 6, Pergamon Press, Oxford.

ICRP（1966）Recommendations of the international commission on radiological protection. ICRP Publication 9, Pergamon Press, Oxford.

ICRP（1977）Recommendations of the ICRP. ICRP Publication 26, Annals of the ICRP, 1（3）．

ICRP（1977）Problems involved in developing an index of harm. ICRP Publication 27, Annals of the ICRP, 1（4）．

ICRP（1985）Principles of monitoring for the radiation protection of the population. ICRP Publication 43, Annals of the ICRP, 15（1）．

ICRP（1985）Developing a unified index of harm. ICRP Publication 45, Annals of the ICRP, 15（3）．

ICRP（1991）1990 Recommendations of the international commission on radiological protection. ICRP Publication 60, Annals of the ICRP, 21（1-3）．

ICRP（2007）The 2007 Recommendations of the international commission on radiological protection. ICRP Publication 103, Annals of the ICRP, 37（2-4）．

ICRP（2013）Radiological protection in cardiology. ICRP Publication 120. Annals of the ICRP, 42（1）．

ICRP（2013）Radiological protection in paediatric diagnostic and interventional radiology. ICRP Publication 121. Annals of the ICRP, 42（2）．

ICRP（2013）Radiological protection in geological disposal of long-lived solid radioactive waste. ICRP Publication 122. Annals of the ICRP, 42（3）．

ICRP（2013）Assessment of Radiation Exposure of Astronauts in Space. ICRP Publication 123. Annals of the ICRP, 42（4）．

IXRPC（1934）International recommendations for x-ray and radium protection. Revised by the International X-ray and Radium Protection Commission at the Fourth International Congress of Radiology, Zurich. *British Journal of Radiology VII*, 83

Koizumi A, Harada KH, T Niisoe T, Adachi A, Fujii Y, Hitomi T, Kobayashi H, Wada Y, Watanabe T, Ishikawa H（2012）Preliminary assessment of ecological exposure of adult residents in Fukushima Prefecture to radioactive cesium through ingestion and inhalation. *Environmental Health and Preventive Medicine*, 17:

292–298.

厚生労働省(2012) 食品中の放射性物質.〈https://www.mhlw.go.jp/shinsai_jouhou/shokuhin.html〉

消費者庁 (2022) 食品と放射能 Q & A.〈https://www.caa.go.jp/disaster/earthquake/understanding_food_and_radiation/material/assets/consumer_safety_cms203_220728_1.pdf〉

UNSCEAR (1958) Report of the United Nations Scientific Committee on the Effects of Atomic Radiation (UNSCEAR). General Assembly, official records: thirteenth session supplement No.17 (A/3838).

UNSCEAR (2013) Sources, effects and risks of ionizing radiation. Volume I: Scientific Annex A. United Nations Scientific Committee on the Effects of Atomic Radiation (UNSCEAR), 2013 Report to the General Assembly with Scientific Annexes. United Nations sales publication No. E.14.IX.1. United Nations, New York.

UNSCEAR (2013) Sources, Effects and Risks of Ionizing Radiation with Scientific Annexes. Volume II: Scientific Annex B. United Nations Scientific Committee on the Effects of Atomic Radiation (UNSCEAR) 2013 Report to the General Assembly with Scientific Annexes. United Nations sales publication No. E.14.IX.2. United Nations, New York.

吉井義一 (1992) 放射線生物学概論. 北海道大学図書刊行会 第3版, 北海道.

(吉村真由美)

索引

本書掲載の用語のうち重要と思われる箇所を索引として抽出した。

おわりに

　放射性物質や放射線が発見されて120年以上が経った。放射性物質
を使った原爆が広島・長崎に落とされてから78年，福島第一原発事
故が起こってから12年が過ぎ去った。昨今のウクライナ・ロシアを
めぐる騒動は，核使用をめぐるきな臭い状況をもたらしている。その
一方で，放射性物質を少量だけ使った小型の電池が作られ，微小な電
力が何十年も必要となるような小型医療機器や太陽系探査機にも放射
性物質が使われている。放射性物質だけでなく放射線も様々な場面で
利用されている。放射線の細胞致死作用を利用して，ジャガイモの発
芽抑制をはじめ殺菌・殺虫・虫の不妊化などが行われている。工業分
野では，放射線による原子や分子の状態変化を利用して，プラスチッ
クやゴムなどの耐熱性や耐久性の向上，梱包緩衝材に使われている発
泡材の開発などが進められている。医療診断・治療での放射線利用は
かなり進んでおり，エックス線診断やPET検査をはじめ，陽子線や
重粒子線などを駆使した高度ながん治療が行われている。

　放射性物質および放射線は様々な可能性を秘めており，現時点では
見出すことができていない用途もあるだろう。また，放射性物質は地
球が誕生した時点から存在しているため，放射性物質に操作を加える
様なことをしなければ，放射性物質による生き物への影響はないに等
しいと考えられる。しかし，人が放射性物質や放射線を積極的に使う
のであれば，それに見合った思慮深さが必要であろう。放射性物質や
放射線をいかに使うかが人間に問われることになるのであろう。

　本書では，放射線の基礎・影響・利用を中心に様々な側面から放射
線を取り扱った。どんな物質・人・状況にもプラス面とマイナス面が
あるため，その両方の側面を知っていても対応を誤ってしまう可能性

はある。ウクライナ・ロシア問題や原発利用はその一例である。病気の際に服用する薬も扱い方を間違えれば毒になるのである。しかし，放射性物質や放射線をとりまく様々な知見から，そのプラス面とマイナス面，影響と利用の両方の側面を認識して全体像を把握することがまず必要だと思う。地球上で生き物が生きていく限り排除することができない放射性物質について，本書を通じて理解を深めていただければ幸いである。最後に，本書執筆・編集の機会をくださった北隆館編集部の角谷さんに心より感謝申し上げる。

2023 年 4 月

吉村真由美

環境 **Eco選書** 16

放射線と生き物

令和 5 年 7 月 20 日　初版発行

〈図版の転載を禁ず〉

編　集　吉　村　真　由　美

発行者　福　田　久　子

発行所　株式会社　北　隆　館

〒153-0051　東京都目黒区上目黒3-17-8
電話03(5720)1161　振替00140-3-750
http://www.hokuryukan-ns.co.jp/
e-mail：hk-ns2@hokuryukan-ns.co.jp

印刷所　倉敷印刷株式会社

© 2023　HOKURYUKAN　Printed in Japan
ISBN978-4-8326-0766-8 C0345